U0396417

Access

数据库应用 （第二版）

Access Database Application

许国柱 编著

华南理工大学出版社
SOUTH CHINA UNIVERSITY OF TECHNOLOGY PRESS

·广州·

图书在版编目（CIP）数据

Access 数据库应用/许国柱编著 . —2 版. —广州：华南理工大学出版社，2018.8
（2019.12 重印）
ISBN 978-7-5623-5757-5

Ⅰ. ①A… Ⅱ. ①许… Ⅲ. ①关系数据库系统-教材 Ⅳ. ①TP311. 138

中国版本图书馆 CIP 数据核字（2018）第 197239 号

Access 数据库应用

许国柱 编著

出 版 人：卢家明
出版发行：华南理工大学出版社
（广州五山华南理工大学 17 号楼，邮编 510640）
http：// www. scutpress. com. cn E-mail：scutc13@ scut. edu. cn
营销部电话：020-87113487 87111048（传真）
策划编辑：袁 泽
责任编辑：唐燕池 袁 泽
印 刷 者：广州市穗彩印务有限公司
开 本：787mm × 1092mm 1/16 印张：19. 75 字数：478 千
版 次：2018 年 8 月第 2 版 2019 年 12 月第 3 次印刷
定 价：48. 00 元

前　言

当今世界，科技进步日新月异，互联网、云计算、大数据等现代信息技术深刻改变着人类的思维、生产、生活、学习方式，深刻展示了世界发展的前景。如今大数据已经上升到国家战略层面，企业对于大数据的关注和重视程度也在不断提升。数据库技术是现代信息科学与技术的重要组成部分，是计算机数据处理与信息管理系统的核心，掌握数据库知识已经成为各类科技人员和管理人员的基本要求。

Access 是一款数据库应用的开发工具软件，作为 Microsoft Office 的一个组成部分，可以有效地组织和管理数据库中的数据，并把数据库与网络结合起来，为人们提供了强大的数据管理工具。其主要应用有：

(1)用于数据分析：Access 有强大的数据处理、统计分析能力，利用 Access 的查询功能，可以方便地进行各类汇总、平均等统计，并可灵活设置统计的条件。比如在统计分析上万条记录、十几万条记录或更多的数据时速度快且操作方便，这一点是 Excel 无法与之相比的，极大地提高了工作效率和工作能力。

(2)用于软件开发：Access 可用于开发软件，比如销售管理、库存管理、人事管理和财务管理等各类企业管理软件，其最大的优点是易学，非计算机专业的人员也能学会。用 Access 开发软件不但低成本地满足了从事企业管理工作的人员的管理需要，通过软件来规范同事的行为，推行其管理思想；而且实现了管理人员(非计算机专业毕业)开发出软件的"梦想"，助其转型为"懂管理＋会编程"的复合型人才。

本书以应用为目的，以案例为引导，详细介绍最新的 Access 软件的主要功能和使用方法。主要内容包括：数据库基本概念、关系运算、Access 基本操作、结构化查询语言、规范化设计、实体联系模型、数据库系统设计等基本知识，以及表、查询、窗体、报表、宏与模块的创建与使用。本书选取典型的项目为载体，采用项目驱动的方式，使读者带着任务和问题学知识、练技能，具有情景真实、过程可操作、结果可检验的特点，课程的主要培养目标是通过课程的学习，可以使学生尽快掌握Access的基本功能和操作，掌握Access的编程功能和技巧，具备应用小型数据库管理应用系统的能力。

本书主要针对非计算机专业的"数据库原理与应用"课程，重点突出基础性、先进性、实用性和可操作性，注重对学生创新能力、自学能力和动手能力的培养。本书适合作为普通高等学校非计算机专业本、专科学生的计算机课程教材，也可作为相关培训班的培训教材，还可作为读者自学提高的参考书。

本书配有网络课程，课程网址为 http://jpkc. gdsdxy. cn/2010/sjkyljyy/。网络课程的内容(包括课程设计、教学方案)与教材完全对应，网络资源丰富，实训、实操、习题库、试题库、动画教学、视频教学、在线测试、认证考试等一应俱全。

由于我们水平有限，书中难免有不足之处，敬请读者批评指正。

编　者

2018 年 6 月

目　　录

项目 1　认识 Access 数据库

【教学目标】

（1）掌握数据库的基本概念；

（2）了解关系模型与关系数据库基本知识；

（3）掌握 Access 系统的安装和启动方法；

（4）掌握 Access 系统界面各组成部分的含义；

（5）掌握 Access 基本运算方法。

任务 1.1　掌握数据库基础知识

1.1.1　数据与信息

1. 数据

数据（data）是关于自然、社会现象和科学试验的定量或定性的记录，是对客观世界所存在的事物的一种表征。

数据的概念在数据处理领域中已大大地拓宽了，不仅仅是指传统意义的由 0～9 组成的数字，而是所有可以输入到计算机中并能被计算机处理的符号的总称。

在计算机中可表示数据的种类很多，除了数字以外，文字、图形、图像、声音都可以通过扫描仪、数码摄像机、数字化仪等具有模/数转换功能的设备进行数字化，所以这些都是数据。如超市商品的价格、学生的基本情况、员工的照片、罪犯的指纹、播音员朗诵的佳作、气象卫星云图，都可以是数据。

数据是数据库中存储的基本对象，也是数据库用户操作的对象。数据应按照需求进行采集并有结构地存入数据库中。

2. 信息

所谓信息，是以数据为载体的对客观世界实际存在的事物、事件和概念的抽象反映。具体说是一种被加工为特定形式的数据，是通过人的感官（眼、耳、鼻、舌、身）或各种仪器仪表和传感器等感知出来并经过加工而形成的反映现实世界中事物的数据。

例如，气象部门通过"今年 11 月份武汉的日平均气温为 20℃"的数据，分析得出"今年是个暖冬"的信息。

数据和信息是两个互相联系、互相依赖但又互相区别的概念。数据是用来记录信息

1

的可识别的符号，是信息的具体表现形式。数据是信息的符号表示或载体，信息则是数据的内涵，是对数据的语义解释。只有经过提炼和抽象、具有使用价值的数据才能成为信息。

3. 数据处理

数据要经过处理才能变为信息。数据处理是将数据转换成信息的过程，是指对信息进行收集、整理、存储、加工及传播等一系列活动的总和。数据处理的目的是从大量的、杂乱无章的甚至是难于理解的原始数据中，提炼、抽取人们所需要的有价值、有意义的数据（信息），作为科学决策的依据。

可用下式简单地表示信息、数据与数据处理的关系：

$$信息 = 数据 + 数据处理$$

数据是原料，是输入，而信息是产出，是输出结果。数据处理的真正含义应该是为了产生信息而处理数据。数据、数据处理、信息的关系如图 1 - 1 所示。

图 1 - 1　数据、数据处理、信息的关系

数据的组织、存储、检查和维护等工作是数据处理的基本环节，这些工作一般统称为数据管理。

1.1.2　数据库、数据库系统与数据库管理系统

1. 数据库

数据库（database，DB）可以直观地理解为存放数据的仓库，只不过这个仓库是建立在计算机的大容量存储器上的（如硬盘）。数据不仅需要合理地存放，还要便于经常查找，因此相关的数据及其数据之间的联系必须按一定的格式有组织地存储；数据库不仅仅是创建者本人使用，还可以供多个用户从不同的角度共享，即多个不同的用户，为了达到不同的应用目的，使用多种不同的语言，同时存取数据库，甚至同时存取同一块数据。

可以认为：数据库是长期存储在计算机内的、有结构的、大量的、可共享的数据集合。

如教务处学籍管理数据库中有组织地存放了学生基本情况、课程情况、学生选课情况、开课情况、教师情况等内容，可供教务处、各系教学办、班主任、任课教师、学生等共同使用。

数据库技术使数据能按一定格式组织、描述和存储，并且具有较小的冗余度、较高的数据独立性和易扩展性，并可为多个用户所共享。

数据库是一个企业、组织或机构中各种应用所需要保存和处理的数据集合，各部门应根据工作需要建立符合密级要求、门类齐全、内容准确、更新及时的数据库。

2. 数据库系统

基于数据库的计算机应用系统称为数据库系统（database system，DBS），主要

包括：

- 支持数据库系统的计算机硬件环境；
- 以数据为主体的数据库；
- 管理数据库的系统软件 DBMS；
- 支持数据库系统的操作系统环境；
- 数据库系统开发工具；
- 开发成功的数据库应用软件；
- 管理和使用数据库系统的人。

它们之间的关系如图 1-2 所示。

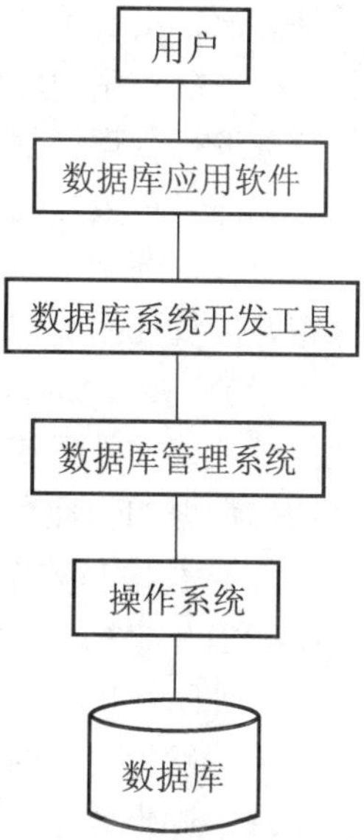

3. 数据库管理系统

为了方便数据库的建立、运用和维护，人们研制了一种数据管理软件——数据库管理系统（database management system, DBMS）。

数据库管理系统是位于用户与操作系统之间的一层数据管理软件，在数据库建立、运用和维护时对数据库进行统一控制、统一管理，使用户能方便地定义数据和操纵数据，并能够保证数据的安全性与完整性、多用户对数据的并发使用及发生故障后的系统恢复。数据库管理系统是整个数据库系统的核心。

数据库管理系统是对数据进行管理的系统软件，用户在数据库系统中做的一切操作，包括数据定义、查询、更新及各种控制，都是通过 DBMS 进行的，常见的 DB2、Oracle、Sybase、Infomix、MS SQL Server、MySQL、FoxPro、Access 等软件都属于 DBMS 的范畴。

图 1-2　数据库系统

1.1.3　数据库技术的产生与发展

数据管理技术的发展经历了人工管理、文件系统和数据库系统 3 个阶段。

1. 人工管理阶段

20 世纪 50 年代中期以前为人工管理阶段，是计算机数据管理的初级阶段。

这一阶段计算机主要用于科学计算，硬件中的外存只有卡片、纸带、磁带，没有磁盘等直接存取设备；软件只有汇编语言，没有操作系统，更无统一的管理数据的软件；对数据的管理完全在程序中进行，数据处理的方式基本上是批处理。程序员编写应用程序时，要考虑具体的数据物理存储细节，即每个应用程序中都还要包括数据的存储结构、存取方法、输入方式、地址分配等，如果数据的类型、格式或输入输出方式等逻辑结构或物理结构发生变化，必须对应用程序做出相应的修改，因此程序员负担很重。另外，数据是面向程序的，一组数据只能对应一个程序，很难实现多个应用程序共享数据资源，因此程序之间有大量的冗余数据。

2. 文件系统阶段

20 世纪 50 年代后期至 60 年代中期，随着计算机软硬件的发展，出现了文件系统，负责对数据进行管理。

这一阶段，计算机已大量用于信息管理。硬件有了磁盘、磁鼓等直接存储设备；在软件方面，出现了高级语言和操作系统；操作系统中有了专门管理数据的软件，一般称为文件系统，用户可以把相关数据组织成一个文件存放在计算机中，由文件系统对数据的存取进行管理，处理方式有批处理，也有联机处理。

文件管理数据的特点如下。

（1）数据可长期保存。数据以文件形式存储在计算机的直接存储设备中，可长期保存并反复使用。用户可随时对文件进行查询、修改和增删等处理。

（2）有专门的数据管理软件——文件系统。由专门的软件即文件系统进行统一的数据管理，文件系统把数据组织成内部有结构的记录，程序员只需与文件名打交道，不必明确数据的物理存储，大大减轻了程序员的负担。

（3）程序与数据间有一定独立性。数据有两种形式，即用户眼里看到的逻辑结构（称为逻辑文件）和实际存储的物理结构（称为物理文件）。

文件系统中已允许逻辑文件和物理文件有所区别并提供两者之间的转换，数据物理存储结构发生变化时，只要改变文件系统的存取方式，不一定影响程序的运行，从而部分实现了逻辑数据和物理数据的相互独立性。

文件系统阶段对数据的管理有了很大的进步，但一些根本性问题仍没有彻底解决，主要问题如下。

（1）数据冗余度大。数据冗余度指同一数据重复存储时的重复程度。文件系统阶段各数据文件之间没有有机的联系，一个文件基本上对应于一个应用程序，数据不能共享，因此数据冗余度大。

（2）数据独立性不高。文件系统中的文件是为某一特定应用服务的，许多情况下不同的应用程序使用的数据和程序相互依赖，系统不易扩充。一旦改变数据的逻辑结构，必须修改相应的应用程序，而应用程序发生变化，如改用另一种程序设计语言来编写程序，也需修改数据结构。

（3）数据一致性差。由于相同数据的重复存储、各自管理，在进行更新操作时，容易造成数据的不一致性。

3. 数据库系统阶段

20世纪60年代末发生了奠定数据库技术基础的3件大事，标志着数据管理进入新时代——数据库系统阶段。

（1）1968年美国IBM公司推出了世界上第一个基于层次模型的大型商用数据库管理系统IMS（information management system）。

（2）1969年美国数据系统语言研究会（Conference on Data System Language, CODASYL）下属的数据库任务组（data base task group, DBTG）提出了基于网状模型的DBTG系统。

（3）1970年美国IBM公司的高级研究员E. F. Code发表的《A Relation Model of Data for Large Shared Data Banks》的论文，提出了关系数据模型，奠定了关系数据库的理论基础。

数据库系统阶段出现了统一管理数据的专门软件系统，即数据库管理系统。数据库系统是一种较完善的高级数据管理方式，也是当今数据管理的主要方式，获得了广泛的应用。

数据库技术在不断地发展。根据数据模型的进展，数据库技术又可以划分为 3 个发展阶段：第一代的网状、层次数据库系统；第二代的关系数据库系统；第 3 代以支持面向对象数据模型为主要特征的数据库系统。

第一代数据库系统中，层次数据库的数据模型是有根的定向有序树，网状模型对应的是有向图。这两种数据库具有如下共同点。

（1）支持三级模式（外模式、模式、内模式）。保证数据库系统具有数据与程序的物理独立性和一定的逻辑独立性。

（2）用存取路径来表示数据之间的联系。

（3）有独立的数据定义语言。

（4）导航式的数据操纵语言。

这两种数据库奠定了现代数据库发展的基础。

第二代数据库的主要特征是支持关系数据模型（数据结构、关系操作、数据完整性）。关系模型具有以下特点。

（1）关系模型的概念单一，实体和实体之间的联系都用二维表来表示。

（2）以关系代数为基础，有严格的数学基础。

（3）数据的物理存储和存取路径对用户不透明。

（4）关系数据库语言高度非过程化。

第二代数据库是当前主流的数据库系统。

1990 年高级 DBMS 功能委员会发表了"第三代数据库系统宣言"，提出第三代数据库系统主要有以下特征。

（1）支持数据管理、对象管理和知识管理。

（2）保持和继承了第二代数据库系统的技术。

（3）对其他系统开放，支持数据库标准语言，支持标准网络协议，有良好的可移植性、可连接性、可扩展性和互操作性等。

第三代数据库支持多种数据模型（比如关系模型和面向对象的模型），并和诸多新技术相结合（比如分布处理技术、并行计算技术、人工智能技术、多媒体技术等），广泛应用于多个领域，由此也衍生出多种新的数据库技术。

然而，尽管第三代数据库有很多优势，但还是尚未完全成熟的一代数据库系统。

1.1.4 数据库技术的特点

与人工管理、文件系统相比，数据库技术有以下特点。

1. 数据结构化

数据结构化是数据库与文件系统的根本区别。在数据库系统中的数据彼此不是孤立的，数据与数据之间相互关联，在数据库中不仅要能够表示数据本身，还要能够表示数据与数据之间的联系，这就要求按照某种数据模型，将各种数据组织到一个结构化的数据库中。

2. 数据共享性高、冗余度低

数据库系统从整体角度看待和描述数据，数据不再面向某个应用程序而是面向整个系统，所有用户可以同时存取数据库中的数据，使得数据共享性提高，数据的共享减少了不必要的数据冗余，节约了存储空间，同时也避免了数据之间的不相容性与不一致性。

3. 数据独立性高

数据的独立性有两方面的含义，一个指的是数据与程序的逻辑独立性，一个指的是数据与程序的物理独立性。

数据与程序的逻辑独立性是指当数据的总体逻辑结构改变时，数据的局部逻辑结构不变，由于应用程序是依据数据的局部逻辑结构编写的，所以应用程序不必修改，从而保证了数据与程序间的逻辑独立性。例如，在原有的记录类型之间增加新的联系，或在某些记录类型中增加新的数据项，把原有记录类型拆分成多个记录类型等均可保持数据的逻辑独立性。

数据与程序的物理独立性是指当数据的存储结构改变时，数据的逻辑结构不变，从而应用程序也不必改变。例如，改变存储设备和增加新的存储设备，改变数据的存储组织方式，或改变存取策略等均可保持数据的物理独立性。

在数据库系统阶段有较高的数据与程序的物理独立性和一定程度的数据与程序的逻辑独立性。数据的组织和存储方法与应用程序互不依赖、彼此独立的特性可降低应用程序的开发代价和维护代价，大大节省了程序员和数据库管理员的负担。

4. 数据由 DBMS 集中管理

数据库为多个用户和应用程序所共享，对数据的存取往往是并发的，即多个用户可以同时存取数据库中的数据，甚至可以同时存取数据库中的同一个数据，为确保数据库数据的正确有效和数据库系统的有效运行，数据库管理系统提供下述 4 方面的数据控制功能。

（1）数据的安全性控制。数据库要有一套安全机制，使每个用户只能按规定对某些数据以指定方式进行访问和处理，以便有效地防止数据库中的数据被非法使用和修改，以确保数据的安全和机密。

例如，系统可以提供口令检查或其他手段来验证用户身份，防止非法用户使用系统；也可以对数据的存取权限进行限制，只有通过检查后才能执行相应的操作。

（2）数据的完整性控制。系统通过设置一些完整性规则以确保数据的正确性、有效性和相容性。即将数据控制在有效的范围内，或要求数据之间满足一定的关系。

（3）并发控制。数据库中的数据是共享的，并且允许多个用户同时使用相同的数据。这就要保证各个用户之间不相互干扰，对数据的操作不发生矛盾和冲突，数据库能够协调一致，因此必须对多用户的并发操作加以控制和协调。

（4）数据恢复。计算机系统的硬件故障、软件故障、操作员的失误以及故意的破坏也会影响数据库中数据的正确性，甚至造成数据库部分或全部数据的丢失。DBMS 还要有一套备份/恢复机制，以保证当数据遭到破坏时能将数据库从错误状态恢复到最近某一时刻的正确状态，并继续可靠地运行。

1.1.5 关系模型

人们希望开发一个能对上述类型的表格进行维护、查询的通用程序，要做的第一件事是把具体的表格抽象为一般的表格，抽象是从一个具体问题到一般问题研究的基本方法。

于是人们引入数据模型的概念：数据模型是对现实世界数据特征的抽象，数据模型通常由数据结构、数据操作和数据约束三部分组成。

通过对现实的各种需求的抽象和总结，人们总结出很多适合不同需求的数据模型，它们有关系模型、网状模型、层次模型和面向对象模型等，而其中的关系数据模型能满足绝大多数应用问题的需要，相关的理论和技术在过去几十年里迅速发展，目前已经相当成熟，几乎所有的主流的数据库产品，如 Oracle、Informix、SQL Server 都是基于关系模型的。下面简要介绍关系模型的数据结构、数据操作和数据约束。

1. 关系模型的数据结构

用二维表格数据来表示实体及实体之间联系的模型叫关系模型，一个表就是一个关系。确定一个二维表的结构就是要确定以下两个内容。

1）列的组成以及每一列的数据类型

与收集学生信息之前必须设计一个包含表头的空白表格一样，在使用二维表之前，必须首先确定二维表由哪些列组成，每个列的最多的字符数或数字长度，又由于在计算机内数字、字符和日期信息其存储方式及提供的运算是不同的，因此还要确定每一列的数据类型。

能为二维表的每一列确定唯一的数据类型，是由二维表每一列必须是同质的要求所保证的。

2）能唯一确定行的一个或一组列

在手工制作二维表的过程中，我们事实上不自觉地遵守着一个法则，那就是不允许出现相同行。也就是说，如果表格中出现了两个完全相同的行，可能为两种情况造成的，一种情况是同一对象的信息重复输入了，那显然是错误的；另一种情况是不同对象在表格中反映出完全一样的信息，难分彼此，那显然是表格设计的缺陷。因此规定二维表中不能出现完全相同的行是合理的，并且是必须的。

为了确保二维表中不出现完全相同的行，如果在增加和修改每一行时，把该行数据与二维表中其他行的数据逐一比较，当二维表横向数据和纵向数据很多时，其工作量和效率是可想而知的，而事实上，大多数情况下，我们只需要确保二维表的某些列的组合其值不重复就可以了。

在没有相同行的条件下，可以确保这些能标识整个行的列是存在的，因为不存在相同行的等价表述是二维表所有列的列值组合能且只能确定二维表中的一行，然后在所有列的组合中用逐个剔除的方法可以得到某些列的组合，使它满足以下条件：

①这些列值能唯一确定表中的一行。

②去掉任何一个列，剩下的列的列值不能唯一确定表中一行。

我们把这些列的组合称为二维表的候选码，其中要满足的第一个条件称为候选码的唯一性，第二个条件称为候选码的最小性。一个二维表可能有多个候选码，属于任一候选码的列称为主属性，不属于任一候选码的列称为非主属性。从候选码中可以任选一个设定为二维表的主码（或称主键），设定了主码就可以通过确保主码的唯一性而避免表中出现完全相同的行。

以上的阐述同时论证了二维表候选码的存在性和为二维表设定主码的必要性。

必须注意候选码的唯一性是基于语义的，即随语义环境的变化而变化，在不可能出现重名情况下，学生姓名可以作为候选码；在可能出现重名但能确保重名的学生一定不会同年同月同日生的情况下，姓名虽然不能作为候选码，但列组合（姓名，出生日期）可以作为候选码。

在实际的数据库设计中，出于系统运行效率的考虑，应该尽可能地避免用过多的列构成主码，在找不到合适的主码时，可以人为地增加一个流水号作为二维表的主码，这是以空间换时间的有效方法。

2. 关系模型的数据操作

手工情况下对表格操作可分为两种：表格信息的维护（行的增加、修改和删除）和表格信息的查询。

关系模型的数据操作事实上就是对表的操作，对表的操作是通过对表的行操作来实现的。关系模型的数据操作分两部分内容，一部分是表的查询操作，另一部分是对表的更新操作。更新操作又包括行的插入（Insert）、删除（Delete）和修改（Update）。

更新操作往往依赖于查询操作，删除和修改行时首先要确定删除和修改哪些行，即需要把符合条件的行"查询"出来，而插入操作有时要插入的行就是一个查询的结果，所以关系操作的核心内容是查询。

关系模型仅给出了关系操作应达到的目标，不同的数据库管理系统可以用不同的方法实现这些目标，目前普遍采用的是 SQL 语言，用 SQL 语言可以实现所有的关系操作，但并不和关系操作一一对应，不同的数据库管理系统对 SQL 有不同的功能扩展。

下面主要介绍关系模型数据操作中的核心操作，即查询操作。

关系的查询操作也就是关系代数中关系运算，这些运算包括：选择（Selection）、投影（Project）、连接（Join）、并（Union）、差（Difference）、交（Intersection）、除（Division）和广义笛卡儿积。

所有运算的对象都是关系（表），而运算结果也是一个关系（表）。

1）选择运算

通俗地讲，选择运算就是选行运算。从整个学校学生的名册中取出某个班级学生信息就是选择，即从整个表中选出符合条件的行。

当表中数据非常多时，选择的效率是必须解决的技术问题。设想在手工操作的情况下，要从包含 1 万名学生信息的资料中寻找某个学号的学生信息，如果资料没有按学号排序，那将十分困难，反之如果学生信息按学号排序了，查找就变得非常快捷！对计算机也一样，通常建立索引可以极大地提高选择效率，所有的数据库管理系统都提供了各种为表建立索引的方法。

2）投影

通俗地讲，投影运算就是选列运算。从一个包含数十项（列）内容的个人档案中选取本次查询所关心的内容（列）就是投影运算，即从整个表中选出若干个列。

从数学角度看，二维表是 n 维笛卡儿积的一个子集，即为 n 维空间的一个子空间，选列的实质是把 n 维空间投影到 m（$m \leqslant n$）维空间上，投影的名称由此而来。

手工情况下，在表格中已有数据的情况下若要增加列，往往由于纸张宽度的限制，要重新做表，然后把原表格数据抄入已增加新列的新表中，导致这种重复的工作的原因是表格设计时考虑不周。同样，关系模型的设计中也要避免这种情况的发生，在设计阶段，每一个表要尽可能地包含所有需要的信息，尽管这些信息并不是在所有场合都需要，但由于有投影运算，可以在不同的场合输出不同的信息。

3）广义笛卡儿积

有时对表格数据的查阅可能要同时比对着查阅多个表格，比如在手工情况下，我们通常把学生基本信息和每个学生各门课的成绩分成两个表，如果要求查询男生中成绩最好的学生信息，就必须同时查询两张表。

广义笛卡儿积就是把多张表组合在一起查询。

多个表的行的所有组合构成这些表的广义笛卡儿积，"所有组合"的特性和笛卡儿积相同，不同的是笛卡儿积组合的对象是各个域的值，而广义笛卡儿积组合对象是各个表的行。广义笛卡儿积的示例如表 1 – 1 ～ 表 1 – 3 所示。

表 1 – 1　学生表

学号	姓名	性别
01	张伟	男
02	王霞	女
03	周平	男

表 1 – 2　学生成绩表

学号	课程	成绩
01	古文	93
01	声乐	88
02	声乐	85
99	古文	83

表 1 – 3　学生表和学生成绩表的广义笛卡儿积

学号	姓名	性别	学号	课程	成绩
01	张伟	男	01	古文	93
01	张伟	男	01	声乐	88
01	张伟	男	02	声乐	85
01	张伟	男	99	古文	83
02	王霞	女	01	古文	93
02	王霞	女	01	声乐	88
02	王霞	女	02	声乐	85
02	王霞	女	99	古文	83
03	周平	男	01	古文	93
03	周平	男	01	声乐	88
03	周平	男	02	声乐	85
03	周平	男	99	古文	83

显然，广义笛卡儿积的运算结果表与笛卡儿积一样没有包含有用的信息，只有其子集如第 1 行、第 2 行、第 7 行才有意义。

广义笛卡儿积运算结果表的行数等于各个表的行数之积。

4）连接

从上例可以看出，把多个表的行任意组合起来通常没有太大意义，但只要在笛卡儿积的运算结果基础上加上选择条件"学生表.学号＝学生成绩表.学号"，其结果如表1-4所示。

表1-4　连接运算的结果

学　　号	姓　　名	性　　别	学　　号	课　　程	成　　绩
01	张伟	男	01	古文	93
01	张伟	男	01	声乐	88
02	王霞	女	02	声乐	85

这样的结果正是我们需要的。对其中重复的"学号"列可以使用投影操作去除它。

在广义笛卡儿积上选择符合一定条件的行时，如果选择条件涉及两个以上的表，即在两张以上的表中选择符合条件的行，就把该选择运算称为连接运算，选择条件称为连接条件。相对下面将要叙述的情况，这种连接运算称为"内连接（Inner Join）"。

但连接运算也并不是简单地在广义笛卡儿积上做选择运算，如上例中通常需要查询的结果中包含没有选课学生的信息，如要包含上例中学生"周平"的信息，这实际是要求连接运算对其中某一个表的行，不论是否符合连接条件，均要在查询结果中出现。所以，关系模型中对关系代数中连接运算进行的扩展，引入了外连接的操作。

在连接条件"学生表.学号＝学生成绩表.学号"中，如要求"学生表"中不符合连接条件的行也出现在查询结果中，使用的连接称为左外连接；相同地，如要求"学生成绩表"中不符合连接条件的行也出现在查询结果中，使用的连接称为右外连接。对上例使用左外连接的结果如表1-5所示。

表1-5　左外连接操作的结果

学　　号	姓　　名	性　　别	学　　号	课　　程	成　　绩
01	张伟	男	01	古文	93
01	张伟	男	01	声乐	88
02	王霞	女	02	声乐	85
03	周平	男	NULL	NULL	NULL

其中NULL表示空值，计算机中空值不同于空串，空串表示已经赋值、其值为空的字符串，而NULL表示没有赋值的状态。所有数据库管理系统都很容易地可以把NULL转化为""。

把两个表的位置换一下，使用右外连接可以得到相同的结果。

最后，学生成绩表中的99表示的是一个临时加入考试的学生，在学生表可能不需要加入该临时考生的信息，但查询结果需要它，这就似乎让我们"左""右"为难，幸运的是，关系模型的数据操作提供了全连接的操作，全连接就是把两个表中不符合条件的行均加入到查询结果中，上例使用全连接的查询结果如表1-6所示。

表1-6　全连接操作的结果

学　　号	姓　　名	性　　别	学　　号	课　　程	成　　绩
01	张伟	男	01	古文	93
01	张伟	男	01	声乐	88
02	王霞	女	02	声乐	85
03	周平	男	NULL	NULL	NULL
NULL	NULL	NULL	99	古文	83

连接运算本质上就是对笛卡儿积的结果再进行选择运算，只是在关系模型中增强了外连接的功能，理解这一点对以后灵活地运用SQL的查询语句解决实际问题非常重要。

5）并、交和差

两个表的并、交和差就是把两个表的行作为两个集合的元素进行集合之间的并、交和差，很自然地要求两个表具有相同的列数且每一个对应列具有相同的类型。两个表的并、交和差的定义和两个集合 A 和 B 之间的并、交和差的定义完全相同。

并：两个集合的元素合并在一起构成的集合，相同的元素在结果中仅出现一次。

交：两个集合中相同的元素构成的集合。

差：出现在第一个集合中但不出现在第二个集合中的元素组成的集合。

当两个表进行并运算后，相同的行在结果中将仅出现一次。

在 SQL 的查询语句中，并不是所有数据库管理系统均直接支持这三个运算，事实上除了并运算，后两个运算可以通过选择运算中使用子查询得到相同的结果。

可以通过一个简单示例来说明多个表进行并运算的必要性。表1-7是一个商品流通企业常用的某商品的进销存表（实际的报表中还要包含价格、金额等数据，为简化起见，表中仅包含数量）。

表1-7　并运算的实例

日　　期	说　　明	进　　货	销　　售	库　　存
	上期结余			214
2008 - 1 - 1	供应商 A	200		414
2008 - 1 - 1	零售		130	284
2008 - 1 - 2	批发		80	204
2008 - 1 - 2	零售		100	104
2008 - 1 - 3	供应商 A	300		404
⋮				

进货和销售数据通常存放在进货表和销售表中，而此报表中同时包含了进货表和销售表的内容，可以用并运算把两个表合并在一起，然后按要求依据日期排序，再进行适

当的库存计算，就可以得到表1-7，并运算在这里起了至关重要的作用。

6）除

除运算是所有关系运算中最复杂也是最难理解的运算，一般数据库管理系统使用的SQL不直接支持此运算。同交和差的运算一样，可以通过选择运算中使用子查询来实现除运算。

可以通过一个实例来理解除运算的实际意义。

假设有下列两个表，存放课程信息如表1-8所示；存放学生的选课信息，如表1-9所示。

表1-8 课程表

课程号	课程名	学分
S01	古文	2
S02	声乐	3
S03	美术	4

表1-9 选课表

学号	课程号	成绩
01	S01	87
01	S03	92
02	S01	82
02	S02	78
02	S03	89
03	S02	95

现在要求查询选修了所有课程的学生学号，从表1-8、表1-9的数据中可以看出，符合条件的学生学号为02，这个结果正是"选课表在学号和课程号上的投影"÷"课程表"的结果。

下面来分析一下除运算的过程。

（1）确定相关列

首先确定影响查询结果的列，剔除不相关的列。从上面的查询要求可以知道，和查询相关的列是"学号"和"课程号"，其他列的列值和查询结果无关，选取包含这两个列的表即"选课表在这两个列上的投影"为除运算的第一个表。

（2）确定结果列

即确定查询结果中包含的列，从上一步选出的相关列中确定两个表的公共列，除的结果就是由相关列除去这些公共列组成，本例中查询结果所包含的列为"学号"，它正是相关列"学号"和"课程号"去除两个表中的公共列"课程号"后得到的列。

（3）确定结果行

即确定除的结果由哪些行组成，对本例即确定除结果中包含哪些学号。除结果的行必须满足两个条件：第一，这些行必须被除运算中第一个表所包含，即"学号"必须包含在除运算的第一个表即选课表中；第二，除运算的第一个表即选课表中这些学号对应的课程号（公共列）必须包含除运算中第二个表即课程表中出现的所有课程号。第二个条件中的"包含"关系反映了除运算的基本特征，理解此点也就不难理解为何把该运算称为"除"运算。

所以对本例，除运算的结果是一个单列单行，值为 02 的表。

理解除运算的实际意义是学会判断什么样的查询需求可以用关系数据操作中的除运算来表达。

3. 关系模型的数据约束

在手工制表的情况下，登记每个学生的基本信息的时候，为保证数据的正确性和完整性，人们会自觉或不自觉地对登记的信息作如下检查，而这些检查内容正对应了关系模型的数据约束中的实体完整性、参照完整性和用户定义完整性。

1）避免出现重复行——实体完整性

在数据正确输入的前提下，不出现重复行实际上是反映了表的每一行的所有列值所构成的信息是完整的。

假设出现一种可能出现的极端情况，学校中出现了两个同名同姓、同性别、同出生日期的学生，那时，在"姓名""性别"和"出生日期"构成的表中就会出现两个完全相同的行，表示的却是不同的对象（实体），这反过来说明了由"姓名""性别"和"出生日期"来反映一个学生（实体）的信息是不完整的。

要做到完整性，就是要在任何情况下，不出现重复行，这就是实体完整性的真正含义。

2）表之间的数据一致性——参照完整性和外码

假设在登记学生信息时，另外还要学生填写一张家庭情况表，那么学生在填写家庭情况表中的学号和姓名时，必须参照学生基本信息表，即要保证两者的一致性，填完后，收表的人员也必须对此进行核对，这实际上就是在确保家庭情况表对学生基本信息表的参照完整性。

在手工操作中，为了表格自身的可读性，家庭情况表必须包含学生基本信息表中包括学号在内的其他部分的学生信息，如姓名、性别等，可能的表式如表 1 - 10 所示；而事实上，这些信息相对学生基本信息表是重复的，由家庭信息表要获知学生基本信息表中的信息，只需要包含学号就已足够，如表 1 - 11 所示；我们可通过该表中的学号，获得该学生在学生基本信息表中的其他信息，尽管这在手工操作中比较麻烦，但在计算机中，使用 SQL 语言，很容易根据表 1 - 11 中的学生家庭情况表和学生基本信息表所包含的信息，输出表 1 - 10 所示的包含部分学生基本信息的学生家庭情况表。

表 1 - 10　学生家庭情况表 1

学　　号	姓　　名	性　　别	家庭成员姓名	关　　系	工 作 单 位	联 系 电 话
01	张伟	男	张大中	父	单位 A	电话 A
01	张伟	男	李月梅	母	单位 B	电话 B
01	张伟	男	张萍	姐	单位 C	电话 C

表 1-11　学生家庭情况表2

学　　号	家庭成员姓名	关　　系	工 作 单 位	联系电话
01	张大中	父	单位 A	电话 A
01	李月梅	母	单位 B	电话 B
01	张萍	姐	单位 C	电话 C

参照完整性就是要保证家庭情况表中的学号和学生基本信息表中的学号的一致性，也就是要求家庭情况表的学号或者为空或者在学生基本信息表中存在，这种一致性必须在任何情况下均得以保持。具体来说，就是要在删除学生基本信息表中某个学生的信息或修改某个学生学号时，考察学生家庭情况表中是否有该学号学生的信息，若有，处理方法可以有以下几种选择：

①不允许删除该学生信息或修改该学生学号。

②如删除学生信息则同时删除该学生在家庭情况表中的信息；如修改学号则同时修改该学生在家庭情况表中的学号。

③删除学生信息或修改学号的同时设置该学生在家庭情况表中的学号为空。

④删除学生信息或修改学号的同时设置该学生在家庭情况表中的学号为某个缺省学号，该缺省学号必须在学生表中存在。

对本例，我们可能会选择第 1 或第 2 种处理方法，第 3 和第 4 种处理方法对本例没有意义，但在其他场合就可能有意义。但是，并不是所有数据库管理系统均支持这 4 种处理方法。

一般地，我们把学生家庭情况表中的学号称为该表的外码，其基本特征不是本表的主码，而是参照表（学生基本信息表）的主码。参照完整性就是要求外码值或者为空，或者在参照表中存在。

3）表中数据的合理性和有效性——用户定义完整性

在手工登记学生基本信息时，我们不自觉地在做一件事，那就是检查数据的合理性和有效性，如出生日期折算成年龄以及身高的值是否在合理的范围，手机号码的位数是否正确等，这些数据的约束随具体数据所表达的含义不同而不同，在关系模型的数据约束中称为用户定义完整性。

用户定义完整性还可以细分为列级约束和行级约束，所谓列级约束，就是其约束条件仅仅和某个列相关，如上面提到的年龄和身高，比如年龄应该限制在 10～50 岁之间，身高取值可能应该限制在 120～250cm 之间。而行级约束条件可能涉及一个以上的列，如入学日期一定小于毕业日期等。

1.1.6　关系数据库

关系数据库，是建立在关系模型基础上的数据库。关系数据库分为两类，一类是桌面数据库，如 Access、FoxPro 和 dBase 等；另一类是客户/服务器数据库，如 SQL

Server、Oracle 和 Sybase 等。一般而言，桌面数据库用于小型的、单机的应用程序，它不需要网络和服务器，实现起来比较方便，但它只提供数据的存取功能。客户/服务器数据库主要适用于大型的、多用户的数据库管理系统，应用程序包括两部分：一部分驻留在客户机上，用于向用户显示信息及实现与用户的交互；另一部分驻留在服务器中，主要用来实现对数据库的操作和对数据的计算处理。

下面介绍一下关系数据库的几个概念。

1. 表

关系数据库的表采用二维表格来存储数据，是一种按行与列排列的具有相关信息的逻辑组，它类似于工作单表。一个数据库可以包含任意多个数据表。

2. 字段

数据表中的每一列称为一个字段，表是由其包含的各种字段定义的，每个字段描述了它所含有的数据的意义，数据表的设计实际上就是对字段的设计。创建数据表时，为每个字段分配一个数据类型，定义它们的数据长度和其他属性。字段可以包含各种字符、数字甚至图形。

3. 记录

实验室资产表存储了实验室资产的信息，资产借用表存储了资产的借用信息，表中的每一行被称为记录。一般来说，数据库表中的任意两行都不能相同，例如，实验室的每一个试验设备不能在表中登记两次。

4. 关键字

关键字用来确保表中记录的唯一性，可以是一个字段或多个字段，常用作一个表的索引字段。每条记录的关键字都是不同的，因而可以唯一地标识一个记录，关键字也称为主关键字，或简称主键。

另外，表间关系也是通过主键来实现的。

5. 索引

索引有助于更快地访问数据，索引是表中单列或多列数据的排序列表，每个索引指向其相关的数据表的某一行。索引提供了一个指向存储在表中特定列的数据的指针，然后根据所指定的排序顺序排列这些指针。

任务 1.2　认识 Access

1.2.1　Access 的特点

Access 是微软公司推出的基于 Windows 的桌面关系数据库管理系统（RDBMS，即 relational database management system），是 Office 系列应用软件之一。它提供了表、查询、窗体、报表、页、宏、模块 7 种用来建立数据库系统的对象；提供了多种向导、生成器、模板，把数据存储、数据查询、界面设计、报表生成等操作规范化；为建立功能完善的数据库管理系统提供了方便，也使得普通用户不必编写代码，就可以完成大部分数据管理的任务。

Microsoft Access 在很多地方得到广泛使用，例如小型企业，大公司的部门，和喜爱编程的开发人员专门利用它来制作处理数据的桌面系统。它也常被用来开发简单的 WEB 应用程序。这些应用程序都利用 ASP 技术在 Internet Information Services 运行。比较复杂的 WEB 应用程序则使用 PHP/MySQL 或者 ASP/Microsoft SQL Server。

Access 的优点包括：

1. 存储方式简单，易于维护管理

Access 管理的对象有表、查询、窗体、报表、页、宏和模块，以上对象都存放在后缀为 mdb 或 . accdb 的数据库文件中，便于用户的操作和管理。

2. 面向对象

Access 是一个面向对象的开发工具，利用面向对象的方式将数据库系统中的各种功能对象化，将数据库管理的各种功能封装在各类对象中。它将一个应用系统当作是由一系列对象组成的，对每个对象都定义一组方法和属性，以此定义该对象的行为和外围，用户还可以按需要给对象扩展方法和属性。通过对象的方法、属性完成数据库的操作和管理，极大地简化了用户的开发工作。同时，这种基于面向对象的开发方式，使得开发应用程序更为简便。

3. 界面友好、易操作

Access 是一个可视化工具，其风格与 Windows 完全一样，用户想要生成对象并应用，只要使用鼠标进行拖放即可，非常直观方便。系统还提供了表设计、查询设计、报表设计以及数据库向导、表向导、查询向导、窗体向导、报表向导等工具，使得操作简便，容易使用和掌握。

4. 集成环境、处理多种数据信息

Access 基于 Windows 操作系统下的集成开发环境集成了各种向导和设计器工具，极大地提高了开发人员的工作效率，使得建立数据库、创建表、设计用户界面、设计数据查询、报表打印等可以方便有序地进行。

5. 支持 ODBC（开发数据库互连，open data base connectivity）

利用 Access 强大的 DDE（动态数据交换）和 OLE（对象的联接和嵌入）特性，可以在一个数据表中嵌入位图、声音、Excel 表格、Word 文档，还可以建立动态的数据库报表和窗体等。Access 还可以将程序应用于网络，并与网络上的动态数据相联接。利用数据库访问页对象生成 HTML 文件，轻松构建 Internet/Intranet 的应用。

6. 支持广泛，易于扩展，弹性较大

我们可以通过链接表的方式来打开 EXCEL 文件、格式化文本文件等，从而利用数据库的高效率对其中的数据进行查询、处理；还可以通过以 Access 作为前台客户端，以 SQL Server 作为后台数据库的方式（如 ADP）开发大型数据库应用系统。

7. 提供了大量的内置函数与宏

Access 提供了大量的内置函数与宏，从而使数据库开发人员、甚至是不懂编程语言的开发人员都可以快速地以一种无代码的方式实现各种复杂的数据操作与管理任务。

总之，Access 既可以是一个只用来存放数据的数据库，也可以作为一个客户端开发

工具来进行数据库应用系统开发；既可以开发方便易用的小型软件，也可以开发大型的应用系统。

1.2.2 Access 系统的启动与退出

1. Access 系统启动的三种方法

方法一 采用"开始"菜单，启动 Access 的方法。

选择"开始"→"程序"→"Microsoft Office"→"Microsoft Office Access"命令，即可启动 Access。

方法二 建立快捷方式和使用快捷方式启动 Access 的方法。

快捷方式是 Windows 桌面上建立的一个图标，双击这个图标就可以启动相应的程序。

（1）创建快捷方式图标：创建快捷方式图标有多种方法，在这里介绍其中的一种。单击"开始"按钮，选择"所有程序"选项，将鼠标移到"Microsoft Office"上，然后将鼠标指向"Microsoft Access"命令，按住 Ctrl 键向桌面拖动，就可以在桌面上建立快捷方式图标。

（2）使用快捷方式启动：在桌面上双击快捷方式图标就可以启动。

方法三 使用已有的 Access 数据库文件，启动 Access 的方法。

如果进入 Access 是为了打开一个已有的数据库，那么使用这种方法启动 Access 是很方便的。使用这种方法 Access 方法也有多种方式：

（1）在"我的电脑"或"资源管理器"中，双击要打开的数据库可启动 Access。如果 Access 还没有运行，它将启动 Access，同时打开这个数据库；如果 Access 已经运行，它将打开这个数据库，并激活 Access。

（2）单击任务栏上的"开始"→"所有程序"→"打开 Office 文档"命令，调出"打开 Office 文档"对话框。在"查找范围"中选择盘符和文件夹，然后选择要打开的文档，单击"打开"按钮，则在启动 Access 的同时打开相应的数据库窗口。

2. **设置保存数据库的默认位置**

（1）在 Access 菜单上选择"文件"→"选项"命令，打开 Access 的"选项"对话框。

（2）选择"常规"选项卡，在默认数据库文件夹文本框中输入保存创建数据库的位置。例如，输入保存路径 D:\database，其中 database 为已在 D 盘上创建的文件夹名。

（3）设置完成后，单击"确定"按钮。这时 Access 系统将在当前设置下工作。

在本实验中，请读者自行了解"选项"对话框中其他选项卡的设置方法和含义。

3. Access 系统的退出

在 Access 中编辑完所需要的内容，或者需要为其他应用程序释放一些内存时，就可以退出应用程序，退出 Access 的方法有多种。下面介绍其中的几种。

（1）选择"文件"→"退出"命令。

（2）直接单击右上角的"关闭"按钮。

（3）双击 Access 窗口左上角的系统控制按钮。

（4）单击系统图标 →"关闭"命令

（5）按"Alt + F4"命令。

如果在退出时，正在编辑的数据库对象没有保存，则会弹出一个提示保存对话框，提示是否保存对当前数据库对象的更改。这时可根据需要选择保存、不保存或取消"退出"这个操作。

1.2.3　Access 系统界面

启动 Access，并打开了一个数据库文件后，可以看到如图 1 - 3 所示的用户界面。

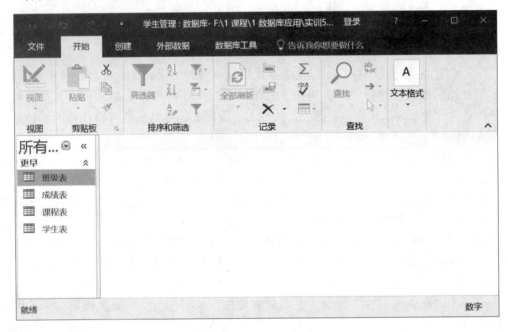

图 1 - 3　Access 系统界面

1. 标题栏

当前文件如果是活动窗口，双击标题栏可使 Access 的窗口在最大化和还原两种状态之间切换。

标题栏从左到右分别为：Access 数据库文件名、应用程序名、帮助、最小化按钮、最大化/向下还原按钮和关闭按钮。

（1）Access 数据库文件名：标明当前 Access 数据库文件名称。

（2）应用程序名：指明当前窗口是 Microsoft Access 软件窗口。只有当数据库窗口最大化时，才会出现这一项。

（3）帮助：点击"帮助"按钮，可以打开"帮助"视图，获取帮助。

（4）"最小化"按钮：单击"最小化"按钮，可将 Microsoft Access 软件窗口缩小为图标，并设置在 Windows 的任务栏中。在任务栏上单击 Access 系统窗口图标，可恢复 Access 系统窗口。

（5）"最大化/向下还原"按钮：当此按钮为"最大化"按钮时，单击它将使

Access 软件窗口变为最大化窗口，即窗口充满整个屏幕；当此按钮为“向下还原”按钮时，单击它将使 Access 软件窗口恢复为变成最大窗口前的窗口大小。

（6）“关闭”按钮：单击“关闭”按钮，将关闭 Access 软件窗口，如果文件修改没有保存过，则在关闭 Access 软件窗口前，系统会提示是否保存修改过的数据库文件。

2. 快速访问工具栏

快速访问工具栏：快速访问工具栏位于程序主界面标题栏左侧的区域，使用这些按钮，操作者能够快速实现相应操作，默认状态下，快速访问工具栏中包含了独立的“保存”“撤销”“恢复”命令按钮。用户可以单机“快速访问工具”右侧的倒三角按钮，在展开的列表中选择在其中显示或隐藏的工具按钮。

3. 功能区

功能区是菜单和工具栏的主要替代部分，它主要有多个选项卡组成，这些选项卡上有多个按钮组。功能区的主要优势之一是，它将通常需要使用菜单、工具栏、任务窗格和其他用户界面组件才能显示的任务或入口点集中在一个地方。Access 功能区位于标题栏的下方，包括“文件”“开始”“创建”“外部数据”“数据库工具”等 5 个菜单选项卡，单击任意一个菜单选项卡，都会弹出一组相关性的操作命令，用户可以根据需要选择相应的命令完成操作。在每一个选项卡中，命令又被分类放置在不同的组中。

（1）“文件”功能区。

单击“文件”按钮，单击“文件”选项卡，打开 Backstage 视图的功能区，其中包括“信息”“新建”“打开”“保存”“另存为”“打印”“关闭”“导出”“关闭”“账户”“反馈”和“选项”选项卡。

（2）“开始”功能区。

“开始”功能区中包括“视图”“剪贴板”“排序和筛选”“记录”“查找”“文本格式”6 个分组，用户可以在“开始”功能区中对 Access 进行诸如复制、粘贴、数据查找、修改字体和字号、排序、筛选等操作。

（3）“创建”功能区。

“创建”功能区中包括“模板”“表”“查询”“窗体”“报表”“宏与代码”6 个分组，“创建”功能区中包含的命令主要用于创建 Access 的各种元素。

（4）“外部数据”功能区。

“外部数据”功能区包括“导入”“导出”“Web 链接列表”3 个分组，在“外部数据”功能区中主要对 Access 以外的数据进行相关处理。

（5）“数据库工具”功能区。

“数据库工具”功能区包括“工具”“宏”“关系”“分析”“移动数据”“加载项”6 个分组，主要针对 Access 数据库进行比较高级的操作。

除了上述功能区之外，还有一些隐藏的功能区默认没有显示。只有在进行特定操作时，相关的功能区才会显示出来。例如在执行创建表操作时，会自动打开“数据表”功能区。

4. 导航窗格

导航窗格是组织归类数据库对象和打开或更改数据库对象设计的主要方式。导航窗格取代了 Access 2007 之前的 Access 版本中的数据库窗口。

导航窗格按类别和组进行组织。可以从多种组织选项中进行选择，还可以在导航窗格中创建自己的自定义组织方案。在默认情况下，新数据库使用"对象类型"类别，该类别包含对应于各种数据库对象的组。"对象类型"类别组织数据库对象的方式，与早期版本中的默认"数据库窗口"显示屏相似。

可以最小化导航窗格，也可以将其隐藏，但是不可以通过在导航窗格前面打开数据库对象进行遮挡。

5. 工作区

工作区用于创建、修改、显示数据库中各种数据对象，是主要的工作区域。

6. 状态栏

状态栏显示状态信息，可以在可用视图之间快速切换活动窗口，如果要查看支持缩放的对象，则可以使用状态栏上的滑块，调整缩放比例以放大或缩小对象。

1.2.4 Access 数据库的对象

一个完整的 Access 数据库是由 6 种数据库对象组成的，分别是"表""查询""窗体""报表""宏"和"模块"。

下面分别介绍这些数据库对象的功能。

1. "表"

表是 Access 中所有其他对象的基础，因为表存储了其他对象用于在 Access 中执行任务和活动的数据。每个表由若干记录组成，每条记录都对应于一个实体，同一个表中的所有记录都具有相同的字段定义，每个字段存储着对应于实体的不同属性的数据信息。如图 1-4 所示。

学生表							
学号	班级代号	姓名	性别	生日	身高	是否住宿	家庭所在地
0100015	10101	贡华	男	1997年12月28日	174	是	四川
0100016	10101	余晓鸿	男	1995年6月28日	175	是	湖北
0100017	10101	唐菲	女	1999年1月1日	158	是	上海
0100018	10101	刘瑞芝	女	1994年3月8日	161	是	浙江
0100019	10101	赵燕霞	女	1993年6月25日	162	是	广西
0100020	10101	李良臣	男	1996年7月1日	173	是	广西
0100021	10101	周志	男	1997年1月26日	178	是	上海
0100022	10101	张正宏	男	1999年3月3日	168	是	湖北
0100023	10101	田咸春	男	1999年12月26日	169	是	北京
0100024	10101	林介敏	女	1998年8月18日	160	是	上海
0100025	10101	李明	女	1999年6月28日	144	是	四川
0100026	10101	田莉	女	1996年10月28日	156	是	湖北
0100027	10101	张小天	男	2000年2月2日	155	否	广东
0100028	10101	顾闻	男	2000年12月29日	178	是	浙江
0100029	10101	邹强	男	1998年10月28日	182	是	北京
0100030	10101	赵军	男	1996年8月28日	178	是	上海

记录: ◀ 第36项(共108) ▶ ▶◀ 无筛选 搜索

图 1-4 Access 的"表"对象

2. "查询"

查询是 Access 数据库中的一种重要的对象，它是一种虚拟表，即不是用来存储数据，而是按照一定的条件或准则从一个或多个数据表中映射出的虚拟视图。查询对象为用户更方便地查看、分析和更改数据库中的数据提供了一种直观的视图。打开"导航窗格"的"查询"类，便可以看到这个数据库中所包含的查询，双击某个查询的名称，打开该查询，如图 1 - 5 所示。

学号	姓名	邓小平理论	高等数学(2	经济法基础	数据库原理	体育(1	统计原理
0100001	冯东梅	87		78.8	85	93.2	
0100002	章蕾	92	98.8	89.4	93.2	82	
0100011	赵丹	93.8	93.2	97.6	88.8	85	
0100012	王小刚	87	78.8		69	92	85.2
0100013	雷典	77	78.8	56	51	67	
0100014	宣涛	88.8	87		59.2	92	70.8
0100073	张南仪	72		48	51	87	45
0100074	洪振林	77	49.8	56		92	
0100080	李超颖	80.8	65.2		78.8	82.6	66.4
0100081	梁富荣	88.8	89.4	83.2	98.8	77.6	
0100082	姜明娟	88.2	95	78.8	84.4	68.2	
0100096	张华	82		40.8		77	51
0100097	兰立志	78.8	33	51		72	48
0100111	关胜	89.4	67	94.4	78.8	78.2	
0100112	凌晓红	88.8	92.6		99.4	94.4	89.4

记录: ⊩ ◄ 第 15 项(共 15 项 ► ►► ►* 无筛选器 搜索

图 1 - 5　Access 的"查询"对象

3. "窗体"

窗体为用户查看和编辑数据库中的数据提供了一种友好的交互式界面。在 Access 中，用户可以使用各种图形化的工具和向导快速地制作出用来显示和操作数据的窗体。打开"导航窗格"的"窗体"类，可以查看这个数据库中包含的窗体。双击某个窗体的名称，打开该窗体，如图 1 - 6 所示。

4. "报表"

报表为打印输出数据库中的数据或数据的处理结果提供了一种便捷的方式。用户可以将一个或多个表和查询中的数据以一定的格式制作成报表，

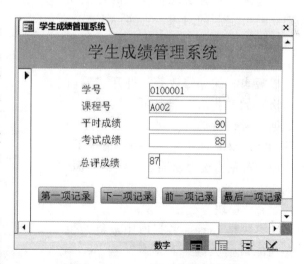

图 1 - 6　Access 的"窗体"对象

还可以将数据处理的结果或各种图表插入到报表中。打开"导航窗格"的"报表"类，可以查看这个数据库中包含的报表。双击某个报表的名称，打开该报表，如图 1 - 7

所示。

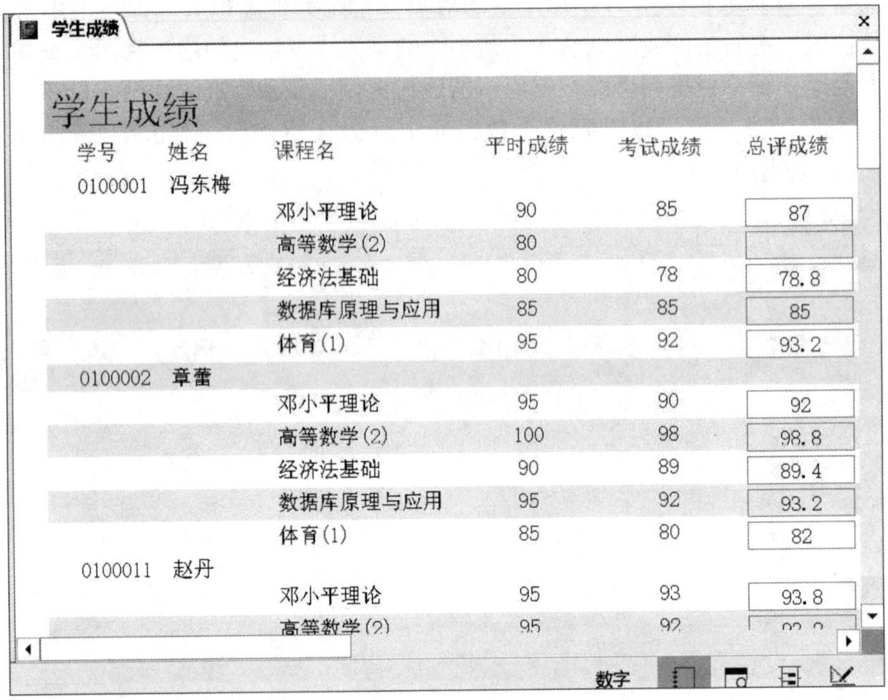

图 1-7　Access 的"报表"对象

5．"宏"

宏是一种为实现较复杂的功能而建立的可定制的对象，它实际上是一些列操作的集合，其中每个操作都能实现特定的功能。例如，打开窗体、生成报表、保存修改等。打开"导航窗格"的"报表"类，可以看到这个数据中所包含的宏，每一个宏都是一项功能，双击即可执行。一般情况下，由窗体对象为宏提供输入和输出界面，如图 1-8 所示。

6．"模块"

模块是 Access 数据库中最复杂也是功能最强大的一种对象。在 Access 中，使用其内置的 Visual Basic for Application 来建立和编辑模块对象，一个模块对象一般是一组相关功能的集

图 1-8　Access 的"宏"对象

合。打开"导航窗格"的"模块"对象，可以查看当前数据库所包含的模块。和宏类似，模块也是一种在后台执行的功能，没有界面。双击其中的某个模块，可以打开 VBA 集成开发环境对其进行编辑，如图 1-9 所示。

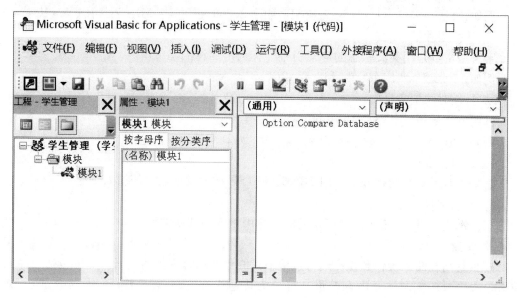

图 1-9　Access 的"模块"对象

7. 对象间的关系

"表"用来存储数据；"查询"用来查找数据；用户通过"窗体""报表"获取数据；"宏"和"模块"则用来实现数据的自动操作。各对象的关系如图 1-10 所示。

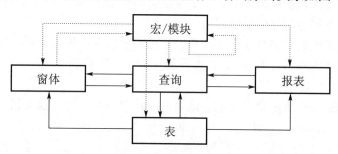

图 1-10　对象间的关系

任务 1.3　掌握 Access 基本运算

1.3.1　Access 数据库的运算量

1. 常量

常量是固定不变的数据，在 Microsoft Access 中常量可分为数值型、字符型、日期

型、日期时间型、逻辑型等多种类型，不同类型的常量有不同的书写格式。

1）数值型常量

整数、小数或用科学计数法表示的数都是数值型常量。

例如，11，–111，3.1415，2.868E2 表示 2.868×10^2、4.5E–3 表示 4.5×10^{-3}。

2）字符型常量

字符型常量是用英文状态的"双引号"作为定界符的字符串。

例如，"张三"，"广东"，"123"，"ABC"。

3）日期时间型常量

日期型常量用"#"作为定界符。

例如，#1990–03–28#，#3/28#，#1:30#，#12:30:45#。

4）逻辑型常量

逻辑型常量只有两种取值：用 TRUE、FALSE 作为逻辑运算的结果。

5）空值常量

空值常量 NULL，表示没有确定的值，适用于各种数据类型。

2. 变量

变量是指在命令操作和程序运行过程中其值允许随时变化的数据，变量包括内存变量和字段变量两大类，而内存变量又可分为普通内存变量（以下简称内存变量）、数组、系统内存变量和对象变量。

1）内存变量

内存变量是内存中的临时存储单元，在程序的执行过程中，可以用来保留中间结果和最后结果，或用来保留对数据库进行某种分析处理后得到的结果。变量值是存放在这个存储区域里的数据，变量的类型取决于变量值的类型。用户在使用内存变量时，需定义内存变量的名称和为内存变量赋初值。

内存变量名必须是以字母或汉字开头，后可跟字母、也可跟字母、汉字、数字或下划线组成（不能含有小数点和空），长度不超过 255 个字符的字符串。

2）字段变量

字段变量就是用户所定义的数据表结构中的任意一个字段，加方括号的字段名就是变量名，例如，［学号］、［姓名］，如果同时使用多个表中的相同字段名，为了区分，必须在字段名前加上带方括号的表名，并在括号间加上英文感叹号。例如，［学生情况］!［学号］；［成绩表］!［学号］。

在一个数据表中，同一个字段名下有若干个数据项，而数据项的值随记录的变化而变化。字段值就是字段变量的值。字段变量值可以是字段内所有记录的值，也可以是字段内某一记录的值。

为了方便，内存变量常称为变量，而字段变量则直接以字段来称呼。

1.3.2 Access 数据库的常用函数

Access 提供了近百个内置的标准函数。可以方便地完成许多操作。

标准函数一般用于表达式中，有的能和语句一样使用。其使用形式如下：

函数名(〈参数1〉,〈参数2〉[,〈参数3〉][,〈参数4〉][,〈参数5〉]…)

其中，函数名必不可少，函数的参数放在函数名后的圆括号中，参数可以是常量、变量或表达式，可以有一个或多个，少数函数为无参函数。每个函数被调用时，都会返回一个返回值。需要指出的是，函数的参数和返回值都有特定的数据类型对应。下面按分类介绍一些常用标准函数的使用。

1. 算术函数

算术函数完成数学计算功能。主要包括以下算术函数：

1) 绝对值函数：Abs(〈表达式〉)

返回数值表达式的绝对值。如 Abs(−3) = 3。

2) 向下取整函数：Int(〈数值表达式〉)

返回数值表达式的向下取整数的结果，参数为负值时返回小于等于参数值的第一负数。

3) 取整函数：Fix(〈数值表达式〉)

返回数位表达式的整数部分，参数为负值时返回大于等于参数值的第一负数。

当参数为正值时，Int 和 Fix 函数结果相同；当参数为负时结果可能不同。Int 返回小于等于参数值的第一个负数，而 Fix 返回大于等于参数值的第一负数。

例如，Int(3.25) = 3，Fix(3.25) = 3 但 Int(−3.25) = −4，Fix(−3.25) = −3。

4) 四舍五入函数：Round(〈数值表达式〉[,〈表达式〉])

按照指定的小数位数进入四舍五入运算的结果。[〈表达式〉] 是进入四舍五入运算小数点右边应保留的位数。

例如，Round(3.255,1) = 3.3；Round(3.255,2) = 3.26；Round(3.754,1) = 3.8；Round(3.754,2) = 3.75；Round(3.754,0) = 4。

5) 开平方函数：Sqr(〈数值表达式〉)

计算数值表达式的平方根。例如，Sqr(9) = 3。

6) 产生随机数函数：Rnd(〈数值表达式〉)

产生一个 0 ~ 1 之间的随机数，为单精度类型。

数值表达式参数为随机数种子，决定产生随机数的方式。如果数值表达式值小于 0，每次产生相同的随机数；如果数值表达式值大于 0。每次产生新的随机数；如果数值表达式值等于 0，产生最近生成的随机数，且生成的随机数序列相同；如果省略数值表达式参数，则默认参数位大于 0。

实际操作时，先要使用无参数的 Randomize 语句初始化随机数生成器。以产生不同的随机数序列。

例如，Int(100 ∗ Rnd)　　　　　产生[0,99]的随机整数

Int(101 ∗ Rnd)　　　　　产生[0,100]的随机整数

Int(100, Rnd + 1)　　　　产生[i,100]的随机整数

Int(100 + 200 ∗ Rnd)　　　产生[100,299]的随机整数

Int(100 + 201 ∗ Rnd)　　　产生[100,300]的随机整数

2. 字符串函数

1）字符串检索函数：InStr（[Start,]〈Str1〉,〈Stf1〉[,Compare]）

检索子字符串 Str2 在字符串 Str1 中最早出现的位置，返回一整型数。Start 为可选参数，为数值式，设置检索的起始位置。如省略，从第一个字符开始检索；如包含 Null 值，发生错误。Compare 也为可选参数，指定字符串比较的方法。值可以为 1、2 和 0（缺省）。指定 0（缺省）做二进制比较，指定 1 做不区分大小写的文本比较，指定 2 来做基于数据库中包含信息的比较。如值为 Null，会发生错误。如指定了 Compare 参数，则一定要有 Start 参数。

注意，如果 Str1 的串长度为零，或 Str2 表示的串检索不到，则 InStr 返回 0；如果 Str2 的串长度为零，InStr 返回 Start 的值。

例如，str1 = "98765"

str2 = "65"

s = InStr(str1 ,str2)　　　　　　　返回 4

s = InStr(3,"aSsiAB","a",1)　　　返回 5 从字符 s 开始，检索出字符 A

2）字符串长度检测函数：Len（〈字符串表达式〉或〈变量名〉）

返回字符串所含字符数。注意，定长字符，其长度是定义时的长度，和字符串实际值无关。

例如，Dim str As String *10

Dim i

str = "123"

i = 12

lenl = Len("12345")　　　　　　返回 5

len2 = Len(12)　　　　　　　　出错

len3 = Len(i)　　　　　　　　返回 2

len4 = Len("考试中心")　　　　返回 4

len4 = Len(str)　　　　　　　返回 10

3）字符串截取函数

Left(〈字符串表达式〉,〈N〉)：字符串左边起截取 N 个字符。

Right(〈字符串表达式〉,〈N〉)：字符串右边起截取 N 个字符。

Mid(〈字符串表达式〉,〈N1〉,[N2])：从字符串左边第 N1 个字符起截取 N2 个字符。

注意，对于 Left 函数和 Right 函数，如果 N 值为 0，返回零长度字符串；如果大于等于字符串的字符数，则返回整个字符串。对于 Mid 函数，如果 N1 值大于字符串的字符数，返回零长度字符串；如果省略 N2，返回字符串中左边起 N1 个字符开始的所有字符。

例如，str1 = "opqrst"

str2 = "计算机等级考试"

str = Left(str1 ,3)　　　　　　返回 "opq"

str = Left(str2 ,4)　　　　　　返回 "计算机等"

str = Right(str1,2)	返回"st"
str = Right(str2,2)	返回"考试"
str = Mid(str1,4,2)	返回"rs"
str = Mid(str2,1,3)	返回"计算机"
str = Mid(str2,4)	返回"等级考试"

4）生成空格字符函数：Space(〈数值表达式〉)

返回数值表达式的值指定的空格字符数。

例如，str1 = Space(3)　　　　返回 3 个空格字符

5）大小写转换函数

Ucase(〈字符串表达式〉)：将字符串中小写字母转换成大写字母。

Lcase(〈字符串表达式〉)：将字符串中大写字母转换成小写字母。

例如，str1 = Ucase("fHkrYt")　返回"FHKRYT"

str2 = Lcase("fHKrYt")　　　　返回"fhkryt"

6）删除空格函数

Ltrim(〈字符串表达式〉)：删除字符串的开始空格。

Rtrim(〈字符串表达式〉)：删除字符串的尾部空格。

Trim(〈字符串表达式〉)：删除字符串的开始和尾部空格。

例如，str = "　ab cde　"

str1 = Ltrim(str)	返回"ab cde　"
str2 = Rtrim(str)	返回"　ab cde"
str3 = Trim(str)	返回"ab cde"

3. 日期/时间函数

日期/时间函数的功能是处理日期和时间。主要包括以下函数：

1）获取系统日期和时间函数

Date()：返回当前系统日期。

Time()：返回当前系统时间。

Now()：返回当前系统日期和时间。

例如：D = Date()	返回系统日期，如 2008-8-8
T = Time()	返回系统时间，如 9:45:00
DT = Now()	返回系统日期和时间，如 2008-8-8 9:45:00

2）截取日期分量函数

Year(〈表达式〉)：返回日期表达式年份的整数。

Month(〈表达式〉)：返回日期表达式月份的整数。

Day(〈表达式〉)：返回日期表达式日期的整数。

Weekday(〈表达式〉[.W])：返回 1–7 的整数，表示星期几。

例如：D = #2008-8-8#

YY = Year(D)	返回 2008
MM = Month(D)	返回 8
DD = Day(D)	返回 8

WD = Weekday(D)　　　　　返回 5，因 2008-8-8 为星期五

3）截取时间分量函数

Hour(〈表达式〉)：返回时间表达式的小时数（0～23）。

Minute(〈表达式〉)：返回时间表达式的分钟数（0～59）。

Second(〈表达式〉)：返回时间表达式的秒数（0～59）。

例如：T = #10:40:11#

HH = Hours(T)　　　　　返回 10

MM = Minute(T)　　　　　返回 40

SS = Second(T)　　　　　返回 11

4）日期/时间增加或减少一个时间间隔

DateAdd(〈间隔类型〉,〈间隔值〉,〈表达式〉)：对表达式表示的日期按照间隔类型加上或减去指定的时间间隔值。

注意，间隔类型参数表示时间间隔，为一个字符串，其设定值见表 1-12 所示；间隔值参数表示时间间隔的数目，数值可以为正数（得到未来的日期）或负数（得到过去的日期）。

表 1-12　"间隔类型"参数设定值

设置	yyyy	q	m	y	d	w	ww	h	n	s
描述	年	季	月	一年的日数	日	一周的日数	周	时	分	秒

例如，D = #2004-2-29 10:40:11#

D1 = DateAdd("yyyy",3,D)　　返回#2007-2-28 10:40:11#,日期加3年

D2 = DateAdd("q",1,D)　　　　返回#2004-5-29 10:40:11#,日期加1季度

D3 = DateAdd("m",-2,D)　　　返回#2003-12-29 10:40:11#,日期减2月

D4 = DateAdd("d",3,D)　　　　返回#2004-3-3 10:40:11#,日期加3日

D5 = DateAdd("ww",2,D)　　　返回#2004-3-14 10:40:11#,日期加2周

D6 = DateAdd("n",-150,D)　返回#2004-2-29 8:10:11#,日期减150分钟

4. 类型转换函数

类型转换函数的功能是将数据类型转换成指定数据类型。例如，窗体文本框中显示的数值数据为字符串型，要想作为数值处理就应进行数据类型转换。下面再介绍另外一些类型转换函数。

1）字符串转换字符代码函数：Asc(〈字符串表达式〉)

返回字符串首字符的 ASCII 值。例如：s = Asc("abcdef")，返回 97

2）字符代码转换字符函数：Chr(〈字符代码〉)

返回与字符代码相关的字符。例如：s = Chr(70)，返回 f；s = Chr(13)，返回回车符

3）数字转换成字符串函数：Str(〈数值表达式〉)

将数值表达式值转换成字符串。注意，当一数字转成字符串时，总会在前头保留一空格来表示正负。表达式值为正，返回的字符串包含一前导空格表示有一正号。

例如：s = Str（99）　　　　　返回" 99"，有一前导空格

s = Str（－6）   返回"－6"

4）字符串转换成数字函数：Val（〈字符串表达式〉）

将数字字符串转换成数值型数字。注意，数字串转换时可自动将字符串中的空格、制表符和换行符去掉，当遇到它不能识别为数字的第一个字符时，停止读入字符串。

例如：s = Val("16")   返回 16

s = Val("3#45")   返回 345

s = Val("76af89")   返回 76

5）字符串转换日期函数：DateValue(〈字符串表达式〉)

将字符串转换为日期值。例如：D = DateValue("February 29,2004")，返回#2004－2－29#

6）Nz 函数：Nz(表达式或字段属性值[，规定值])

当一个表达式或字段属性值为 Null 时，函数可返回 0、零长度字符串("")或其他指定位。例如，可以使用该函数将 Null 值转换为其他值。

当省略"规定值"参数时，如果"表达式或字段属性值"为数值型且值为 Null，Nz 函数返回 0；如果"表达式或字段属性值"为字符型且值为 Null，Nz 函数返回空字符串("")。当"规定值"参数存在时，该参数能够返回一个除 0 或零长度字符串以外的其他值。

5. IIF 函数

功能：根据表达式的值，返回两部分参数中的一个。

语法：IIF(expr，truepart，falsepart)

其中，expr 必要参数，判断真伪的表达式。truepart 必要参数，如果 expr 为 TRUE，则返回该部分的值或表达式。falsepart 必要参数，如果 expr 为 FALSE，则返回该部分的值或表达式。

说明：Iif 函数虽然仅返回 truepart 或 falsepart，但计算两部分的值

例如：IIF（｛总评成绩｝> =60,"及格","不及格"）

[总评成绩] 如果大于等于 60，则结果为"及格"，否则为"不及格"

1.3.3 Access 数据库的数据运算符与表达式

运算符是代表 Access 某种运算功能的符号，Access 提供了算术运算符、字符串运算符、逻辑运算符、关系运算符及其他特殊运算符。

由运算符将常量、变量、函数等连接起来的有意义的式子即为表达式。一个表达式可能很简单，也可能由几部分组成，但却总有一个值，其返回值的类型由运算数和运算符决定。

1. 算术运算符与表达式

算术运算符的功能对诸如整型数、长整型数、单精度浮点数、双精度浮点数及货币型数进行计算。可连接数字字符串、数值型数据、可转化为数值的可变型数据，以构成算术表达式，算术表达式的值为数值型。

常用的算术运算符有 7 种运算符，具体如表 1-13 所示。算术表达式的示例与结果

如表 1 - 14 所示（表中 intA = 6）。

表 1 - 13　算术运算符

优 先 级	运 算 符	含　义
1	^	乘方
2	= -	负号
3	*	乘
3	/	除
4	\	整除
5	Mod	取模
6	+	加
7	-	减

表 1 - 14　算术表达式的示例与结果

表达式示例	表达式结果
intA^2	36
= - intA	-6
intA * intA	36
20/ intA	3.333333333
20 \intA	3
20 Mod intA	2
20 + intA	26
20 - intA	14

说明：

◆ 算术运算符两边的操作数应为数值型。若是数字字符或逻辑型，则自动转换为数值型再运算。

◆ 括号必须成对出现，且都用圆括号。

◆ 表达式从左至右在同一基准上写，无高低、大小之分。

◆ 函数运算 > 括号 > 算术运算符 > 字符运算符 > 关系运算符 > 逻辑运算

2. **关系运算符与关系表达式**

关系运算符主要用于查询中数字及字符的比较操作，结果为逻辑值，若关系成立，返回 TRUE，否则返回 FALSE。具体关系运算符及含义见表 1 - 15。关系表达式的示例与结果如表 1 - 16 所示。

表 1 - 15　关系运算符及含义

关系运算符	说　　明
=	确定第一个值是否等于第二个值
<>	确定第一个值是否不等于第二个值
<	确定第一个值是否小于第二个值
< =	确定第一个值是否小于或等于第二个值
>	确定第一个值是否大于第二个值
> =	确定第一个值是否大于或等于第二个值

表 1－16　关系表达式的示例与结果

关系运算表达式	关系运算表达式结果
"ABCDE" = "ABF"	FALSE
"thank" <>THANK"	TRUE
100 < 1	FALSE
6 < =8	TRUE
"ABCDE" > "ABF"	FALSE
"DX" > = "大小"	FALSE

说明：

◆ 关系运算符是双目运算符，操作数可以是数值型或字符型。

◆ Access 中 TRUE 用 －1 表示；FALSE 用 0 表示。

◆ 如果两个操作数是数值型，则按其大小比较；如果两个操作数是字符型，则按字符的 ASCII 值从左到右一一比较。

◆ 汉字字符大于西文字符。

◆ 关系运算符中的等于"＝"是判断两边的值是否相等。

◆ 日期型数据比较按日期先后，后边的大于前边的。

◆ 布尔型比较 TRUE 小于 FALSE。

3. 逻辑运算符与逻辑表达式

逻辑运算符用于连接布尔型数据（一般用于复合比较），结果为逻辑值。Access 支持的常用的逻辑运算符有 5 种，按优先顺序列出如表 1－17 所示。逻辑表达式的示例与结果如表 1－18 所示。

表 1－17　逻辑运算符及含义

优先级	运算符	含义	说　明
1	Not	取反	当操作数为假时，结果为真；当操作数为真时，结果为假
2	And	与	两个操作数均为真时，结果才为真
3	Or	或	两个操作数中有一个为真时，结果为真
4	Xor	异或	两个操作数不相同，结果才为真，否则为假
5	Eqv	等价	两个操作数相同时，结果才为真
6	Imp	蕴涵	第一个操作数为真，第二个操作数为假时，结果为假，其他都为真

表 1-18　逻辑表达式的示例与结果

表达式示例	表达式结果	表达式示例	表达式结果
Not　FALSE	TRUE	TRUE　Or　FALSE	TRUE
Not　TRUE	FALSE	FALSE　Or　TRUE	TRUE
TRUE　And　TRUE	TRUE	TRUE　Xor　FALSE	TRUE
FALSE　And　FALSE	FALSE	TRUE　Xor　TRUE	FALSE
TRUE　And　FALSE	FALSE	TRUE　Eqv　FALSE	FALSE
FALSE　And　TRUE	FALSE	TRUE　Eqv　TRUE	TRUE
TRUE　Or　TRUE	TRUE	TRUE　Imp　FALSE	FALSE

说明：

逻辑运算符中最常用的是 Not、And、Or，其中 And、Or 用于将多个关系表达式进行逻辑判断。若有多个条件，And 必须全部条件都为真才为真；而 Or 只要有一个条件为真则为真。

4. 字符串运算符与字符串表达式

常用的字符串运算符有两种，如表 1-19 所示。字符串表达式的示例与结果如表 1-20 所示。

表 1-19　字符串表达式

运算符	作　用	区　别
&	将两个字符串连接起来	连接符两旁的操作数不管是字符型还是数值型，系统先将操作数转换成字符，然后再连接
+	将两个字符串连接起来	连接符两旁的操作数均为字符型；若均为数值型则进行算术加法运算；若一个为数字字符型，一个为数值型，则自动将数字字符转换为数值，然后进行算术加法运算；若一个为非数字字符型，一个为数值型，则出错

表 1-20　字符串表达式

字符串表达式示例	字符串表达式结果
"111" & 78	"11178"
"ABCD" & 108	"ABCD108"
"111" + 78	189
"ABCD" + 108	出错

说明：

在字符串变量后使用 "&" 运算符时，变量和运算符之间应加一个空格。因为 "&" 既是字符串连接符，也是长整型类型符，当变量名和符号 "&" 连在一起时，

Access 把它作为类型符号处理，这时将报错。

5. 特殊运算符

特殊运算符主要是指 In，Like，Between…and…等，主要的特殊运算符及含义见表1－21 所示。

表1－21　特殊运算符及含义

特殊运算符	说　　明
In	用于指定一个字段值的列表，列表中的任意一个值都可与查询的字段相匹配
Between	用于指定一个字段值的范围，指定的范围之间用 And 连接
Like	用于指定查找文本字段的字符模式。在所定义的字符模式中，用"?"表示该位置可匹配任何一个字符；用"＊"表示该位置可匹配零或多个字符；用"#"表示该位置可匹配一个数字；用方括号描述一个范围，用于表示可匹配的字符范围
Is Null	用于指定一个字段为空
Is Not Null	用于指定一个字段为非空

6. 通配符

通配符是一类键盘字符，可以使用它来代替一个或多个真正字符；当不知道真正字符或者不想建入完整名字时，常常使用通配符代替一个或多个真正字符。常用通配符的用法如表1－22 所示。

表1－22　有关通配符的使用

字　　符	用　　法
＊	通配任何个数的字符
？	通配任何单个字母的字符
#	通配任何单个数字字符

【例1－1】写出下列各题的表达式（相关名词都是字段名）。

（1）姓名中含有"霞"字

（2）班级代号（5 个数字组成的文本型）第 2、3 两位是 01

（3）家庭人均收入在 500 至 1000 元之间（包括 500 和 1000）

（4）家庭人均收入少于 500 或为空

（5）身高大于 170 厘米并且性别为"男"

（6）身高女 160 厘米以上或男 180 厘米以上

（7）今天已满 22 岁

（8）1990 年出生

（9）上海广东北京三地的记录

（10）总评成绩 90 分以上为"一等"，总评成绩 80～89 为"二等"，总评成绩 70

～79 为"三等"，70 分以下没有奖励

解：

（1）［姓名］like" *霞 *"

（2）［班级代号］like "＃01##"

（3）［家庭人均收入］＞＝500 and［家庭人均收入］＜＝1000

（4）［家庭人均收入］＜500 or［家庭人均收入］is null

（5）［身高］＞170 and［性别］＝"男"

（6）［性别］＝"女"and［身高］＞＝160 or［性别］＝"男"and［身高］＞＝180

（7）DateAdd（"yyyy",22,［出生年月日］）＜＝now（）

（8）Between #1990-1-1# and #1990-12-31#

（9）In（"上海","广东","北京"）

（10）IIF（［总评成绩］＞＝90,"一等",IIF（［总评成绩］＞＝80,"二等",IIF（［总评成绩］＞＝70,"三等",""）））

【思考题】

一、单选题

1. 数据库系统的核心是（　　　）。

　　A. 软件工具　　　　B. 数据模型　　　　C. 数据库管理系统　　　　D. 数据库

2. 下面关于数据库系统的描述中，正确的是（　　　）。

　　A. 数据库系统中数据的一致性是指数据类型的一致

　　B. 数据库系统比文件系统能管理更多的数据

　　C. 数据库系统减少了数据冗余

　　D. 数据库系统避免了一切冗余

3. 关系数据库的数据及更新操作必须遵循（　　　）等完整性规则。

　　A. 参照完整性和用户定义的完整性

　　B. 实体完整性、参照完整性和用户定义的完整性

　　C. 实体完整性和参照完整性

　　D. 实体完整性和用户定义的完整性

4. 在关系数据库中，用来表示实体之间联系的是（　　　）。

　　A. 二维表　　　　B. 线形表　　　　C. 网状结构　　　　D. 树形结构

5. 数据模型所描述的内容包括 3 部分，它们是（　　　）。

　　A. 数据结构　　　　　　　　B. 数据操作

　　C. 数据约束　　　　　　　　D. 以上答案都正确

6. 关系数据库管理系统能实现的专门关系运算包括（　　　）。

　　A. 关联、更新、排序　　　　　　B. 显示、打印、制表

C. 排序、索引、统计   D. 选择、投影、连接

7. 支持数据库各种操作的软件系统叫作 (　　)。

     A. 数据库系统   B. 操作系统

     C. 数据库管理系统   D. 文件系统

8. 关于数据库系统的特点，下列说法正确的是 (　　)。

     A. 数据的集成性   B. 数据的高共享性与低冗余性

     C. 数据的统一管理和控制   D. 以上说法都正确

9. 关于数据模型的基本概念，下列说法正确的是 (　　)。

     A. 数据模型是表示数据本身的一种结构

     B. 数据模型是表示数据之间关系的一种结构

     C. 数据模型是指客观事物及其联系的数据描述，具有描述数据和数据联系两方面的功能

     D. 模型是指客观事物及其联系的数据描述，它只具有描述数据的功能

10. DBMS 提供的 (　　) 可供用户定义数据库内、外模式及各模式之间的映射和约束条件等。

     A. 数据定义语言   B. 数据操纵语言

     C. 数据库运行控制语言   D. 实用程序

11. 用面向对象观点来描述现实世界中的逻辑组织、对象之间的限制与联系等的模型称为 (　　)。

     A. 层次模型   B. 关系数据模型

     C. 网状模型   D. 面向对象模型

12. 下列不属于关系的 3 类完整性约束的是 (　　)。

     A. 实体完整性   B. 参照完整性

     C. 约束完整性   D. 用户定义完整性

13. 下列不是关系的特点是 (　　)。

     A. 关系必须规范化

     B. 同一个关系中不能出现相同的属性名

     C. 关系中不允许有完全相同的元组，元组的次序无关紧要

     D. 关系中列的次序至关重要，不能交换两列的位置

14. 传统的集合运算不包括 (　　)。

     A. 并   B. 差   C. 交   D. 乘

15. 投影是从列的角度进行的运算，相当于对关系进行 (　　)。

     A. 纵向分解   B. 垂直分解   C. 横向分解   D. 水平分解

16. 数据库管理系统的英文简写是 (　　)，数据库系统的英文简写是 (　　)。

     A. DBS；DBMS   B. DBMS；DBS   C. DBMS；DB   D. DB；DBS

17. 下列选项中，不属于数据的范围的是 (　　)。

     A. 文字   B. 图形   C. 图象   D. 动画

18. 关系型数据库管理系统中，所谓的关系是指 (　　)。

A. 各条记录中的数据彼此有一定的关系

B. 一个数据库文件与另一个数据库文件之间有一定的关系

C. 数据模型满足一定条件的二维表格式

D. 数据库中各字段之间有一定的关系

19. 实体之间的对应关系称为联系，两个实体之间的联系可以归纳为 3 种，下列联系不正确的是（　　　）。

    A. 一对一联系　　　B. 一对多联系　　　C. 多对多联系　　　　　D. 一对二联系

20. 下列选项中，不属于数据库系统组成部分的是（　　　）。

    A. 数据库　　　　　B. 用户应用　　　C. 数据库管理系统　　　D. 实体

21. 数据的最小访问单位是（　　　）。

    A. 字段　　　　　　B. 记录　　　　　C. 域　　　　　　　　　D. 元组

22. Access 的数据库类型是（　　　）。

    A. 层次数据库　　　　　　　　　　　B. 网状数据库

    C. 关系数据库　　　　　　　　　　　D. 面向对象数据库

23. Access 数据库的文件拓展名是（　　　）。

    A. . mdb　　　　　B. . exe　　　　　C. . bnp　　　　　　　D. . doc

24. 下列不能退出 Access 操作的是（　　　）。

    A. 单击 Access 窗口标题栏右端的"关闭"按钮

    B. 双击 Access 标题栏左端的控制菜单图标

    C. 单击 Access 标题栏左端的控制菜单图标，从弹出的菜单中选择"关闭"命令

    D. 选择"文件"菜单中的"关闭"命令

25. 下列（　　　）不是 Access 主窗口的组成部分。

    A. 标题栏　　　B. 工具栏　　　C. 任务栏　　　　　D. 状态栏

26. （　　　）位于 Access 主窗口的最底部，用于显示数据库管理系统进行数据管理时的工作状态。

    A. 标题栏　　　　B. 工具栏　　　C. 菜单栏　　　　　D. 状态栏

27. Access 数据库设计窗口中的菜单栏不包括（　　　）。

    A. 文件　　　　　B. 视图　　　　C. 编辑　　　　　　D. 数据

28. 下列（　　　）不是打开菜单的方法。

    A. 使用鼠标单击菜单名　　　　　B. 按"Ctrl + 字母"组合键

    C. 按"Alt + 字母"组合键　　　　D. 按 F10 键

29. 下列关于菜单项的说法错误的是（　　　）。

    A. 深色的菜单项表示当前命令可用

    B. 浅色的菜单项表示当前命令不可用

    C. 带省略号（……）的菜单项表示鼠标指向它时弹出一个子菜单

    D. 带有符号（　）的菜单项表示当前命令有效

30. 下列不能启动 Access 的操作是（　　　）。

A. 从"开始"菜单的"所有程序"子菜单中选择"Microsoft Office Access"命令

B. 双击桌面上的 Access 快捷方式图标

C. 单击以 .mdb 为后缀的数据库文件

D. 右击以 .mdb 为后缀的数据库文件，在弹出的快捷菜单中选择"打开"命令

31. 下列关于安装 Access 系统的说法错误的是（   ）。

A. 在完全安装 Office 时，Access 可作为常用组件默认装入

B. 在安装 Office 时，要求输入用户信息和"产品密钥"，这些信息都可以随意填写

C. 在安装 Office 时，"产品密钥"信息不能随意填写，可在安装说明书中查找

D. 以上都是错误的

32. 下列关于 Access 系统的特点说法错误的是（   ）。

A. Access 中的文件格式单一

B. Access 兼容多种数据格式

C. Access 具有强大的集成开发功能

D. Access 各个版本之间不能兼容

33. 下列创建数据库的方法不正确的是（   ）。

A. 先建立一个可空数据库，然后向其中添加表、查询、窗体、报表等对象

B. 使用数据库向导创建数据库

C. 利用系统提供的模板选择数据库类型，然后再在其中创建所需的表、窗体和报表

D. 直接输入数据创建数据库

34. 在 Access 应用程序窗口中，使用数据库向导创建数据库，应选择（   ）。

A. "文件"菜单中的"获取外部数据"命令

B. "文件"菜单中的"新建"命令

C. "编辑"菜单中的"新建"命令

D. "文件"菜单中的"打开"命令

35. Access 数据库中（   ）对象是其他数据库对象的基础。

A. 报表　　　　　　B. 表　　　　　　C. 窗体　　　　　　D. 模块

36. （   ）是数据信息的主要表现形式，用于创建表的用户界面，是数据库与用户之间的接口。

A. 窗体　　　　B. 报表　　　　C. 查询　　　　D. 模块

37. 如果想从数据库中打印某些信息可以使用（   ）。

A. 表　　　　B. 查询　　　　C. 报表　　　　D. 窗体

38. 用户通过（   ）能够查看、编辑和操作来自 Internet 或 Intranet 的数据。

A. 报表　　　　B. 查询　　　　C. 数据访问页　　　　D. 宏

39. （   ）可以使某些普遍的、需要多个指令连续执行的任务能够通过一条指令

自动完成。

  A. 报表   B. 查询   C. 数据访问页   D. 宏

  40.（ ）是将 VBA 的声明和过程作为一个单元进行保存的集合，即程序的集合。

  A. 查询   B. 报表   C. 宏   D. 模块

二、问答题

1. 计算机数据管理技术的发展经历了哪几个阶段？
2. 数据库系统阶段的主要特点有哪些？
3. 问题、事物与事物的特征间有什么关系？
4. 现实世界、信息世界、数据世界的相互关系是什么？
5. 什么是数据库、数据库管理系统和数据库系统？三者有什么区别和联系？
6. 启动 Access 的方法有哪几种？
7. 一个 Access 数据库一般包括哪些对象？它们各有什么样的作用？
8. Access 数据库的诸对象中，实际存储数据的地方是什么？
9. 根据要求写出各小题的表达式（其中的相关名词都是表的字段名）：

（1）家庭所在地是"江苏"或"广东"；

（2）身高大于 170cm 并且班级代号（5 个数字组成的文本型）第 4 位是"0"；

（3）家庭人均月收入低于 500 元并且性别为女；

（4）姓名中不含小字的学生；

（5）2000 年 12 月 9 日后 100 天的日期。

10. 退出 Access 的方法有哪几种？

项目 2　创建数据库和表

【学习目标】

（1）掌握数据库设计的基本方法；
（2）掌握在 Access 系统中创建新数据库和数据表；
（3）掌握建立表间关系方法；
（4）掌握数据表维护方法
（5）掌握数据表查找、排序和筛选方法。

任务 2.1　数据库设计与创建

2.1.1　数据库设计

数据库应用系统与其他计算机应用系统相比，一般具有数据量庞大、数据保存时间长、数据关联比较复杂、用户要求多样化等特点。设计数据库的目的实质上是设计出满足实际应用需求的实际关系模型。在 Access 中具体实施时表现为数据库和表的结构合理，不仅存储了所需要的实体信息，并且反映出实体之间客观存在的联系。

1. 设计原则

为了合理组织数据，应遵从以下基本设计原则：

（1）关系数据库的设计应遵从概念单一化"一事一地"的原则。

一个表描述一个实体或实体间的一种联系。避免设计大而杂的表，首先分离那些需要作为单个主题而独立保存的信息，然后通过 Access 确定这些主题之间有何联系，以便在需要时将正确的信息组合在一起。通过将不同的信息分散在不同的表中，可以使数据的组织工作和维护工作更简单，同时也可以保证建立的应用程序具有较高的性能。

例如，将有关教师基本情况的数据，包括姓名、性别、工作时间等，保存到教师表中，将工资单的信息保存到工资表中，而不是将这些数据统统放到一起。同样道理，应当把学生信息保存到学生表中，把有关课程的成绩保存在选课表中。

因此，一个简单的学校"学生管理"数据库中，按照"数据群"分类，可以分为"以班级为集体管理"的数据、"学生个人基本信息管理"的数据、"学习成绩管理"的数据、"课程档案管理"的数据。

（2）避免在表之间出现重复字段。

除了保证表中包含反映与其他表之间存在联系的外部关键字之外，应尽量避免在表之间出现重复字段。这样做的目的是使数据冗余尽量小，防止在插入、删除和更新时造成数据的不一致。

例如，在课程表中有了课程名字段，在选课表中就不应该有课程名字段。需要时可以通过两个表的连接找到所选课程对应的课程名称。

（3）表中的字段必须是原始数据和基本数据元素。

表中不应包括通过计算可以得到的"二次数据"或多项数据的组合。能够通过计算从其他字段推导出来的字段也应尽量避免。

例如，在职工表中应当包括出生日期字段，而不应包括年龄字段。当需要查询年龄的时候，可以通过简单计算得到准确年龄。

在特殊情况下可以保留计算字段，但是必须保证数据的同步更新。例如，在工资表中出现的"实发工资"字段，其值是通过"基本工资＋奖金＋津贴－房租－水电费－托儿费"计算出来的。每次更改其他字段值时，都必须重新计算。

（4）用外部关键字保证有关联的表之间的联系。

表之间的关联依靠外部关键字来维系，使得表结构合理，不仅存储了所需要的实体信息，并且反映出实体之间客观存在的联系，最终设计出满足应用需求的实际关系模型。

2. 设计的步骤

数据库设计一般要经过：确定创建数据库的目的、确定数据库中需要的表、确定该表中需要的字段、确定主关键字和确定表之间的关系等步骤。

（1）确定创建数据库的目的。

设计数据库的第一个步骤是确定数据库的目的及如何使用。需要明确用户希望从数据库得到什么信息，由此可以确定需要什么主题来保存有关事件（表）和需要什么事件来保存每一个主题（表中的字段）。可以与将使用数据库的人员进行交流，讨论需要数据库解决的问题，并描述需要数据库生成的报表；同时收集当前用于记录数据的表格，参考某个设计成熟且与当前目标相似的数据库。

（2）确定创建数据库所需要的表。

可以着手将需求信息划分成各个独立的实体，例如班级、学生、成绩、课程等。每个实体都可以设计为数据库中的一个表。

（3）确定表中所需要的字段。

每个表中都包含关于同一主题的信息，并且表中的每个字段包含关于该主题的各个事件。例如，客户表可以包含公司的名称、地址、城市、省和电话号码的字段，班级表需要包含班级名称、班级代号等字段；学生情况表应该包含学号、班级代号、姓名、性别、出生年月日、身高、是否住宿、家庭所在地、家庭人均月收入、政治面貌等字段；成绩表需要包含学号、课程号、平时成绩、考试成绩等字段；课程档案表需要包含课程号、课程名、总学时等字段。

（4）确定主关键字。

为了连接保存在不同表中的信息，例如将某个客户与该客户的所有订单相连接、某个学生与该学生成绩的连接等，数据库中的每个表必须包含表中唯一确定的每个记录的字段或字段集。这种字段和字段集称作主键（主关键字）。

（5）确定表之间的关系。

因为已经将信息分配到各个表中，并且已定义了主键字段，所以需要通过某种方式告知 Access 如何以有意义的方式将相关信息重新结合到一起。如果进行上述操作，必须定义 Access 数据库中的表之间的关系，对每个表进行分析，确定表中的数据和其他表中数据的联系。必要时可在表中加入一个字段或创建一个新表来明确联系。

（6）设计求精。

对设计进一步分析，查找其中的错误，创建表时，在表中加入几个示例数据记录，考察能否从表中得到想要的结果。需要时可调整设计。

在初始设计时，难免会发生错误或遗漏，以后可以对设计方案进一步完善。完成初步设计后，可以利用示例数据对表单、报表的原型进行测试。Access 很容易在创建数据库时对原设计方案进行修改，但在数据库中载入了大量数据或报表之后，再要修改这些表就比较困难了。因此，在开发应用系统之前，应确保设计方案已经比较合理。

（7）输入数据并创建其他数据对象。

如果表的结构已达到了设计要求，在表中添加所有已有的数据，然后就可以创建所需的任何查询、窗体、报表、数据访问页、宏和模块。

2.1.2 创建数据库

要使用数据库首先要创建数据库，创建数据库一般有三种方式：直接创建空数据库、使用模板创建数据库、根据现有文件创建数据库，以下介绍前两种。

1. 创建空数据库文件

直接创建空数据库是一种较为灵活的方法，即先建立一个空数据库，然后再在此空数据库中添加表、窗体、报表等数据库对象。

【例 2 −1】创建一个名为"学生管理"空数据库文件。

操作步骤为：

（1）启动 Access 应用程序，如图 2 −1 所示。

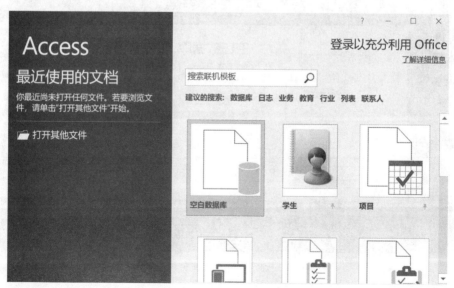

图 2 −1 启动 Access 视图

（2）单击"空白数据库"，弹出"新建"任务窗格，如图2-2所示。

图2-2　"新建"任务窗格

（3）在弹出的"新建"任务窗格中，在文件名框中填写要创建数据库的文件名，点击文件名框右边浏览按钮，在打开的浏览对话框中选择"学生管理"数据库在计算机上存放的位置，如图2-3所示。

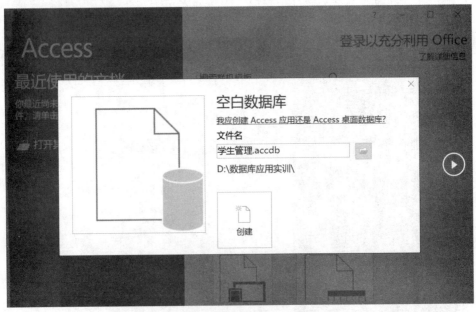

图2-3　确定文件名和文件所在位置

（4）最后，在小窗口中点击"创建"按钮，完成"学生管理"空数据库创建，默认进入数据表视图，如图2-4所示。

图2-4　"学生管理"空数据库

2. 使用模板创建数据库

Access 提供了一些基本的数据库模板，利用它们可以迅速建立一个数据库。首先应从模板中找出与所建数据库相似的模板，然后用一步操作即可为所选数据库类型创建必需的表、窗体和报表。

【例2-2】利用系统提供的模板，创建一个名为"企业项目"的数据库。

操作步骤为：

（1）启动 Access 应用程序。

（2）打开 Access 后，在上方的搜索框中输入想要建立的数据库模板关键字，点击右侧放大镜按钮搜索，如图2-5所示。

（3）在搜索结果中，点击选择所需的模板图标，本例选择"项目"模板，如图2-6所示。

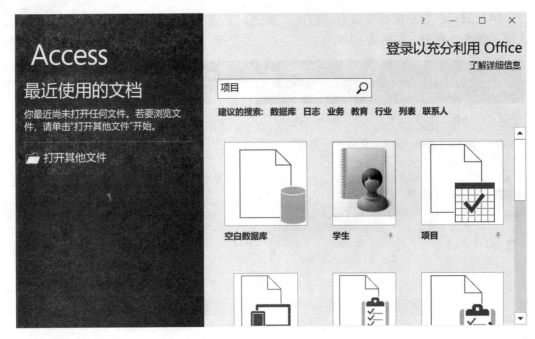

图 2-5　搜索"项目"模板对话框

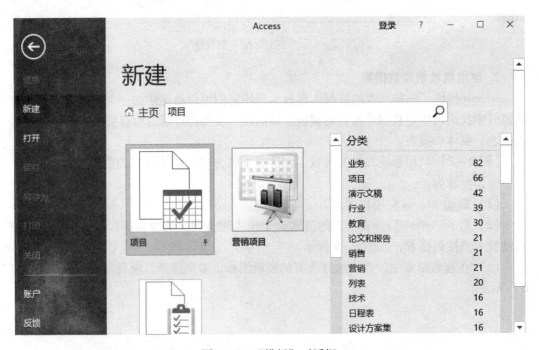

图 2-6　"模板"对话框

（4）在打开的对话框中修改数据库的名称后，点击右侧浏览按钮，选择一个数据库保存位置，然后点击"确定"，如图 2-7 所示。

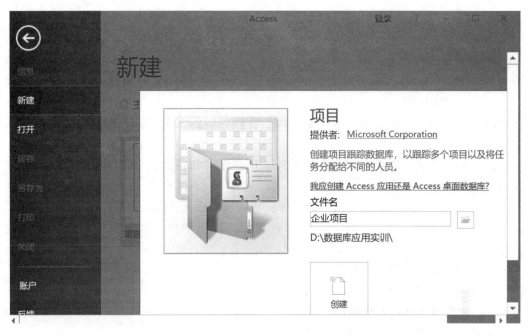

图 2-7　模板创建"企业项目"对话框

（5）最后，在小窗口中点击"创建"按钮，模板数据库建立即完成。待下载进度条完成后，进入窗体编辑界面，就可以开始使用模板中的表、查询、窗体和报表，如图2-8所示。

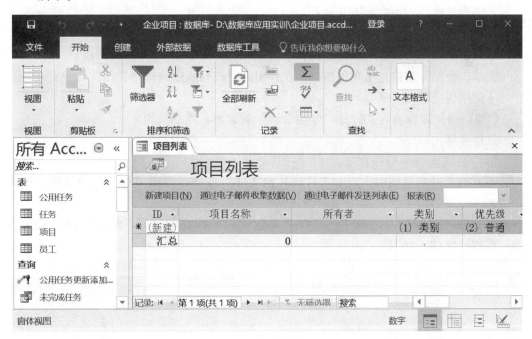

图 2-8　"企业项目"数据库

2.1.3　数据库的基本操作

1. 数据库的打开与关闭

首先介绍数据库的 4 种打开方式：共享方式、独占方式、只读方式、独占只读方式。

（1）共享方式：以此方式打开数据库，在同一时间多个用户可以同时读取和写入数据库。

（2）独占方式：以此方式打开数据库，用户读取和写入数据库期间其他用户无法使用该数据库。

（3）只读方式：以此方式打开数据库，只能查看而无法编辑该数据库。

（4）独占只读方式：以此方式打开数据库，其他用户只能以只读方式打开该数据库。

打开数据库的方法主要有 3 种：

①通过"打开"命令打开；

②通过打开文件打开数据库；

③通过"开始工作"任务窗格打开。

在默认情况下，Access 数据库是以"共享"的方式打开的，这样可以保证多人能够同时使用同一个数据库。不过，在共享方式打开数据库的情况下，当系统管理员要对数据库进行维护时，也不希望他人打开数据库，这时就要根据需要的方式打开数据库。

关闭数据库的方法有如下几种：

①单击数据库窗口右上角的"关闭"按钮；

②双击数据库窗口左上角的图标；

③单击数据库窗口左上角的图标，在弹出的下拉列表中选择"关闭"命令；

④使用快捷键 Alt + F4。

【例 2 – 3】以独占方式打开"学生管理"数据库，然后关闭。

操作步骤为：

（1）启动 Access 应用程序。

（2）在打开的视图中，点击"打开其他文件"按钮，弹出"打开"对话框，如图 2 – 9 所示。

（3）在"打开"对话框中，选择"学生管理"所在的位置，然后选择"学生管理"数据库文件，如图 2 – 10 所示。

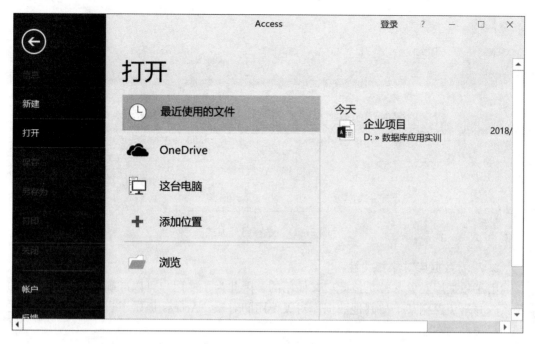

图 2 – 9　"打开"对话框

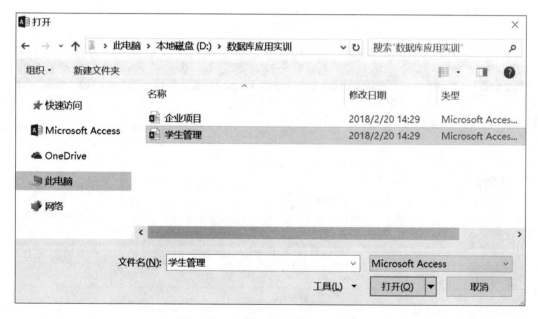

图 2 – 10　选择"学生管理"对话框

（4）在"打开"对话框中，单击"打开"按钮右侧的"▼"，在弹出的下拉式菜单中选择"以独占方式打开"，如图 2 – 11 所示，实现了以独占方式打开了"学生管理"数据库。

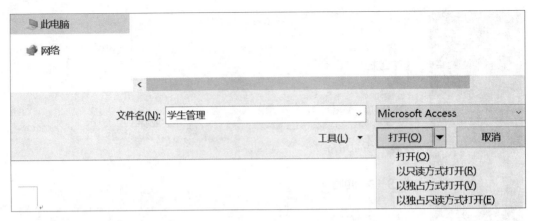

图 2－11　选择打开方式

2. 查看数据库对象相关性

由于数据库对象常常是彼此交叉使用的，因此为了使用户可以准确掌握它们之间的关系，并避免误删某个被其他数据库对象使用的对象，Access 提供了查看数据库对象之间的相关性的功能。

【例 2－4】查看"企业项目"数据库中"未完成任务"报表的相关性。

操作步骤为：

（1）打开"企业项目"数据库，如图 2－12 所示。

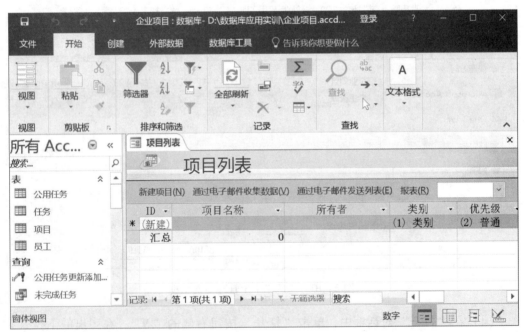

图 2－12　"企业项目"数据库

（2）在数据库导航窗口点击"报表"对象按钮，在选择报表列表中的"未完成项目"报表，如图 2－13 所示。

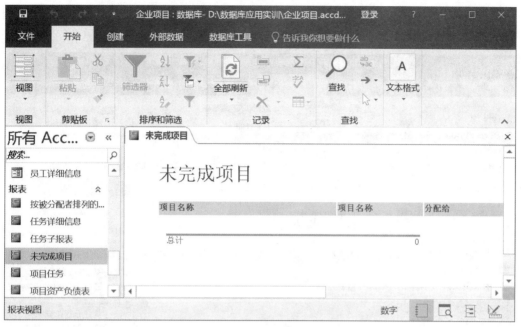

图 2 – 13　"未完成项目"报表

（3）点击"数据库工具"选项卡，点击"对象相关性"按钮。打开"对象相关性"视图，此时默认选中的是"从属对象"单选框，如图 2 – 14 所示，即查看的是有哪些其他的数据库对象依赖它。

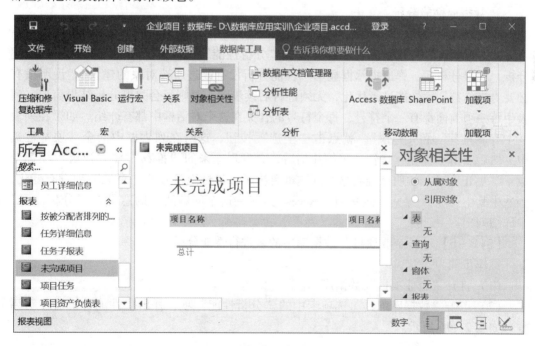

图 2 – 14　"从属对象"相关性视图

（4）如果要查看"未完成项目"报表依赖哪些数据库对象，可以单击选中"引用对象"单选框，如图2－15所示。

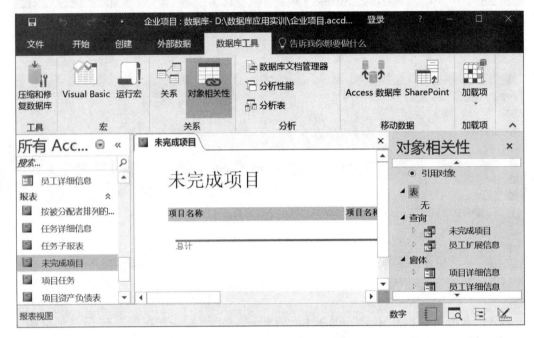

图2－15　"引用对象"相关性视图

3. 数据库性能分析

有时候我们使用 Access 数据库时发现数据库使用起来很慢，原因可能是数据库在建立的时候没有进行优化。利用数据库中"分析性能"工具对 Access 数据库进行优化分析，如果分析后，弹出提示框显示"性能分析没有改进所选对象的建议"，说明没有必要对当前数据库性能进行优化，无须进行后续步骤。否则，会弹出分析结果窗口，列表中每一项前面都有一个符号，每个符号的含义在这个对话框中都有介绍。如果在列表框中有"推荐"和"建议"，就点击"全选"按钮，这时在列表框中的全部项都被选中。然后点击"优化"按钮，稍等片刻后，会发现原来的"推荐"和"建议"项都变成了"更正"项，说明已经将这些问题都解决了。带灯泡符号的"意见"项没有变化，当选中其中一个"意见"选项时，Access 为解决这个问题所出的意见在"分析注释"中详细列出。

【例2－5】对"企业项目"数据库中的表进行性能分析。

操作步骤为：

（1）打开"企业项目"数据库。

（2）点击"数据库工具"选项卡中的"分析性能"项，弹出"性能分析器"对话框，如图2－16所示。

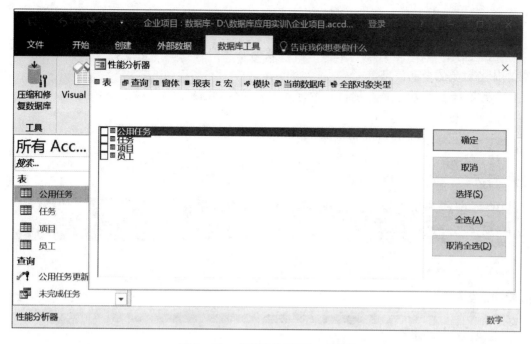

图 2 – 16　"性能分析器"对话框

（3）在"性能分析器"对话框中，默认为"表"选择框。通常选择对全部表进行性能分析，点击"全选"，所有表前面的复选框被勾选中，点"确定"开始分析。

（4）弹出性能分析结果，如图 2 – 17 所示。

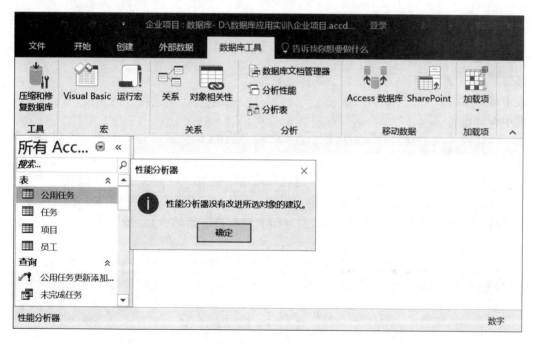

图 2 – 17　性能分析结果

4. 数据库各对象信息打印

通过选择"数据库工具"菜单中的"数据库文档管理器"选项，可以打印出所建数据库各对象的全部信息。

【例2-6】查看"企业项目"数据库中表的全部信息。

操作步骤为：

（1）打开"企业项目"数据库。

（2）点击"数据库工具"选项卡中的"数据库文档管理器"项，弹出"文档管理器"对话框，如图2-18所示。

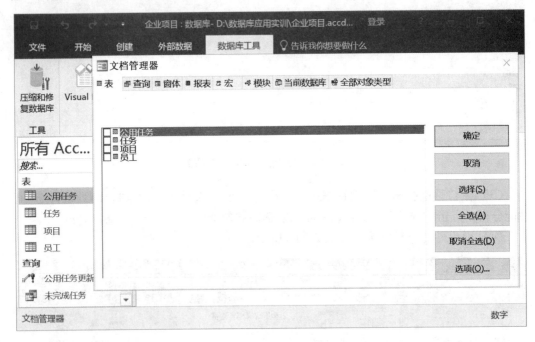

图2-18　"文档管理器"对话框

（3）在"文档管理器"对话框中点击"全选"按钮，即可勾选中所有表前面的复选框。

（4）确定打印表的定义。点击"选项"按钮，弹出"打印表定义"对话框。

（5）在"打印表定义"对话框中，勾选"表包含""字段包含""索引包含"三个含义组（选择组中不同的选项，会改变打印表显示的信息内容），然后点击"确定"按钮，如图2-19所示。

（6）在"文档管理器"对话框中点击"确定"按钮，弹出信息打印预览表，如图2-20所示。

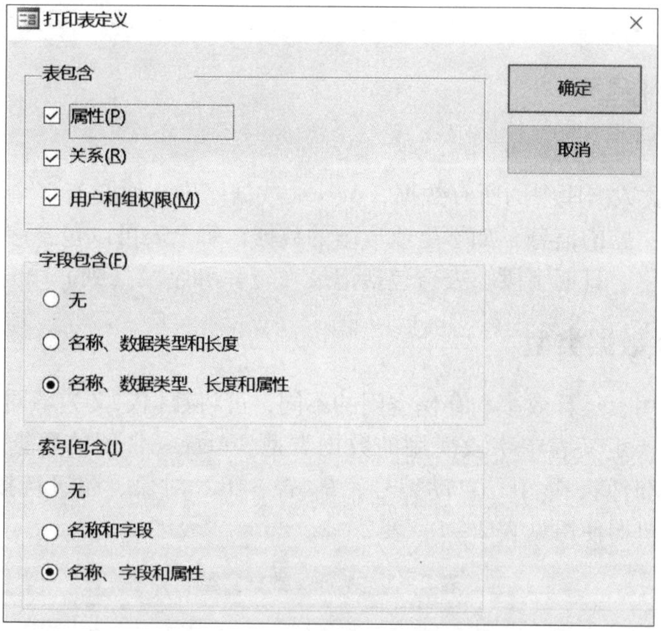

图 2 - 19 "打印表定义"对话框

图 2 - 20 信息打印预览表

信息打印表列出了数据库表各类属性信息，使用者可以根据这些信息资料分析出所建立的数据库存在的问题。

任务2.2　创建表

Access表包含数据库中的所有数据，Access 数据库中，通常有多个相关的表，每个表存储有关不同主题的信息，如学生或成绩的数据，每个表可以包含许多不同类型的数据，如文本、数字、日期字段。表格包括记录（行）和字段（列）。

2.2.1　Access 数据类型

根据数据作用、运算效率和存储空间的不同，可将数据定义为不同的类型。在设计表结构时，必须要定义表中字段使用的数据类型。Access 常用的数据类型有文本、备注、数字、日期/时间、货币、自动编号、是/否、OLE 对象、超级链接、查阅向导等。Access 数据类型机器使用见表2－1，表2－2。

表2－1　Access 数据类型

数据类型	用　法	大　小
文本	文本或文本与数字的组合，例如地址；也可以是不需要计算的数字，例如电话号码、零件编号或邮编	最多255个字符 Microsoft Access 只保存输入到字段中的字符，而不保存文本字段中未用位置上的空字符。设置"字段大小"属性可控制可以输入字段的最大字符数
备注	长文本及数字，例如备注或说明	最多64000个字符
数字	可用来进行算术计算的数字数据，设置"字段大小"属性定义一个特定的数字类型。可以设置成"字节""整数""长整数""单精度数""双精度数""同步复制ID""小数"等类型	1、2、4或8个字节
日期/时间	日期和时间	8个字节
货币	货币值。使用货币数据类型可以避免计算时四舍五入。精确到小数点左方15位数及右方4位数	8个字节
自动编号	在添加记录时自动插入的唯一顺序（每次递增1）或随机编号	4个字节
是/否	字段只包含两个值中的一个，如"是/否""真/假""开/关"	1位

数据类型	用　　法	大　　小
OLE 对象	在其他程序中使用 OLE 协议创建的对象（例如 Microsoft Word 文档、Microsoft Excel 电子表格、图像、声音或其他二进制数据），可以将这些对象链接或嵌入到 Microsoft Access 表中。必须在窗体或报表中使用绑定对象框来显示 OLE 对象	最大可为 1 GB（受磁盘空间限制）
超级链接	存储超级链接的字段。超级链接可以是 UNC 路径或 URL	最多 64000 个字符
查阅向导	创建允许用户使用组合框选择来自其他表或来自值列表中的值的字段。在数据类型列表中选择此选项，将启动向导进行定义	与主键字段的长度相同，且该字段也是"查阅"字段；通常为 4 个字节

表 2-2　"数字"数据类型特别说明

数字	说明	小数精度	存储空间大小
字节	存储 0 到 255 之间的数字（不包括小数）	无	1 个字节
小数	存储 $-10^{38}-1$ 到 $10^{38}-1$ 之间的数字（.adp） 存储 $-10^{28}-1$ 到 $10^{28}-1$ 之间的数字（.mdb、.accdb）	28	2 个字节
整型	存储 $-32\,768$ 到 32 767 之间的数字（不包括小数）	无	2 个字节
长整型	（默认）存储 $-2\,147\,483\,648$ 到 2 147 483 647 之间的数字（不包括小数）	无	4 个字节
单精度型	存储 $-3.402823E38$ 到 $-1.401298E-45$ 之间的负数和 $1.401298E-45$ 到 $3.402823E38$ 之间的正数	7	4 个字节
双精度型	存储 $-1.79769313486231E308$ 到 $-4.94065645841247E-324$ 之间的负数和 $4.94065645841247E-324$ 到 $1.79769313486231E308$ 之间的正数	15	8 个字节
同步复制 ID	全局唯一标识符，简称 GUID（在 Access 数据库中，GUID 是指同步复制 ID，是一种用于建立同步复制唯一标识符的 16 字节字段，用于标识副本、副本集、表、记录和其他对象。）	不适用	16 个字节

使用时，注意以下几点：

（1）凡是没有统计计算意义的字段都用文本型，不用数字型，以免误算，如身份证号码、学号、电话号码、零件编号或邮编。

（2）凡是高精度的金钱值采用货币型，不用数字。货币型有特有的存储空间，计算时不允许四舍五入，有特定的显示格式（数字前有货币符号）。

（3）凡是表示日期、时间的字段，采用日期时间型，不用文本型。日期型有特定的日期计算。

（4）除货币、日期型以外，凡是需要计算的采用数字型。

（5）各记录差异很大，且超过 255 字符的文本采用备注型，否则采用文本型。

（6）如果某字段具有两个确定的值，可选择"是/否"型，也可选择文本型。

（7）如果某字段的域是一个有限值的集合（多于两个值），用查阅向导型更方便，既简捷有能减少差错。

（8）一般地，1 个汉字字符存储需要 2 个字节，1 个英文字符存储需要 1 个字节。但是在 Access 中 1 个汉字和一个英文字母存储是一样的，需要 1 个字节。

2.2.2　创建数据表

1. 使用"表设计"创建表结构

Access 中表有结构和数据两部分构成，可以先建立表结构，再向表中输入数据。

【例 2-7】在"学生管理"数据库中创建"学生表"的表结构，该表由"学号""班级代号""姓名""性别""出生年月日""身高""是否住宿""家庭所在地""家庭人均月收入"和"是否团员"10 个字段组成，其中，学号由 7 个数字组成、姓名最多由 6 个字符组成，请确定"学生表"数据表的字段类型、字段大小，然后在数据库中创建该表。

"学生表"数据表的字段类型、字段大小如表 2-3 所示。

表 2-3　"学生表"字段类型、字段大小

字段名	类型	大小
学号	文本	7
班级代号	文本	5
姓名	文本	6
性别	文本	1
出生年月日	日期/时间	系统自动设置
身高	数字	字节
是否住宿	文本	1
家庭所在地	文本	30
家庭人均收入	货币	系统自动设置
是否团员	是/否	系统自动设置

在"学生管理"数据库中，使用"表设计"创建"学生表"。操作步骤为：

（1）启动 Access 应用程序，打开"学生管理"数据库，点击"创建"选项卡，打

开创建数据库对象视图，如图2-21所示。

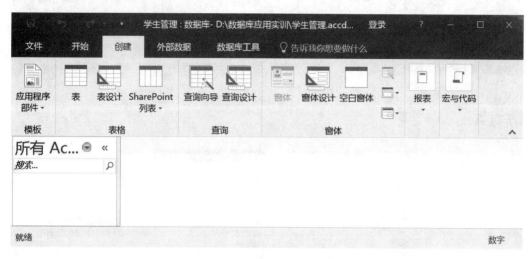

图2-21 创建数据库对象视图

（2）单击"表格工具"组中的"设计"选项，打开表格设计视图，如图2-22所示。

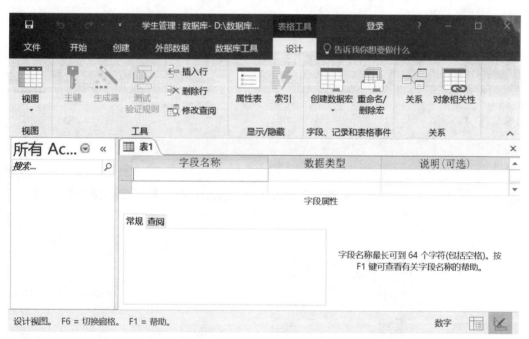

图2-22 表"设计"视图

（3）在表的"设计"视图中的"字段名称"下面的单元格中输入字段名称，在"数据类型"栏的下拉式菜单中选择字段的数据类型，如图2-23所示。

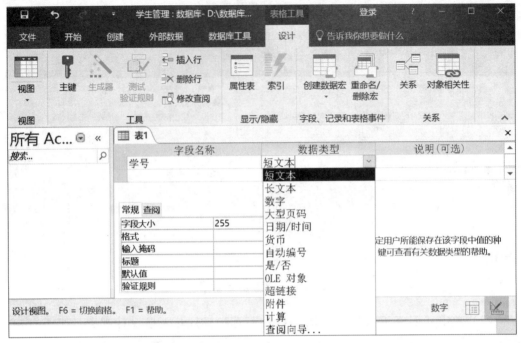

图 2-23   "字段名称"与"数据类型"的输入

（4）在"常规"属性的"字段大小"中，确定字段大小，如图 2-24 所示。

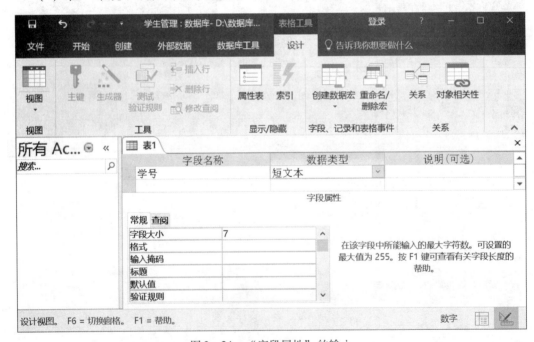

图 2-24   "字段属性"的输入

（5）重复（3）（4）步骤，依次完成"学号""班级代号""姓名""性别""出生年月日""身高""是否住宿""家庭所在地""家庭人均月收入""是否团员"字段的名称、数据类型和字段大小的设置，最后结果如图 2 - 25 所示。

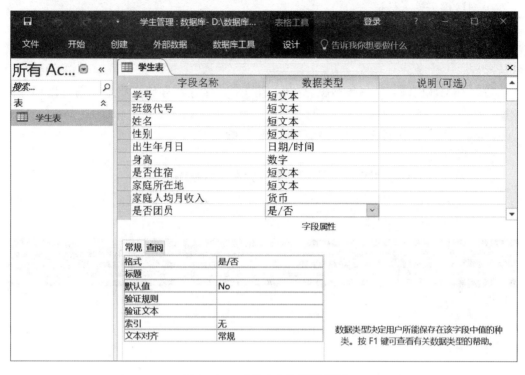

图 2 - 25   "学生表"设计视图

（6）单击快速工具栏上的"保存"按钮，这时出现"另存为"对话框，在"另存为"对话框中的"表名称"中输入表的名称"学生表"，如图 2 - 26 所示。

图 2 - 26   "另存为"对话框

（7）单击"确定"按钮，系统弹出"尚未定义主键"对话框，如图 2 - 27 所示，系统提示"是否创建主键"，单击"否"，待以后人工创建。到此，完成了"学生表"表结构的基本创建，后面还要进一步设计其属性。

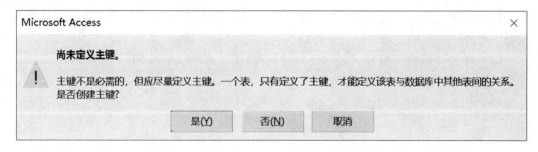

图 2 - 27   "尚未定义主键"对话框

2. 向数据表输入数据

向数据表中输入数据的方法有：

（1）直接输入。在导航窗格中双击要输入数据的数据表，打开该表的数据视图，然后逐行输入数据。

（2）外部数据输入。如果数据已经以别的形式保存在存储介质上，则可以把外部数据，如电子表格、文本文件、其他数据库数据，导入到 Access 表中。

【例 2-8】 将 Excel 数据导入到"学生表"的表中。

操作步骤为：

（1）启动 Access 应用程序，打开"学生管理"数据库。

（2）在导航窗格中，右键"学生表"，打开快捷菜单，选择"导入"→"Excel（X）"，如图 2-28 所示。

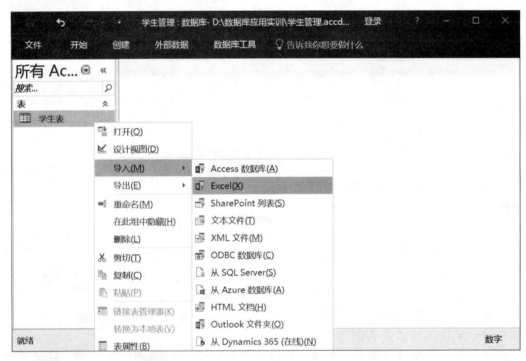

图 2-28 选择"导入"→"Excel（X）"

（3）在弹出的"获取外部数据"对话框中，确定导入 Excel 文件的位置，并在单选按钮中选择"向表中追加一份记录的副本"，如图 2-29 所示。

（4）单击"确定"按钮，显示导入数据表数据，如图 2-30 所示。

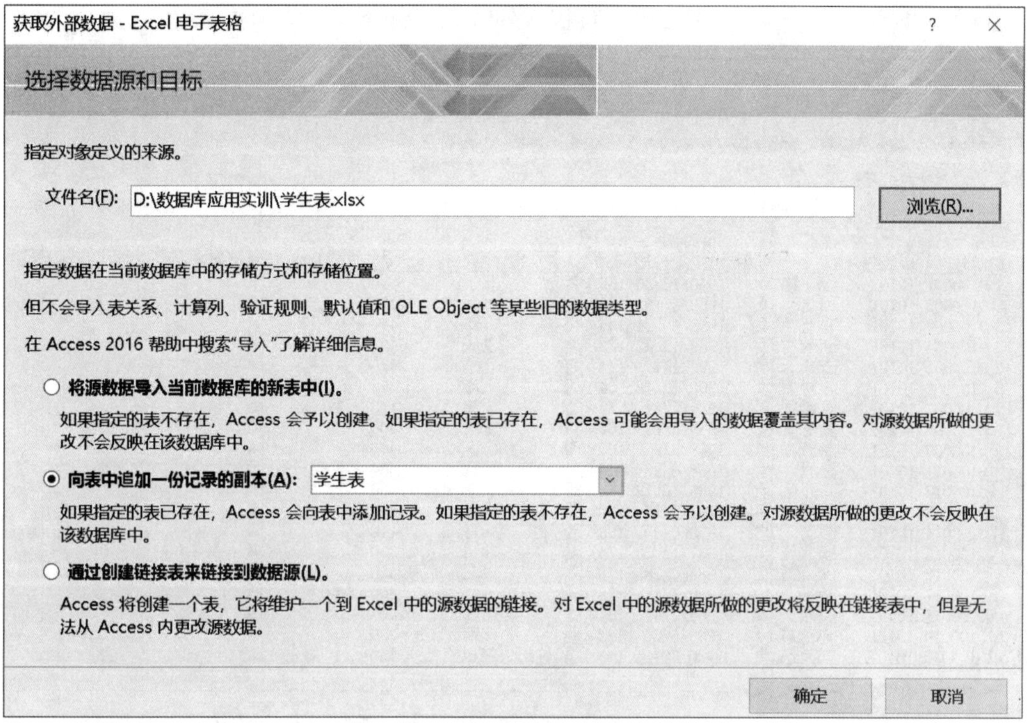

图 2－29 “获取外部数据”对话框

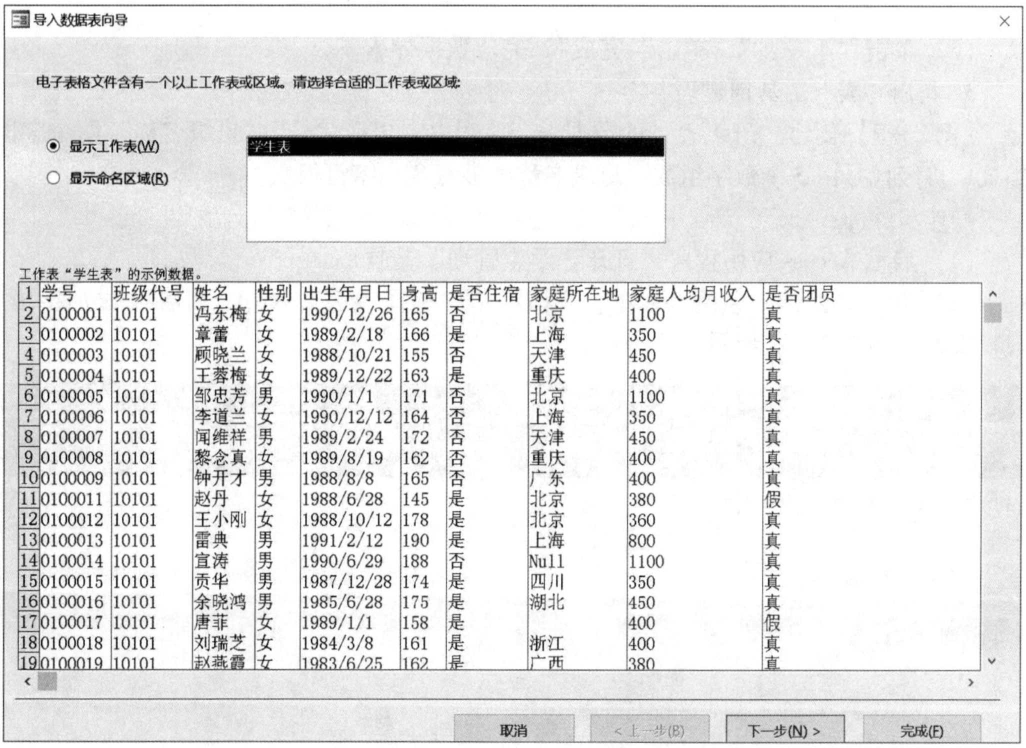

1	学号	班级代号	姓名	性别	出生年月日	身高	是否住宿	家庭所在地	家庭人均月收入	是否团员
2	0100001	10101	冯东梅	女	1990/12/26	165	否	北京	1100	真
3	0100002	10101	章蕾	女	1989/2/18	166	是	上海	350	真
4	0100003	10101	顾晓兰	女	1988/10/21	155	否	天津	450	真
5	0100004	10101	王蓉梅	女	1989/12/22	163	是	重庆	400	真
6	0100005	10101	邹忠芳	男	1990/1/1	171	否	北京	1100	真
7	0100006	10101	李道兰	女	1990/12/12	164	否	上海	350	真
8	0100007	10101	闻维祥	男	1989/2/24	172	否	天津	450	真
9	0100008	10101	黎念真	女	1989/8/19	162	否	重庆	400	真
10	0100009	10101	钟开才	男	1988/8/8	165	否	广东	400	真
11	0100011	10101	赵丹	女	1988/6/28	145	是	北京	380	假
12	0100012	10101	王小刚	女	1988/10/12	178	是	北京	360	真
13	0100013	10101	雷典	男	1991/2/12	190	是	上海	800	真
14	0100014	10101	宣涛	男	1990/6/29	188	否	Null	1100	真
15	0100015	10101	贡华	男	1987/12/28	174	是	四川	350	真
16	0100016	10101	余晓鸿	男	1985/6/28	175	是	湖北	450	真
17	0100017	10101	唐菲	女	1989/1/1	158	是		400	假
18	0100018	10101	刘瑞芝	女	1984/3/8	161	是	浙江	400	真
19	0100019	10101	赵燕霞	女	1983/6/25	162	是	广西	380	真

图 2－30 导入数据表数据

（5）单击"下一步"，确定第一行包含列标题，如图2-31所示。

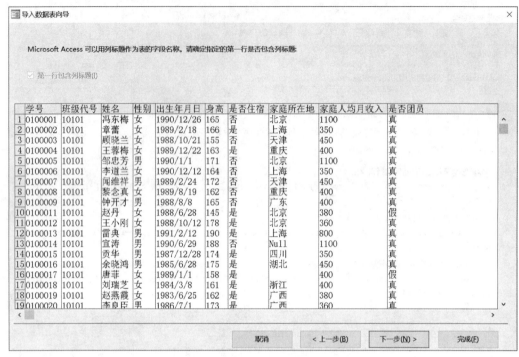

图2-31　确定第一行包含列标题

（6）单击"下一步"，单击"完成"，完成数据导入。

3. 利用"表"工具创建表

【例2-9】创建"班级表"的数据表，该表由"班级代号""班级名称"两个字段组成，班级代号由5个数字组成、班级名称最多有8个字符组成。

操作步骤为：

（1）启动Access应用程序，打开"学生管理"数据库。

（2）点击"创建"选项卡，在"表格"组中选择"表"按钮，打开"添加字段"设计视图，如图2-32所示。

图2-32　"添加字段"设计视图

（3）点击"单击以添加"右侧下拉式按钮，选择要添加字段的数据类型，如图 2 - 33 所示。

图 2 - 33　选择字段类型

（4）输入要创建的字段的名称，如图 2 - 34 所示。

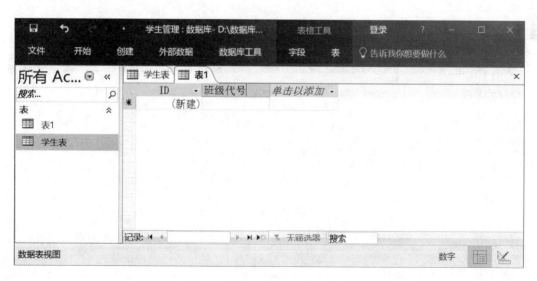

图 2 - 34　改写字段名称

（5）输入"班级代号"数据，如图2-35所示。

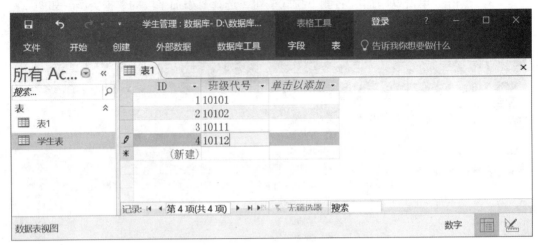

图2-35 输入"班级代号"数据

（6）重复（3）（4）（5）步，完成"班级名称"的输入，最后单击快速工具栏上的"保存"按钮，在"另存为"对话框中的"表名称"中输入表的名称"班级表"，如图2-36所示。

（7）点击"确定"按钮，完成"班级表"添加字段创建，如图2-37所示。

图2-36 "保存"文件对话框

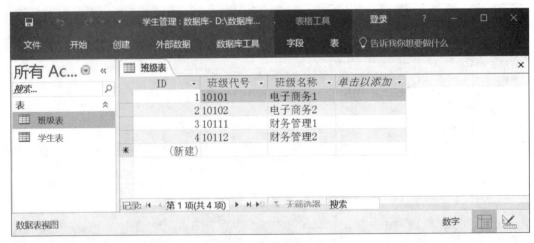

图2-37 完成班级表窗口

（8）选择"班级表"右键打开其设计视图，选择"ID"字段，删除自动添加的"ID"字段，并将"班级代号"字段大小设置为5，"班级名称"字段大小设置为8。

（9）最后点击"保存"按钮，关闭设计视图，"班级表"表创建完成。

4. 通过导入外部数据创建表

【例 2 - 10】通过外部 Excel 数据创建"课程表",该表由"课程号""课程名""总学时"3 个字段组成,其中,课程名最多由 10 个字符组成,请确定"课程表"数据表的字段类型、字段大小,然后在数据库中创建该表。

操作步骤为:

(1) 启动 Access 应用程序,打开"学生管理"数据库。

(2) 点击"外部数据"选项卡,在"导入并链接"组中点击"新数据源"下拉式按钮,打开"添加字段"设计视图,如图 2 - 38 所示。

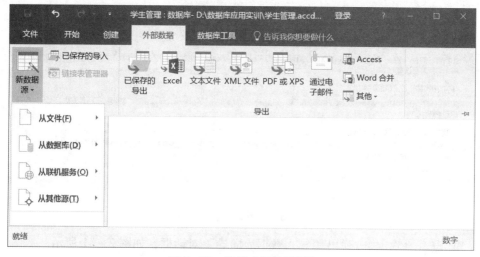

图 2 - 38 选择"新数据源"

(3) 在"从文件"选择"Excel (X)",如图 2 - 39 所示。

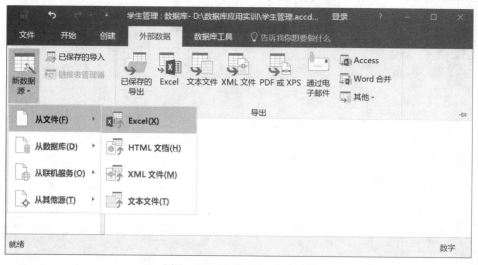

图 2 - 39 选择"Excel (X)"

(4) 在"获取数据"对话框表中输入数据。选择要导入的文件,并在单项选择中选择"将源数据导入当前数据库的新表中"。如图 2-40 所示。

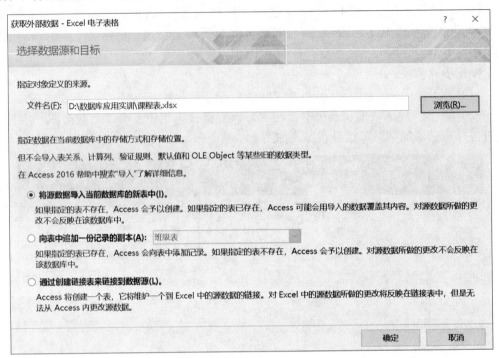

图 2-40 "获取数据"对话框

（5）点击"确定"。弹出"导入数据表向导"对话框，如图 2-41 所示。

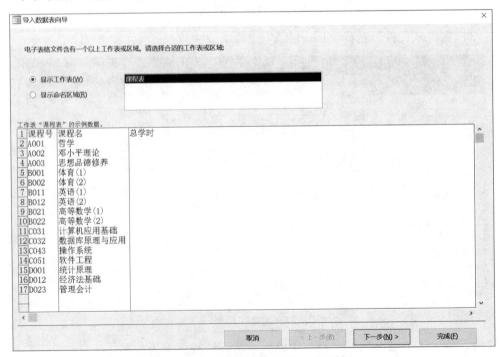

图 2-41 "导入数据表向导"对话框

（6）单击"下一步"，确定第一行是否包含列标题，本例包含，勾选"第一行包含列标题"，如图 2-42 所示。

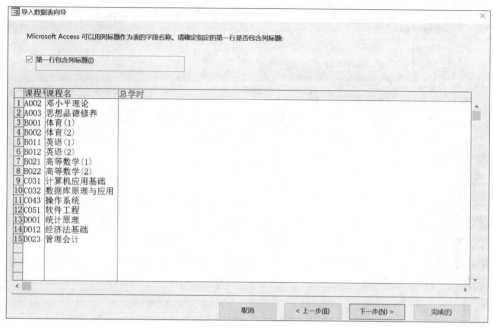

图 2-42　确定第一行是否包含列标题

（7）单击"下一步"，确定各字段的数据类型，如图 2-43 所示，本例中"课程号""课程名"为"文本"类型，"总课时"为"字节"类型。

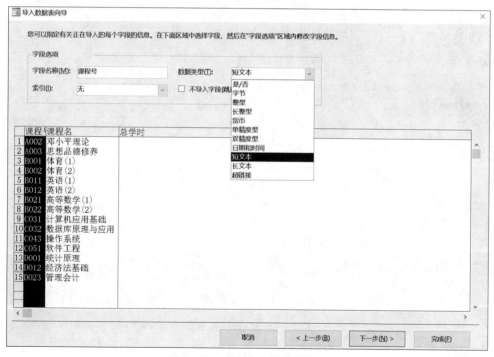

图 2-43　确定各字段数据类型

(8) 单击"下一步"，确定主键，本例设置"课程号"为主键，如图 2-44 所示。

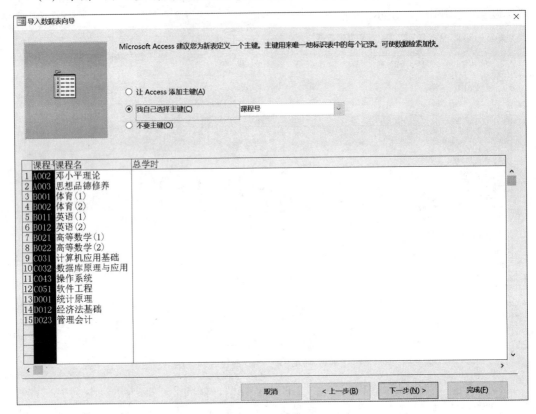

图 2-44　确定主键

(9) 单击"下一步"，填写数据表名，如图 2-45 所示。

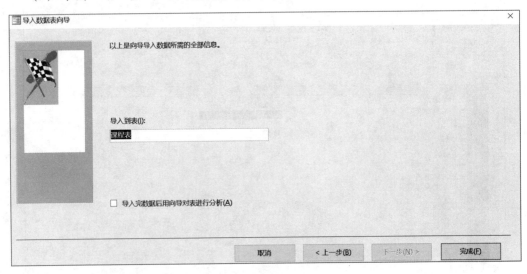

图 2-45　填写数据表名

（10）最后，点击"完成"，关闭向导。

同样的方法可以创建"成绩表"。

2.2.3 设置字段属性

表中每个字段都有一系列的属性描述。字段的属性表示字段所具有的特性，不同的字段类型有不同的属性，当选择某一字段时，"设计"视图下部的"字段属性"区就会依次显示出该字段的相应属性。字段属性包括"常规"和"查询"两类，常用的属性主要是"常规"中的字段大小、格式、输入掩码、标题、默认值等。

1. 字段大小

通过"字段大小"属性，可以控制字段使用的空间大小。该属性只适用于数据类型为"文本"或"数字"的字段。对于一个"文本"类型的字段，其字段大小的取值范围是 0 ~ 255，默认为 50，可以在该属性框中输入取值范围内的整数。

对于一个"数字"型的字段，可以单击"字段大小"属性框，然后单击右侧的向下箭头按钮，并从下拉列表中选择一种类型。

注意：在设定"字段大小"属性时，为提高处理速度，减小占用内存，尽量使用小的类型。但是，如果文本字段中已经有数据，那么减小字段大小会丢失数据，Access 将截去超出新限制的字符。如果在数字字段中包含小数，那么将字段大小设置为整数时 Access 自动将小数取整。因此，在改变字段大小时要非常小心。

2. 格式

"格式"属性用来决定数据的打印方式和屏幕显示方式。不同数据类型的字段，其格式选择有所不同。

对于数字、货币、布尔等数据类型，我们可以给它选择一个预定义显示格式，使数据可以特定的形式呈现。对于文本、备注等数据类型，我们还可以给它自定义显示格式。但是，格式属性不适用于 OLE 对象字段。

【例 2-11】将"学生表"中的"出生年月日"字段的"格式"属性设置为长日期型。

操作步骤为：

（1）启动 Access 应用程序，打开"学生管理"数据库。

（2）选择"表"对象，打开"学生表"的"设计"视图。

（3）单击"出生年月日"字段，单击字段"常规"属性中的"格式"，打开"格式"的下拉式列表，选择"长日期"，如图 2-46 所示。

（4）单击工具栏上的"保存"按钮，关闭表"设计"视图。

利用"格式"属性可以使数据的显示统一美观。但应注意，"格式"属性只影响数据的显示格式，并不影响其在表中存储的内容，而且显示格式只有在输入的数据被保存之后才能应用。如果需要控制数据的输入格式并按输入时的格式显示，则应设置输入掩码属性。

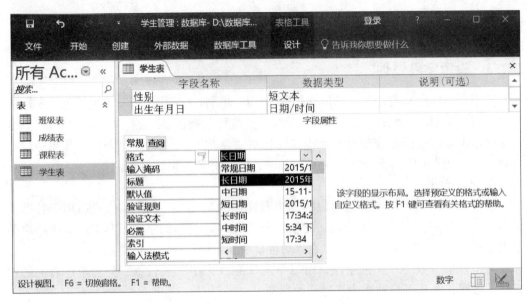

图 2-46　设置"出生年月日"字段格式为"长日期"

3. 输入掩码

输入掩码是根据特定的"字符"规定字段"输入和显示"的格式，由字面显示字符（如括号、句号和连字符）和掩码字符（用于指定可以输入数据的位置以及数据种类、字符数量）组成。输入掩码可以提高数据输入的准确性。对于大多数数据类型，都可以定义一个输入掩码。

常用的掩码字符及其作用见表 2-4。

表 2-4　常用的掩码字符及其作用

字　符	作　用
0	数字（0 到 9，必选项；不允许使用加号（＋）和减号（－））
9	数字或空格（非必选项；不允许使用加号和减号）
#	数字或空格（非必选项；空白将转换为空格，允许使用加号和减号）
L	字母（A 到 Z，必选项）
?	字母（A 到 Z，可选项）
A	字母或数字（必选项）
a	字母或数字（可选项）
&	任一字符或空格（必选项）
C	任一字符或空格（可选项）
. : ; - /	十进制占位符和千位、日期和时间分隔符。（实际使用的字符取决于 Windows "控制面板"的"区域设置"中指定的区域设置）

字　符	作　　用
<	使其后所有的字符转换为小写
>	使其后所有的字符转换为大写
!	输入掩码从右到左显示，输入至掩码的字符一般都是从左向右的。可以在输入掩码的任意位置包含叹号
\	使其后的字符显示为原义字符。可用于将该表中的任何字符显示为原义字符（例如，\A 显示为 A）
密码	将"输入掩码"属性设置为"密码"，以创建密码输入项文本框。文本框中键入的任何字符都按原字符保存，但显示为星号（＊）

表 2-5 所示为一些有用的输入掩码以及可以在其中输入的数值类型。

表 2-5　输入掩码示例

输入掩码	示例数值	输入掩码	示例数值
(000) 000 - 0000	(206) 555 - 0248	(000) AAA - AAAA	(206) 555 - TELE
(999) 999 - 9999	(206) 555 - 0248	(000) aaa - aaaa	(206) 55 - TEL
	(　　) 555 - 0248	&&&	dFg
#999	-20		8 a
	2000		3ty
>L???? L? 000L0	GREENGR339M3	CCC	3y
	MAY R 452B7	SSN 000 - 00 - 0000	SSN 555 - 55 - 5555
> L0L 0L0	T2F 8M4	>LL00000 - 0000	DB51392 - 0493
00000 - 9999	98115 -	LLL \ A	EFGA（最后一个字母只能是A）
	98115 - 3007		
>L < ?????????????????	Maria	LLL \ B	EFGB（最后一个字母只能是B）
	Brendan		
PASSWORD	EFGB 显示为 ＊＊＊＊		

【例2-12】将"学生表"中的"学号"字段的"输入掩码"属性设置为7位数字组成。

操作步骤为：

（1）启动 Access 应用程序，打开"学生管理"数据库。

（2）选择"表"对象，打开"学生表"的"设计"视图。

（3）单击"学号"字段，单击字段"常规"属性中的"输入掩码"，在"输入掩码"文本框中输入7个0，如图2-47所示。

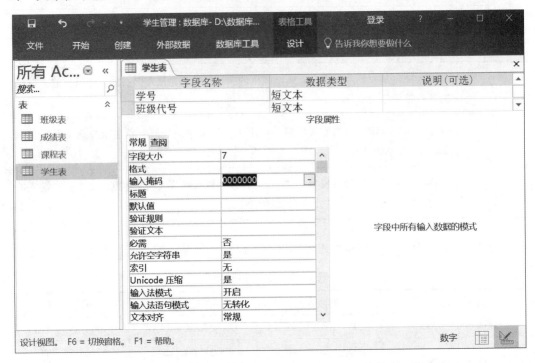

图2-47　设置"学号"字段"输入掩码"为7位数字组成

（4）单击工具栏上的"保存"按钮，关闭表"设计"视图。

4. 标题

标题是字段的别名。当一个字段没有别名时，在数据表视图中所显示的列名就是字段名称。如果设置了别名，则显示的就是其别名。

【例2-13】将"学生表"中的"出生年月日"字段的"标题"属性设置为"生日"。

操作步骤为：

（1）启动Access应用程序，打开"学生管理"数据库。

（2）选择"表"对象，打开"学生表"的"设计"视图。

（3）单击"出生年月日"字段，单击字段"常规"属性中的"标题"，在"标题"文本框中输入"生日"。

（4）单击工具栏上的"保存"按钮，关闭表"设计"视图。

（5）在"表"对象窗口，双击"学生表"，打开"学生表"的数据视图，如图2-48所示，此时，"出生年月日"字段显示为"生日"。

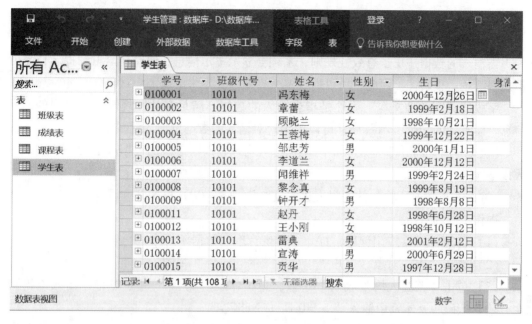

图 2-48　设置"出生年月日"字段"标题"为"生日"的"学生表"数据视图

5. 默认值

如果为字段设置了默认值，那么当添加一个新的记录时，Access 将自动地在该字段中输入该值。"默认值"是一个十分有用的属性。例如，我们常常以当前日期作为"日期/时间"字段的默认值。在一个数据库中，往往会有一些字段的数据内容相同或含有相同的部分。例如：性别字段只有"男"和"女"两种，这种情况就可以设置一个默认值。

默认值不能用于自动编号或者 OLE 对象字段数据类型的字段。

设置默认值属性时，必须与字段中所设的数据类型相匹配，否则会出现错误。

6. 有效性规则

在表中有些字段的取值是有一定的限制的。有效性规则是根据表达式的逻辑值确认输入数据的有效性，"规则"就是表达式的逻辑值。可以规定数据输入时的格式，或规定数据输入的范围。

有效性规则允许定义一条规则，限制可以接受的内容。无论是通过"数据表"视图、与表绑定的窗体、追加查询，还是从其他表导入的数据，只要是添加或编辑数据，都将强行实施字段有效性规则。利用该属性可以防止非法数据输入到表中。

有效性规则的形式及设置目的随字段的数据类型不同而不同。对"文本"型字段，可以设置输入的字符个数不能超过某一个值。对"数字"型字段，可以使表只接受一定范围内的数据。对"日期/时间"型字段，可以将数值限制在一定的月份或年份以内。

有效性规则对于自动编号、备注或者 OLE 对象字段数据类型的字段来说是不可用的。

7. 有效性文本

当输入的数据违反了有效性规则，系统会显示提示信息，但往往给出的提示信息并不是很清楚、很明确。因此，可以通过定义有效性文本来解决。

字段的"有效性文本"属性是指当输入的数据不满足有效性规则时给用户的提示信息。设置"有效性文本"属性可以使用户对输入的数据更加清楚。

【例2-14】将"学生表"中的"家庭人均月收入"字段的数据规定为"输入非负数或不输"。

"输入非负数或不输"的逻辑表达式应该是：> =0 Or Is Null

操作步骤为：

（1）启动 Access 应用程序，打开"学生管理"数据库。

（2）选择"表"对象，打开"学生表"的"设计"视图。

（3）单击"家庭人均月收入"字段，单击字段"常规"属性中的"输入掩码"，在"输入掩码"文本框中输入"> =0 Or Is Null"。

（4）在"验证文本"文本框中输入"必须输入非负数或不输"，如图2-49所示。

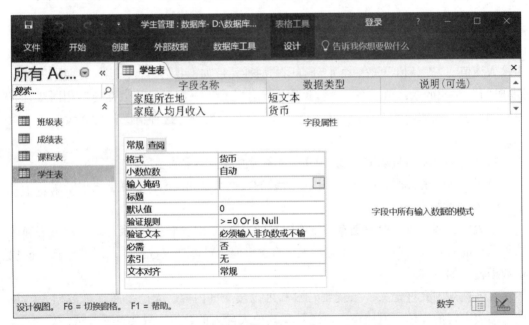

图2-49　输入掩码与有效性文本的设置

（5）单击工具栏上的"保存"按钮，关闭表"设计"视图。

在"学生表"的"家庭人均月收入"字段的数据输入过程中，如果出现了负数，则系统会自动弹出如图2-50的信息提示。

这说明输入的值与有效性规则发生冲突，系统拒绝接收此数值。有效性规则能够检查错误的输入或者不符合逻辑的输入。

8. 索引

索引是非常重要的属性，能根据键值加快在表中查找和排序的速度，并且能对表中的记录实施唯一性。按索引功能分，索引有唯一索引、普通索引和主索引3种。其中，唯一索引的索引字段值不能相同，即没有重复值。如果为该字段输入重复值，系统会提示操作错误，如果已有重复值的字段要创建索引，则不能创建唯一索引。普通索引的索引字段值可以相同，即有重复值。在 Access 中，同一个表可以创建多个唯一索引，其中一个可设置为主索引，且一个表只有一个主索引。

图 2-50　"有效性"信息提示

如果经常需要同时搜索或排序两个或更多的字段，可以创建多字段索引。使用多个字段索引进行排序时，将首先用定义在索引中的第一个字段进行排序，如果第一个字段有重复值，再用索引中的第二个字段排序，如此类推。

9. 必填字段

字段的"必填字段"属性是指指定该字段的值是否必须要填写，除了"自动编号"和"查阅向导"两个类型的字段外，其他类型的字段都有此属性。此属性有"是""否"两个取值。

10. 查阅属性

在使用表的"设计"视图进行表格设计的过程中，在设置字段的数据类型时会发现数据类型的列表中还包含一种数据类型，即"查阅向导"。

查阅向导是系统为用户所提供的一种帮助向导。利用查阅向导，用户可以方便地把字段定义为一个组合框，并定义组合框中的选项，查阅向导型数据录入时可直接输入也可从组合框中选择数据。

【例2-15】将"学生表"中的"班级代号"字段创建为查阅向导型，数据源为"班级表"中的"班级代号"。

有两种方法创建查阅向导型字段，一种是根据"查阅向导"创建，一种是直接设置查询属性来创建。

根据"查阅向导"创建查阅向导型字段的操作步骤为：

（1）启动 Access 应用程序，打开"学生管理"数据库。

（2）选择"表"对象，打开"学生表"的"设计"视图。

（3）单击"班级代号"的数据类型列，打开数据类型列的下拉式列表，如图 2-51 所示。

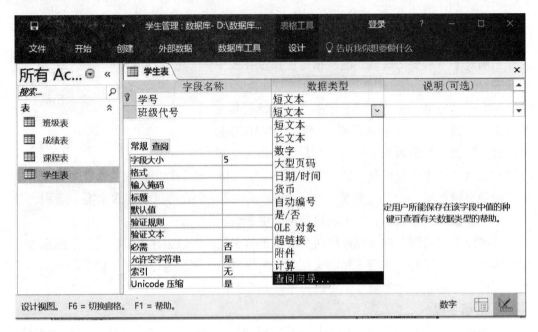

图2-51 选择"查阅向导"

（4）选择"查阅向导"，打开"查阅向导"对话框之一。如图2-52所示，在"查阅向导"对话框之一中，指出"查阅"字段列表内容来自于哪里。一种选择是已有表或查询的数据记录；另一种选择是自己建立记录列表。在这里我们选中第一个选项，即是使用已有表或查询的数据作为字段列表内容。

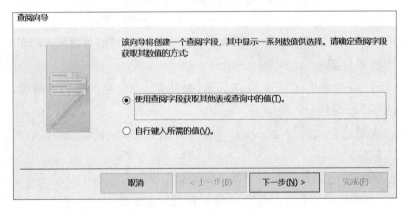

图2-52 "查阅向导"对话框之一

（5）单击"下一步"按钮，打开"查阅向导"对话框之二，如图2-53所示，在"查阅向导"对话框之二中，选取查阅字段列表内容的来源。系统在对话框中的窗口中列出了可以选择的已有表和查询，可以单击窗口下的选择按钮来进行查找。在这里我们选择"班级表"。

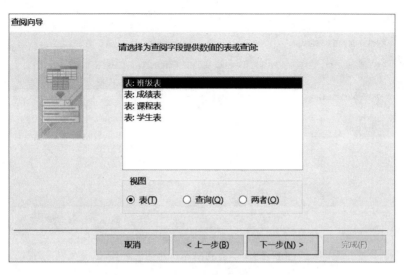

图 2 - 53 "查阅向导"对话框之二

（6）单击"下一步"按钮，打开"查阅向导"对话框之三，如图 2 - 54 所示，在"查阅向导"对话框之三中，系统列出了上一步选中表或查询中的所有字段，从中选取字段作为查阅字段的列表内容。在这里我们选择"班级名称"。

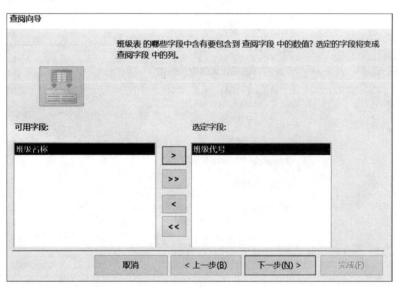

图 2 - 54 "查阅向导"对话框之三

（7）单击"下一步"按钮，打开"查阅向导"对话框之四，在"查阅向导"对话框之四中，选择排序方式。

（8）单击"下一步"按钮，打开"查阅向导"对话框之五，如图 2 - 55 所示，在"查阅向导"对话框之五中，系统列出了所有的数据，并可以改变字段的列宽，以及是否隐藏关键字列。

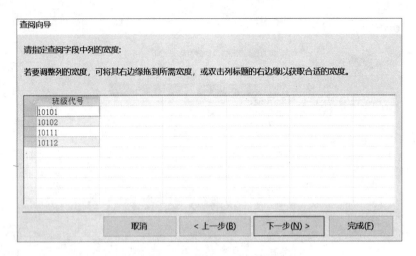

图2-55 "查阅向导"对话框之五

（9）单击"下一步"按钮，打开"查阅向导"对话框之六，在"查阅向导"对话框之六中，为查阅列指定标签，一般为默认即可，如图2-56所示，单击"完成"按钮，完成查阅向导的创建。

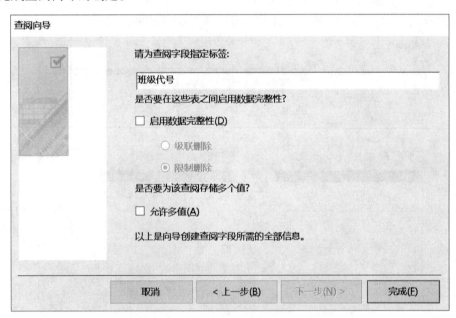

图2-56 "查阅向导"对话框之六

任务2.3　建立表间关系

在Access中，每个表都是数据库中的一个独立的部分，具有各自的功能，但它们又不是完全独立的，表与表之间可能存在着联系。通过匹配两个数据表之间的公共字段中的数据，可以创建表之间的关系。

2.3.1 表间存在的关系

1. 表间关系类型

在现实世界中，不同的实体之间常常存在各种关联。例如产品与工厂、教师与学生等。因此，在一个数据库系统中，我们不仅要存储有关的实体数据（表），而且要建立这些实体之间的关联（表的关联）。从参与关联的两个实体集的数量关系来说，实体之间的关联可以分为三种："一对一""一对多"和"多对多"。

如果对于实体集 A 中的每一个实体，实体集 B 中至多有一个实体与之关联，且反之亦然，则称实体集 A 与实体集 B 之间具有一对一关联，记为 1:1。现实世界中的夫妻关系就是一个典型的 1:1 关联。在 Access 中，两个表之间可以直接建立 1:1 关联。

一对多是最常见的关联类型。如果对于实体集 A 中的每一个实体，实体集 B 中可以有多个实体与之关联，而对于实体集 B 中的每一个实体，实体集 A 至多有一个实体与之关联，则称实体集 A 与实体集 B 之间具有一对多关联，记为 1:n。在 Access 中，两个表之间也可以直接建立 1:n 关联。例如，在如图 2−57 所示的罗斯文数据库中，"供应商"和"产品"表就是典型的一对多关联。

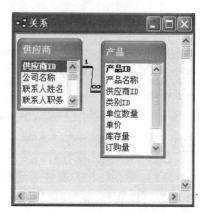

图 2−57　供应商－产品关系

如果对于实体集 A 中的每一个实体，实体集 B 中可以有多个实体与之关联，而对于实体集 B 中的每一个实体，实体集 A 也可以有多个实体与之关联，则称实体集 A 与实体集 B 之间具有多对多关联，记为 m:n。

多对多关联不符合关系型数据库对存储表的要求，不能直接在两个关系表之间建立，而必须通过一个所谓的链接表把它转化为两个一对多关联。例如，订单表和产品表之间多对多的关联需要通过订单明细表建立两个一对多关系来实现，如图 2−58 所示。它的主键包括两个字段，即来源于订单表和产品表的外部关键字。

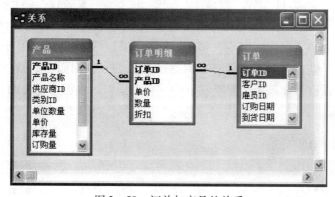

图 2−58　订单与产品的关系

2. 主键

在关系数据库系统中，表代表现实世界中特定的实体类型，表中的每个元组代表一个具体的实体对象。而现实世界中实体都是可以区分的，它们具有某种唯一性标识，因此在关系数据库中引入了主键的概念。

主键（Primary Key），也称为主码，它是关系表中的一个或一组字段，这些字段是表中所存储的每一条记录的唯一标识。在关系表中，没有一个记录的主键为空，也没有两个记录有相同的主键值，这个性质称为关系数据库的实体完整性。

主键的主要作用是建立表间联系。在建立表间关系时，每个表中需要有一个字段作为联系标志，这个标志就是主键。通过设置"主键"可以区分表中的每一条记录，通过各表主键的联结，建立各表之间的"关系"，防止出现"张冠李戴"的现象。因此，每个数据表中至少有一个主键。

作为主键字段的条件：必须是每个记录的值都不同的字段。

3. 外键与参照完整性

在 Access 中，表的关联只能是一对一或一对多，关联字段在其中的一个表（称为主表）中通常是主关键字，此时它在另一个表（称为相关表）中就被称为外部关键字，简称外键。

参照完整性是一个规则系统，能确保相关表行之间关系的有效性，并且确保不会在无意之中删除或更改相关数据。

当实施参照完整性时，必须遵守以下规则：

（1）如果在相关表的主键中没有某个值，则不能在相关表的外部键列中输入该值。但是，可以在外部键列中输入一个 Null 值。

（2）如果某行在相关表中存在相匹配的行，则不能从一个主键表中删除该行。

（3）如果主键表的行具有相关性，则不能更改主键表中的某个键的值。

当符合下列所有条件时，才可以设置参照完整性：

（1）主表中的匹配列是一个主键或者具有唯一约束。

（2）相关列具有相同的数据类型和大小。

（3）两个表属于相同的数据库。

实施参照完整性，可以确保关联表中记录之间关系的有效性，防止误操作带来的意外损失。例如，每一个产品类别都有多个产品，因此类别与产品之间的关系是一对多的。如果某个产品类别现在决定不再销售，销售部门希望删除所有属于该类别的数据，首先想到的就是类别主表，却可能忘了清除产品数据表，因而产品数据会变得不正确。实施参照完整性以后，如果要删除类别表中某个类别时，系统就会自动提示先删除相关的产品数据。

2.3.2 建立表间的关系

1. 设置主键

在 Access 中设置主键非常简单。我们只要在表的"设计"视图中，选定作为主键字段的"行"，单击工具栏上的"主键"按钮（或打开快捷菜单→"主键"）就可以了。为了方便用户，Access 会在主键字段的左面设置一个"钥匙"符号。

如果要将表中的多个字段设置成主键，则只需在选定第一个字段后，按住"Ctrl"键，继续选定其他要设置成主键的字段，再单击工具栏上的"主键"按钮就可以了。

【例 2 - 16】设置以下主键。

①设置"学生表"中的"学号"为主键；

②设置"班级表"中的"班级代号"为主键；

③设置"成绩表"中的"学号"和"课程号"为主键；

④设置"课程表"中的"课程号"为主键。

操作步骤为：

（1）启动 Access 应用程序，打开"学生管理"数据库。

（2）选择"表"对象，打开"学生表"的"设计"视图。

（3）选定"学号"段的"行"，单击工具栏上的"主键"按钮（或打开快捷菜单→"主键"）即可，这时，学号字段左面会出现一个"钥匙"符号，如图 2 - 59 所示，最后保存"设计"视图。可用同样的方法设置"班级表"中的"班级代号"为主键、设置"课程表"中的"课程号"为主键。

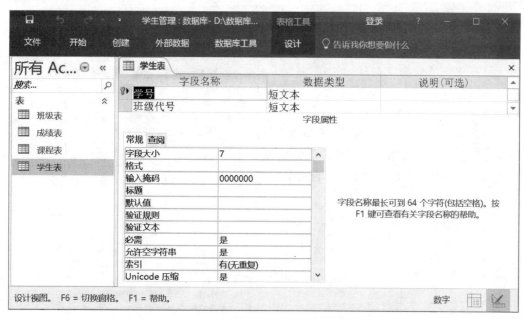

图 2 - 59 设置"学号"字段为主键

（4）对于"成绩表"中的"学号"和"课程号"两个字段设置为主键，打开"成绩表"的"设计"视图，先选定"学号"字段，按住"Ctrl"键，再选定"课程号"字段，然后单击工具栏上的"主键"按钮，最后保存"设计"视图，如图 2 - 60 所示。

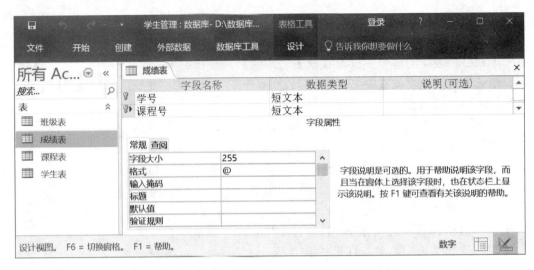

图 2-60　设置"学号"与"课程号"字段为主键

2. 建立表间关系

【例 2-17】设置"学生管理"数据库表间关系。

操作步骤为：

（1）启动 Access 应用程序，打开"学生管理"数据库。

（2）单击"数据库工具"选项卡上"关系"按钮，打开"显示表"对话框，如图 2-61 所示。

（3）在"显示表"对话框中，添加所需要的关系表，本例添加"班级表""学生表""成绩表"和"课程表"，添加后的关系图如图 2-62 所示。

图 2-61　"显示表"对话框

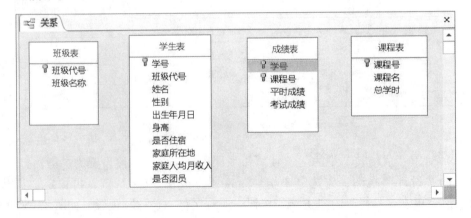

图 2-62　没有关联的关系图

（4）选择某个表中要建立关联的字段，将其拖动到其他表中的相关字段。将"班级表"的"班级代号"拖动到"学生表"的"班级代号"中，打开这两者的"编辑关系"对话框，并选择"实施参照完整性"，如图2-63所示，如果发现不是两个"班级代号"的对应关系，则通过各自的下拉式列表，重新选择，使其对应。单击"确定"按钮，就完成了"班级表"与"学生表"的关联关系。

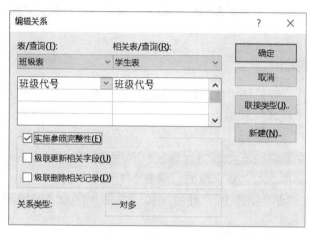

图2-63 "编辑关系"对话框

（5）与步骤（4）同样的方法，可以完成"学生表"与"成绩表"、"成绩表"与"课程表"的关联关系，最后的关系如图2-64所示。

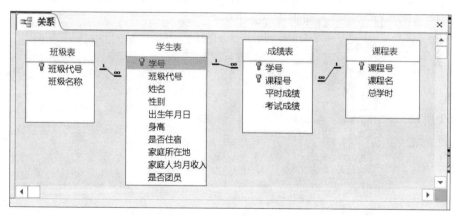

图2-64 "学生管理"数据库表间关系

（6）单击工具栏上的"保存"按钮，关闭上述关系图，完成"学生管理"数据库表间关系的创建。

3. 编辑表间关系

如果需要编辑已有的关系，只要打开关系窗口，双击所要编辑的关系连线，打开如图2-64所示的关系对话框，即可进行修改。如果要删除某个关系，则在关系窗口中选中所要删除的关系连线，然后按Delete键即可删除相应的关联。

任务2.4　维护表

为了使数据库中的表在结构上更合理，内容更新，使用更有效，就需要经常对表进行维护。维护表的基本操作包括表结构的修改、表内容的完善、表格式的调整及表的其他操作等内容。

2.4.1　表结构的维护

表结构维护操作主要包括增加字段、删除字段、修改字段、重新设置字段等。表结构维护操作只能在"设计"视图中完成。

1.添加字段

在表中添加一个新字段不会影响其他字段和现有的数据。但利用该表建立的查询、窗体或报表，是不会自动加入新字段的，需要手工添加上去。

【例2-18】在"学生表"的"姓名"和"性别"字段之间增加一个字段，"身份证号码"字段。

操作步骤为：

（1）启动 Access 应用程序，打开"学生管理"数据库，打开"学生表"的设计视图。

（2）选定要插入"行"的位置，本例选定"性别"行，右键单击，打开"快捷菜单"，选择"插入行"命令，如图2-65所示。

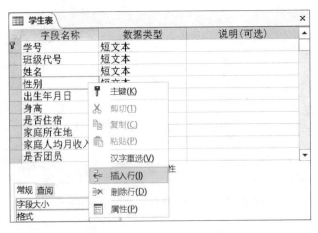

图2-65　选择"插入行"命令

（3）在"插入行"的字段名称列填写字段名称"身份证号码"，确定其数据类型为"文本"型。

（4）单击工具栏上的"保存"按钮，关闭上述"设计"视图，完成该字段的添加。

2. **修改字段**

修改字段包括修改字段的名称、数据类型、说明等。

3. **删除字段**

如果所删除字段的表为空，就会出现删除提示框；如果表中含有数据，不仅会出现提示框需要用户确认，而且还会将利用该表所建立的查询、窗体或报表中的该字段删除，即删除字段时，还要删除整个 Access 中对该字段的使用。

4. **重新设置关键字**

如果原定义的主关键字不合适，可以重新定义。重新定义主关键字需要先删除原主关键字，然后再定义新的主关键字。

2.4.2 表数据的维护

表数据维护操作主要包括选择记录、添加记录、删除记录、修改数据、复制数据等。表数据维护操作只能在"数据表"视图中完成，在"表"对象窗口，双击数据表的名即打开"数据表"视图。

1. **定位记录**

数据表中有了数据后，修改是经常要做的操作，其中定位和选择记录是首要的任务。常用的记录定位方法有两种：一是用记录号定位，二是用快捷键定位。快捷键及其定位功能见表 2-6。

表 2-6 快捷键及其定位功能

快 捷 键	定位功能
Tab　　回车　　右箭头	下一字段
Shift + Tab　　　左箭头	上一字段
Home	当前记录中的第一个字段
End	当前记录中的最后一个字段
Ctrl + 上箭头	第一条记录中的当前字段
Ctrl + 下箭头	最后一条记录中的当前字段
Ctrl + Home	第一条记录中的第一字段
Ctrl + End	最后一条记录中的最后一个字段
上箭头	上一条记录中的当前字段
下箭头	下一条记录中的当前字段
PgDn	下移一屏
PgUp	上移一屏
Ctrl + PgDn	左移一屏
Ctrl + PgUp	右移一屏

2. 选择记录

选择记录是指选择用户所需要的记录。用户可以在"数据表"视图下，使用鼠标或键盘两种方法选择数据范围。

3. 添加记录

在已经建立的表中，添加新的记录。用户可以在"数据表"视图下，通过单击菜单栏上的"插入"→"新记录"命令，然后填写记录数据，完成添加记录。

4. 删除记录

删除表中出现的不需要的记录。用户可以在"数据表"视图下，通过单击菜单栏上的"编辑"→"查找"选项，找到要删除的行，然后选定该行，再单击菜单栏上的"编辑"→"删除记录"命令，完成删除记录。

5. 修改数据

在已建立的表中，修改出现错误的数据。用户可以在"数据表"视图下，通过单击菜单栏上的"编辑"→"查找"→"修改记录"命令，完成修改记录。

6. 复制数据

在输入或编辑数据时，有些数据可能相同或相似，这时可以使用复制和粘贴的操作将某些字段中的部分或全部数据复制到另一个字段中。

2.4.3 调整表格式

1. 设置字体

设置字体包括设置字体、字形、字号、颜色等。

【例 2-19】将"学生表"的字体设置为隶书、大小为 12、加粗、黑色。

操作步骤为：

（1）启动 Access 应用程序，打开"学生管理"数据库，在导航窗格双击"学生表"，打开"学生表"的"数据表"视图。

（2）单击"开始"选项卡，在"文本格式"组中，选择"隶书"字体或在字体框中输入"隶书"；字体大小设置为 12；选择"字形"为"加粗"；在"颜色"下拉列表框中选择"黑色"，如图 2-66 所示。

图 2-66 "学生表"字体设置

2. 调整表的行高和列宽

调整表的行高和列宽均有 2 种方法：使用鼠标调整和使用菜单命令调整。

1）使用鼠标调整

将鼠标放在表中要调整列宽的字段选定器之间，待鼠标变为双箭头后按住鼠标左右移动鼠标进行调整，例如"性别"字段列中均是一个字可以使列宽变窄点，只需将鼠标放在"性别"和"出生年月日"字段选定器之间，待鼠标变为双箭头后按住鼠标向左移动鼠标进行调整。

2）使用菜单命令调整

（1）设置行高

以数据表视图打开"学生表"数据表，选择"开始"选项卡上"记录"组→"其他"选项中的"行高"按钮（或选中整个数据表，然后右键单击，在弹出的下拉菜单中单击"行高"选项），弹出"行高"对话框，如图 2-67 所示。

在"行高"文本框中输入想要的行高值，或选中"标准高度"复选框，系统会根据此列的内容设置标准行高，最后单击"确定"按钮，完成设置。

（2）设置列宽

以数据表视图打开"学生表"数据表，单击要调整列宽中的任一单元格，然后选择"开始"选项卡上"记录"组→"其他"选项中的"字段列宽"按钮（或选中要调整列宽的整个字段列，然后右键单击，在弹出的下拉菜单中单击"字段宽度"选项），弹出"列宽"对话框，如图 2-68 所示。

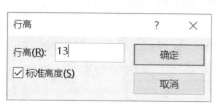

图 2-67　行高设置

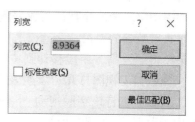

图 2-68　列宽设置

在"列宽"文本框中输入想要的列宽值，或可以选中"标准列宽"复选框，也可以单击"最佳匹配"按钮，系统会根据此列的内容设置最佳匹配列宽，最后单击"确定"按钮，完成设置。

3. 隐藏和显示字段

【例 2-20】先将"学生表"的"生日"字段列隐藏。

操作步骤为：

（1）以数据表视图打开"学生表"。

（2）将光标放在要隐藏的字段列"出生年月日"的任一单元格，选择"开始"选项卡上"记录"组→"其他"选项中的"隐藏字段"按钮，或选中整个"出生年月日"字段列，然后右击，在弹出的下拉菜单中单击"隐藏字段"选项，完成设置。

如果需要将已经被隐藏的"生日"字段列显示出来，执行以下操作：

选择"开始"选项卡上"记录"组→"其他"选项中的"取消隐藏字段"按钮，弹出"取消隐藏列"对话框，如图 2-69 所示，在"列"列表框中选中"生日"复选框，然后单击"关闭"按钮，此时"生日"字段列在数据表中显示出来。

4. 冻结字段

当数据表中存储了大量数据时，有一部分数据需要经常使用，为使用方便这时可通过冻结字段将这部分经常使用的字段冻结，即使其始终显示在窗口中。操作步骤为：

（1）以数据表视图打开"学生表"，当拖动窗口下面的滚动条向右时，由于窗口不够大，"学号"字段不能显示。

（2）将鼠标放在要冻结的字段列的任一单元格，然后单击"开始"选项卡上"记录"组→"其他"选项中的"冻结字段"按钮，此时该字段列已经被冻结起来。

（3）再次拖动窗口下面的滚动条，"学号"字段始终在窗口中显示。

图2-69　"取消隐藏列"对话框

如果需要取消已经被冻结的"学号"字段列，只需单击"开始"选项卡上"记录"组→"其他"选项中的"取消冻结所有字段"按钮，则所有冻结的字段列被取消。

5. 调整字段次序

数据表中字段的次序默认与数据表中数据输入的次序相同，但有时需要移动某些字段来满足查看数据的要求。

如果要将"身高"字段移动到"出生年月日"字段前，操作步骤为：

（1）以数据表视图打开"学生表"数据表，选中"身高"字段列。

（2）按住鼠标将该字段拖动至"出生年月日"字段的前面，然后释放鼠标，此时"身高"字段列已经移至"出生年月日"字段列前。

6. 设置数据表格式

在表的数据表视图下，Access提供了丰富的数据表格式，通过设置数据表的格式可以更改表的背景颜色、网格显示及边框和线条样式等。具体操作步骤如下。

打开数据表，单击"开始"选项卡上"文本格式"组右下角"▣"（设置数据表格式），弹出"设置数据表格式"对话框，如

图2-70　"设置数据表格式"对话框

图2-70所示，其中显示了"单元格效果""网格线显示方式""背景色""替代背景色""网格线颜色"等，用户可根据需要在对话框中进行设置。

任务 2.5 表记录的编辑、排序与筛选

在完成表的创建和数据输入后，为更好地对表中的数据进行管理，还需要对表中的数据进行查找、替换、排序、筛选等操作。

2.5.1 查找数据

在操作数据库表时，如果表中存放的数据非常多，那么用户想查找某一数据就比较困难。

在 Access 中，查找或替换所需数据的方法有很多，不论是查找特定的数值、一条记录还是一组记录，可以通过滚动数据表或窗体，也可以在记录编号框中键入记录编号来查找记录。

使用"查找和替换"对话框，可以寻找特定记录或查找字段中的某些值。操作过程如下：

（1）打开要编辑的数据表。

（2）在"开始"选项卡"查找"组中，单击"查找"按钮（或使用快捷键 Ctrl + F），打开"查找和替换"对话框，如图 2-71 所示。

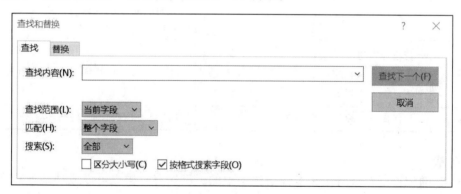

图 2-71 "查找"对话框

（3）"查找"对话框主要包括四个设置内容，分别是查找内容、查找范围、匹配、搜索。

在对话框中的"查找内容"输入框，输入要查找的数据内容。如果不知道要查找的完整内容，可以在"查找内容"输入框中使用通配符来指定要查找的内容。

在对话框中的"查找范围"输入框中，设置查询内容的搜索范围，例如，可以对整个数据表进行查找，也可以只在某个字段中进行查找。

在"匹配"选项中选择查找所要满足的条件，包括字段任何部分、整个字段、字段开头这三个选项。如果用户选择了"整个字段"选项，则在查找时，只查找字段中内容与输入的查找内容完全一样的记录。

在"搜索"选项中，可以设置进行查找时的搜索方向。

"区分大小写"以及"按格式搜索字段"这两项功能可以加快查找的速度，并准确定位。

（4）设置查找的选项之后，便可以开始查找。单击"查找下一个"按钮，系统便会自动选取查找到的匹配内容。如果要查找下一个和以后出现的内容，继续单击"查找下一个"按钮。

在查找时，可以指定搜索的字段，这样会比搜索整个表快；如果知道查找内容的范围，可以通过设置搜索方向来减少搜索的范围。如果在数据库中没有查找到指定的内容，系统会出现一个提示框。

在"查找和替换"对话框中，可以使用通配符，如表2-7所示。

表2-7 通配符的用法

字符	用　　法	示　　例
*	与任何个数的字符匹配，它可以在字符串中，当作第一个或最后一个字符使用	wh * 可以找到 what、white 和 why
?	与任何单个字母的字符匹配	b?ll 可以找到 ball、bell 和 bill
[ ]	与方括号内任何单个字符匹配	b[ae]ll 可以找到 ball 和 bell，但找不到 bill
!	匹配任何不在括号之内的字符	b[!ae]ll 可以找到 bill 和 bull，但找不到 bell
-	与范围内的任何一个字符匹配。必须以递增排序次序来指定区域（A 到 Z，而不是 Z 到 A）	b[a-c]d 可以找到 bad、bbd 和 bcd
#	与任何单个数字字符匹配	1#3 可以找到 103、113、123

注意：

（1）通配符是专门用在文本数据类型中的，虽然有时候也可以成功地使用在其他数据类型中。

（2）在使用通配符搜索星号（*）、问号（?）、数字号码（#）、左方括号（[）或减号（-）时，必须将搜索的项目放在方括号内。例如，搜索问号，则在"查找"对话框中输入［?］符号。如果同时搜索减号和其他单词，则在方括号内将减号放置在所有字符之前或之后（但是如果有惊叹号（!），则在方括号内将减号放置在惊叹号之后）。在搜索惊叹号（!）或右方括号（]）时，不需要将其放在方括号内。

（3）必须将左、右方括号放在下一层方括号中（[[]]），才能同时搜索一对左、右方括号（[]），否则 Access 会将这种组合作为一个空字符串处理。

2.5.2　替换数据

在 Access 数据表的使用中，经常需要对数据工作表中的数据记录进行替换，将某些符合条件的记录更新为新的数据。通过使用"替换"对话框可以在指定范围内将指定查找内容的所有记录或某些记录替换为新的内容。下面介绍一下替换操作步骤。

（1）打开替换数据的表。

（2）在"开始"选项卡"查找"组中，单击"替换"按钮（或使用快捷键 Ctrl + H），打开"查找和替换"对话框，如图 2 – 72 所示。

图 2 – 72　"查找和替换"对话框

（3）可以看到该对话框中的内容与"查找"对话框的内容相近，只是在对话框中添加了一个"替换为"输入框和两个替换按钮。在"查找内容"框中输入要查找的内容，然后在"替换为"框中输入要替换成的内容。

（4）在"替换"对话框中其他选项的设置与"查找"对话框的使用设置相同。

（5）如果要一次替换出现的全部指定内容，单击"全部替换"按钮。如果要一次替换一个，单击"查找下一个"按钮，然后再单击"替换"按钮；如果要跳过下一个并继续查找出现的内容，直接单击"查找下一个"按钮。

使用上述方法所完成的操作可以快速地对文本进行替换。但是，对于替换大量的数据或执行数据计算，例如，将"雇员"表中的全部薪水调高 5 个百分点，则应该通过更新查询而不是"替换"对话框。

2.5.3　排序记录

对数据库中的记录进行排序可以加快查找和替换的速度。在 Access 数据库表、查询、窗体或子窗体中的"数据表"视图中，或在窗体或子窗体的"窗体"视图中都可以排序记录。也可以在"高级筛选/排序"窗口中，通过指定的排序次序来排序筛选数据，或在查询"设计"视图中通过指定排序次序来排序查询结果。

1. 排序的规则

排序记录时，不同的字段类型排序规则不同，具体规则如下：

（1）英文按字母顺序排序，大小写视为相同，升序时按 A 到 Z 排列，降序时按 Z 到 A 排列。

（2）中文按拼音的顺序排序，升序时按 A 到 Z 排列，降序时按 Z 到 A 排列。

（3）数字按其大小排序，升序时从小到大排列，降序按从大到小排列。

（4）使用升序排序日期和时间，是指由较前的时间到较后的时间；使用降序排序时，则是指由较后的时间到较前的时间。

排序时，要注意的事项如下：

（1）对于不包含 Null 值的字段，在"文本"字段中保存的数字将作为字符串而不是数值来排序。因此，如果要以数值的顺序来排序，必须在较短的数字前面加上零，使得全部文本字符串具有相同的长度。例如，要以升序来排序以下的文本字符串"1""2""11"和"22"，其结果将是"1""11""2""22"。必须在仅有一位数的字符串前面加上 0，才能正确地排序为"01""02""11""22"。

（2）在以升序来排序字段时，任何含有空字段（包含 Null 值）的记录将列在列表中的第一条。如果字段中同时包含 Null 值和空字符串，包含 Null 值的字段将在第一条显示，紧接着是空字符串。

（3）数据类型为备注、超级链接或 OLE 对象的字段不能排序。

（4）多字段排序时，先按前面字段排序，然后在前面字段排序的基础上，按后面字段排序。

2. 排序记录

【例 2-21】在"学生表"找到男生中身高最高的同学。

操作步骤为：

（1）打开"学生管理"数据库，在"导航窗格"双击"学生表"，打开"学生表"。

（2）将"身高"字段移动到"性别"字段后面。

（3）同时选定"性别"和"身高"字段，如图 2-73 所示。

学号	班级代号	姓名	性别	身高	生日	是否住宿
0100001	10101	冯东梅	女	165	2000年12月26日	否
0100002	10101	章蕾	女	166	1999年2月18日	是
0100003	10101	顾晓兰	女	155	1998年10月21日	否
0100004	10101	王蓉梅	女	163	1999年12月22日	是
0100005	10101	邹忠芳	男	171	2000年1月1日	否
0100006	10101	李道兰	女	164	2000年12月12日	否
0100007	10101	闻维祥	男	172	1999年2月24日	否
0100008	10101	黎念真	女	162	1999年8月19日	否
0100009	10101	钟开才	男	165	1998年8月8日	否
0100011	10101	赵丹	女	145	1998年6月28日	是
0100012	10101	王小刚	女	178	1998年10月12日	是
0100013	10101	雷典	男	190	2001年2月12日	是
0100014	10101	宣涛	男	188	2000年6月29日	否
0100015	10101	贡华	男	174	1997年12月28日	是
0100016	10101	余晓鸿	男	175	1995年6月28日	是
0100017	10101	唐菲	女	158	1999年1月1日	是

图 2-73 选定"性别"和"身高"字段

（4）在"记录"菜单的"排序"选项中选择"降序"排序命令，如图 2 - 74 所示。

图 2 - 74 选择"降序"

（5）拖动滚动条，查看男生部分，即可查到最高的男生：吴正宏、199cm，如图 2 - 75 所示。

学号	班级代号	姓名	性别	身高	生日	是否住宿
0100025	10101	李明	女	144	1999年6月28日	是
0100075	10102	宋咸春	女	140	1999年6月5日	是
0100066	10102	吴正宏	男	199	2001年9月18日	否
0100057	10102	刘泉缨	男	196	2000年12月9日	是
0100100	10111	樊网胜	男	193	1998年11月9日	是
0100013	10101	雷典	男	190	2001年2月12日	是
0100097	10111	兰立志	男	189	2000年8月9日	是
0100037	10101	赵明	男	189	1997年10月28日	是
0100054	10102	林明山	男	188	1998年8月23日	是
0100014	10101	宣涛	男	188	2000年6月29日	否
0100035	10101	袁一鸣	男	188	2001年12月2日	是
0100111	10111	关胜	男	187	1999年6月29日	是
0100088	10111	吴玉宝	男	187	2000年10月1日	否

图 2 - 75 按性别和身高排序

2.5.4 筛选记录

筛选是在当前数据表显示的数据中根据用户定义的条件进行数据搜索，选择出符合条件的数据，并在数据表中显示出来。

在 Access 中，筛选的方法有"按窗体筛选""选择"和"高级筛选/排序"。

1. 使用"按窗体筛选"

在"按窗体筛选"时，Access 将数据表变成了一个单一的记录，并且每个字段组成一个列表框，允许从字段所有值中选取一个作为筛选的内容。同时在窗体的底部可以为每一组设定的值指定其"或"条件。

【例 2 - 21】使用"按窗体筛选"筛选出广东的学生人数。

操作步骤为：

（1）打开"学生管理"数据库，在"导航窗格"双击"学生表"，打开"学生表"。

（2）在"开始"选项卡"排序与筛选"组中，单击"高级"→"按窗体筛选"按钮，打开"按窗体筛选"对话框，在"家庭所在地"下拉式列表框中，选择""广东""，如图2-76所示。

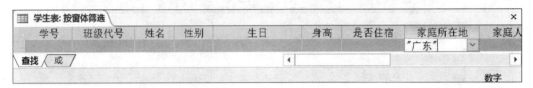

图2-76　"按窗体筛选"对话框

（3）在"开始"选项卡"排序与筛选"组中，单击"切换筛选"按钮（在"开始"选项卡"排序与筛选"组中，单击"高级"→"应用筛选"按钮），则筛选出广东的学生，如图2-77，查看状态栏记录数，即广东的学生人数。

学号	班级代号	姓名	性别	生日	身高	是否住宿	家庭所在地
0100009	10101	钟开才	男	1998年8月8日	165	否	广东
0100027	10101	张小天	男	2000年2月2日	155	否	广东
0100033	10101	霞燕	女	1999年10月28日	156	否	广东
0100036	10101	甘恬	男	1999年6月29日	178	否	广东
0100039	10101	关照	女	1996年8月11日	163	否	广东
0100068	10102	宋明珠	女	1999年12月22日	158	是	广东
0100079	10102	刘元桢	男	2000年9月12日	177	是	广东
0100080	10102	李超颖	女	2008年3月9日	154	是	广东
0100081	10102	梁富荣	女	2001年3月31日	152	是	广东
0100092	10111	韩志敏	男	2000年6月6日	183	是	广东
0100094	10111	马洪儒	男	1998年9月12日	167	是	广东
0100098	10111	胡菊源	男	1999年12月2日	182	是	广东
0100107	10111	丁征	男	2000年11月29日	173	否	广东
0100109	10111	王武	女	1999年9月1日	145	否	广东
0100116	10111	兰海兴	男	2001年6月8日	178	是	广东

记录：第15项(共15项) 筛选 搜索

图2-77　"按窗体筛选"广东的学生

（4）再次在"开始"选项卡"排序与筛选"组中，单击"切换筛选"按钮，则取消筛选结果，返回到原始数据表状态。

【例2-22】使用"按窗体筛选"筛选出上海的女生。

操作步骤为：

（1）打开"学生管理"数据库，在"导航窗格"双击"学生表"，打开"学生表"。

（2）在"开始"选项卡"排序与筛选"组中，单击"高级"→"按窗体筛选"按钮，打开"按窗体筛选"对话框，在"性别"下拉式列表框中，选择"女"，在"家庭所在地"下拉式列表框中，选择""上海""，如图2-78所示。

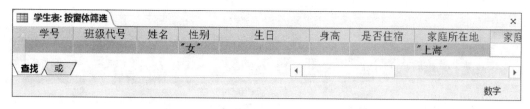

図2-78 "按窗体筛选"上海女生的对话框

（3）在"开始"选项卡"排序与筛选"组中，单击"切换筛选"按钮（在"开始"选项卡"排序与筛选"组中，单击"高级"→"应用筛选"按钮），则筛选出上海的女生。

2. 使用"选择"

在当前数据表显示的数据中根据用户选定区域的数据作为条件在该列进行数据搜索，选择出该列与选定区域数据相同的数据，并在数据表中显示出来。

方法是：在数据表的字段中，查找希望在筛选结果的所有记录中都包含的某个值，然后将光标定位到这个字段上，Access 就会自动将光标所在的字段内容当成条件，从表中查找出所有符合要求的记录。

【例2-23】使用"选择"工具，筛选出北京的男生。

操作步骤为：

（1）打开"学生管理"数据库，在"导航窗格"双击"学生表"，打开"学生表"。

（2）把"光标"定位到"家庭所在地"为"北京"的单元格内。

（3）在"开始"选项卡"排序与筛选"组中，单击"选择"→"等于北京"按钮，系统筛选出了北京的学生，如图2-79所示。

学生表							
学号	班级代号	姓名	性别	生日	身高	是否住宿	家庭所在地
0100001	10101	冯东梅	女	2000年12月26日	165	否	北京
0100005	10101	邹忠芳	男	2000年1月1日	171	否	北京
0100011	10101	赵丹	女	1998年6月28日	145	是	北京
0100012	10101	王小刚	女	1998年10月12日	178	是	北京
0100014	10101	宣涛	男	2000年6月29日	188	否	北京
0100023	10101	田咸春	男	1999年12月26日	169	是	北京
0100029	10101	邹强	男	1998年10月28日	182	是	北京
0100031	10101	俞树	女	1996年11月25日	167	是	北京
0100038	10101	周明	男	1995年8月26日	178	是	北京
0100063	10102	李建邦	男	1999年4月5日	178	是	北京
0100075	10102	宋咸春	女	1999年6月5日	140	是	北京
0100083	10111	吴琴	女	2000年6月25日	179	是	北京
0100091	10111	严明霞	女	2001年7月8日	163	是	北京
0100102	10111	李来党	女	1999年12月31日	159	是	北京

记录：第2项(共16项) ▼ 已筛选 搜索

图2-79 "按内容筛选"北京的学生

（4）再将"光标"定位到"性别"为"男"的单元格内，在"开始"选项卡"排序与筛选"组中，单击"选择"→"等于男"按钮，系统筛选出了北京的男生，如图

2 – 80 所示。

	学号 ▾	班级代号 ▾	姓名 ▾	性别 ▾	生日 ▾	身高 ▾	是否住宿 ▾	家庭所在地
⊞	0100005	10101	邹忠芳	男	2000年1月1日	171	否	北京
⊞	0100014	10101	宣涛	男	2000年6月29日	188	否	北京
⊞	0100023	10101	田咸春	男	1999年12月26日	169	是	北京
⊞	0100029	10101	邹强	男	1998年10月28日	182	是	北京
⊞	0100038	10101	周明	男	1995年8月26日	178	是	北京
⊞	0100063	10102	李建邦	男	1999年4月5日	178	是	北京
⊞	0100111	10111	关胜	男	1999年6月29日	187	是	北京
⊞	0100114	10111	陈彦生	男	1999年10月1日	179	是	北京

记录: ⏮ ◀ 第1项(共8项) ▶ ▶▶ ▼ 无筛选 搜索

图 2 – 80 "按内容筛选"北京的男生

3. 使用"高级筛选"

在前面的几种筛选方法中，用户可以利用字段中已有的信息在单个表中生成一个子集。使用"高级筛选/排序"窗口筛选记录可以是针对数据库中的多个表或查询，同时可以方便地在不变的界面中设置筛选的准则和排序方式，以及在生成的筛选子集中显示的各个字段。

【例 2 – 24】 找出身高 170cm 以上的广东学生。

操作步骤为：

（1）打开"学生管理"数据库，在"导航窗格"双击"学生表"，打开"学生表"。

（2）在"开始"选项卡"排序与筛选"组中，单击"高级"→"高级筛选/排序"按钮，打开"高级筛选/排序"的设计网格。

（3）将需要指定用于筛选记录的值或准则的字段添加到设计网格中。本例将"家庭所在地""身高"添加到设计网格中。

（4）在已经包含的字段的"条件"单元格，输入需要查找的条件表达式。本例在"家庭所在地"字段的"条件"单元格输入""广东""；"身高"字段的"条件"单元格收入"> =170"，如图 2 – 81 所示。

图 2 – 81 "高级筛选/排序"设计网格

（5）在"开始"选项卡"排序与筛选"组中，单击"切换筛选"按钮（在"开始"选项卡"排序与筛选"组中，单击"高级"→"应用筛选"按钮），则筛选出身高 170cm 以上的广东学生，如图 2 – 82 所示。

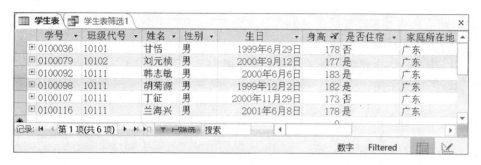

图 2-82　身高 170 以上的广东学生

【思考题】

一、单选题

1. 创建新表时，（　　）来创建表的结构。
   A. 直接输入数据　　　　　　　　B. 使用表设计器
   C. 通过获取外部数据　　　　　　D. 使用向导

2. 下列关于插入字段的说法中，错误的是（　　）。
   A. 插入字段就是在表的原有的某个字段前插入字段
   B. 插入字段需要打开表的设计视图
   C. 插入字段时，每次只能插入一行
   D. 插入字段时，一次可以插入多行

3. 建立表的结构时，一个字段由（　　）组成。
   A. 字段名称　　　B. 数据类型　　　C. 字段属性　　　D. 以上都是

4. Access 表的字段类型中不包括（　　）。
   A. 文本型　　　B. 数字型　　　C. 货币型　　　D. 窗口

5. 如果一张数据表中含有照片，那么"照片"所在字段的数据类型通常为（　　）。
   A. OLE 对象型　　　B. 超级链接型　　　C. 查阅向导型　　　D. 备注型

6. Access 中，一个表最多可以建立（　　）个主键（主索引）。
   A. 1　　　B. 2　　　C. 3　　　D. 任意

7. 在 Access 表中，（　　）不可以定义为主键。
   A. 自动编号　　　B. 单字段　　　C. 多字段　　　D. OLE 对象

8. 关于主关键字，说法错误的是（　　）。
   A. Access 并不要求在每一个表中都必须包含一个主关键字
   B. 在一个表中只能指定一个字段成为主关键字
   C. 在输入数据表或对数据进行修改时，不能向主关键字的字段输入相同的值
   D. 利用主关键字可以对记录快速地进行排序和查找

9. 一个书店的店主想将 Book 表中的书名设为主键，但存在相同书名不同作者的情

况。为满足店主的需求，可（　　　）。

    A. 定义自动编号主键

    B. 将书名和作者组合定义为多字段主键

    C. 不定义主键

    D. 再增加一个内容无重复的字段定义为主键

10. 关于索引，叙述错误的是（　　　）。

    A. 索引越多越好

    B. 一个索引可以由一个或多个字段组成

    C. 可提高查询效率

    D. 主索引值不能为空，不能重复

11. Access 数据库中，表间的关系包括（　　　）。

    A. 一对一、一对多、多对一   B. 一对一、多对多

    C. 一对一、一对多、多对多   D. 一对多、多对多

12. 在关系窗口中，在一对多关系连线上标记 1 对 ∞ 字样，表示在建立关系时启动了（　　　）。

    A. 实施参照完整性   B. 级联更新相关记录

    C. 级联删除相关记录   D. 以上都不是

13. 选定表中所有记录的方法是（　　　）。

    A. 选定第一个记录

    B. 选定最后一个记录

    C. 任意选定一个记录

    D. 选定第一个记录，按住 Shift 键，选定最后一个记录

14. 下列创建表的方法中，不正确的是（　　　）。

    A. 使用"数据表"视图建立表

    B. 使用"页视图"创建表

    C. 使用"设计"视图建立表

    D. 使用"表向导"创建表

15. （　　　）数据类型不适合字段大小属性。

    A. 文本型   B. 数字型   C. 自动编号型   D. 时间型

16. 关于调整表的外观，说法错误的是（　　　）。

    A. 表的每一行的行高都相同

    B. 表的每一列可以有不同的列宽

    C. 冻结后所选列将被固定在表的最左侧

    D. 隐藏列后所选的列从表中删除

17. 设某表中有"姓名"字段，若要将该字段固定在该表的最左方，应该使用（　　　）功能。

    A. 移动   B. 冻结   C. 隐藏   D. 复制

18. 关于 Access 中排序记录所依据的规则，叙述错误的是（　　　）。

A. 中文按拼音字母的顺序排序

B. 数字由小至大排序

C. 英文按字母顺序排序，小写在前，大写在后

D. 以升序来排序时，任何含有空字段的记录将列在列表中的第一条

19. 多字段排序时，结果是按照（　　）。

　　A. 最左边的列开始排序　　　　　　B. 最右边的列开始排序

　　C. 从左向右优先次序依次排序　　　D. 无法进行排序

20. 不相邻的多字段排序的步骤或命令是（　　）。

　　A. "记录" / "排序" / "升序"

　　B. "记录" / "排序" / "降序"

　　C. "记录" / "筛选" / "高级筛选排序"，然后选择 "筛选" / "应用筛选/排序"

　　D. 以上都不是

21. 若要筛选数据表中的 "性别" 为 "女" 的记录，下面方法错误的是（　　）。

　　A. 将光标移到 "性别" 字段中的 "男" 字段，在该处右击，弹出快捷菜单，选择 "内容排除筛选" 命令

　　B. 右击 "性别" 字段，在 "筛选目标" 处输入 "女" 后按 Enter 键

　　C. 选择 "性别" 为 "男" 的记录，单击工具栏上的 "删除记录" 按钮

　　D. 单击工具栏上的 "按窗体筛选" 按钮，在 "性别" 字段对应的单元格的下拉列表框中，选择 "女"，再单击 "应用筛选" 按钮

22. 在 Access 数据库窗口使用表设计器创建表的步骤依次是（　　）。

　　A. 打开表的设计视图，设定主关键字，定义字段，设定表的属性和表的存储

　　B. 打开表的设计视图，定义字段，设定表的属性和表的存储，设定主关键字

　　C. 打开表的设计视图，定义字段，设定主关键字，设定表的属性和表的存储

　　D. 打开表的设计视图，设定表的属性和表的存储，定义字段，设定主关键字

23. Access 提供了 10 种数据类型，用来保存长度较长的文本及数字，其中多用于输入注释或说明的数据类型是（　　）。

　　A. 数字　　　　B. 货币　　　　　C. 文本　　　　　　D. 备注

24. Access 中日期/时间类型最多可存储（　　）个字节。

　　A. 2　　　　　B. 4　　　　　　C. 8　　　　　　　D. 16

25. Access 提供了 10 种数据类型，其中用来存储多媒体对象的数据类型是（　　）。

　　A. 文本　　　　B. 查阅向导　　　C. OLE 对象　　　　D. 备注

26. Access 提供了 10 种数据类型，其中，允许用户创建一个列表，可以在列表中选择内容作为添入字段的内容的数据类型是（　　）。

　　A. 数字　　　　B. 查阅向导　　　C. 自动编号　　　　D. 备注

27. Access（　　）已被删除的自动编号字段的数值，按递增的规律重新赋值。

　　A. 可能使用　　B. 不使用　　　　C. 使用　　　　　D. 以上都不对

28. 关于货币数据类型，叙述错误的是（　　）。

A. 向货币字段输入数据时，系统自动将其设置为 4 位小数

B. 可以和数值型数据混合计算，结果为货币型

C. 字段长度是 8 字节

D. 向货币字段输入数据时，不必输入美元符号和千位分隔符

29. 有关字段属性，以下叙述错误的是（　　）。

A. 字段大小可用于设置文本，数字或自动编号等类型字段的最大容量

B. 可对任意类型的字段设置默认值属性

C. 有效性规则属性是用于限制此字段输入值的表达式

D. 不同的字段类型，其字段属性有所不同

30. 字段属性设置中的输入掩码可以控制输入到字段中的值，其字段可以是文本，（　　），日期时间和备注。

A. 数字　　　　　　B. 货币　　　　　　C. 是／否　　　　　　D. 自动编号

31. 必须输入 0～9 的数字的输入掩码是（　　）。

A. 0　　　　　　　B. &　　　　　　　C. A　　　　　　　D. C

32. 必须输入任一字符或空格的输入掩码是（　　）。

A. 0　　　　　　　B. &　　　　　　　C. A　　　　　　　D. C

33. 如果想控制电话号码、邮政编码或日期数据的输入，应使用（　　）数据类型。

A. 默认值　　　　B. 输入掩码　　　　C. 字段大小　　　　D. 标题

34. 将所有字符转换为小写的输入掩码是（　　）。

A. 9　　　　　　　B. A　　　　　　　C. <　　　　　　　D. >

35. 在 Access 中，要改变表中的列宽，应（　　）。

A. 选择"格式"菜单中的"行高"命令

B. 选择"格式"菜单中的"列宽"命令

C. 选择"格式"菜单中的"字体"命令

D. 选择"格式"菜单中的"数据表"命令

36. （　　）能够唯一标识表中每条记录的字段，它可以是一个字段，也可以是多个字段。

A. 索引　　　　　B. 关键字　　　　　C. 主关键字　　　　　D. 次关键字

37. （　　）属性用来定义数字（货币）、日期、时间、文本（备注）的显示方式和打印方式。

A. 字段大小　　　B. 格式　　　　　　C. 输入法模式　　　　D. 输入掩码

38. 在 Microsoft Access 中可以定义 3 种类型的主关键字，下列不正确的是（　　）。

A. 自动编号　　　B. 单字段　　　　　C. 多字段　　　　　　D. 索引字段

39. （　　）数据类型的字段能设置索引。

A. 数字、货币、备注　　　　　　　　　B. 数字、超级链接、OLE 对象

C. 数字、文本、货币　　　　　　　　　D. 日期／时间、备注、文本

40. 在打印数据表过程中，某一列或某几列数据不需要打印，但又不能删除，

Access 可以对其进行（　　）。

　　　　A. 剪切　　　　　　B. 隐藏　　　　　　C. 冻结　　　　　　　D. 移动

41. 在调整行高的过程中，所设置的高度将会应用于表内（　　）。

　　　　A. 某一行　　　　B. 某几行　　　　　C. 所有行　　　　　D. 任意行

42. 如果在数据表中要对许多记录中的某些相同的文本作相同的修改，就可以使用
（　　）功能。

　　　　A. 查找　　　　　B. 索引　　　　　　C. 替换　　　　　D. 筛选

43. 若想看到在表中与某个值匹配的所有数据，应该采取的方法是（　　）。

　　　　A. 查找　　　　　B. 替换　　　　　　C. 筛选　　　　　D. 查找或替换

44. （　　）数据类型能进行排序。

　　　　A. 备注　　　　　B. OLE 对象　　　　C. 自动编号　　　　D. 超级链接

45. 一次只能选择一个筛选条件的是（　　）。

　　　　A. 按窗体筛选　　　　　　　　　　B. 按选定内容筛选

　　　　C. 按表内容筛选　　　　　　　　　D. 内容排除筛选

46. （　　）用来决定该字段是否可以取空值，属性取值为"是"和"否"两项。

　　　　A. 小数位数　　　B. 标题　　　　　C. 必填字段　　　　D. 默认值

47. （　　）属性可以防止非法数据输入到表中。

　　　　A. 有效性规则　　B. 有效性文本　　C. 索引　　　　　D. 显示控件

48. 选择"格式"菜单中的"字体"命令，不可以设置（　　）。

　　　　A. 字体　　　　　B. 字形　　　　　C. 数据类型　　　　D. 字号

49. （　　）类型字段只包含两个值中的一个。

　　　　A. 文本数据　　　　　　　　　　　B. 数字数据

　　　　C. 是/否数据　　　　　　　　　　　D. 日期/时间数据

50. Access 数据类型中的文本型字段最多为（　　）个字符。

　　　　A. 50　　　　　　B. 250　　　　　　C. 255　　　　　　D. 65535

二、问答题

1. 创建数据库和表的方法有哪些？

2. 简述关系 Access 数据表的逻辑结构。

3. 说明 Access 定义了哪些数据类型？简述各类型的主要用法。

4. 什么是"输入掩码"？什么是"有效性规则"？设置它们有何作用？

5. 什么是主键？有何作用？

6. 如何建立表间关系？表的主键和外键的取值各有什么限制？

7. 表间建立关系后有哪些功能？

8. 表中数据的排序、筛选、查找和替换的功能各是什么？

9. 简述多字段排序的排序过程。

10. 怎样隐藏字段列？

项目 3　创建与使用查询

【教学目标】

(1) 掌握查询的概念、作用和类型；

(2) 掌握使用"向导"和"设计视图"创建查询的方法，并能熟练应用；

(3) 掌握创建交叉查询的方法和应用；

(4) 掌握创建参数查询的方法和应用；

(5) 掌握创建各种操作查询的方法和应用；

(6) 了解使用 SQL 语言创建查询的方法。

任务3.1　认识查询

3.1.1　查询概述

查询是指在数据库中，按照特定的要求（一定的条件、一定的范围、一定的方式），在指定的数据源中查找、提取指定的字段，并返回一个新的数据集合，即查询结果。查询是一个动态的逻辑表，数据源中的数据发生变化时，查询表中相应的数据也会随之改变，其数据源既可以是一个表，也可以是多个相关的表，还可以是其他查询对象。

查询与筛选的区别：作为对数据的查找，查询与筛选有许多相似的地方，但二者是有本质区别的。查询是数据库的对象，而筛选是数据库的操作。表 3 - 1 所示为查询和筛选之间的不同。

表 3 - 1　查询和筛选之间功能上的区别

功　能	查　询	筛　选
用作窗体或报表的基础	是	是
排序结果中的记录	是	是
如果允许编辑，就编辑结果中的数据	是	是
向表中添加新的记录集	是	否
只选择特定的字段包含在结果中	是	否
作为一个独立的对象存储在数据库中	是	否
不用打开基本表、查询和窗体就能查看结果	是	否
在结果中包含计算值和集合值	是	否

3.1.2 查询的功能

查询是对数据库表中的数据进行查找，同时产生一个类似于表的结果。在 Access 中可以方便地创建查询，在创建查询的过程中定义要查询的内容和条件，Access 根据定义的内容和条件在数据库表中搜索符合条件的记录。可实现以下功能。

1. 选择字段

在查询中，可以只选择表中的部分字段。如建立一个查询，只显示"教师"表中每名教师的姓名、性别、工作时间和系别。利用查询这一功能，可以通过选择一个表中的不同字段生成所需的多个表。

2. 选择记录

根据指定的条件查找所需的记录，并显示找到的记录。如建立一个查询，只显示"教师"表中 1992 年参加工作的男教师。

3. 编辑记录

编辑记录主要包括添加记录、修改记录和删除记录等。在 Access 中，可以利用查询添加、修改和删除表中的记录。如将已退学的学生从"学生表"中删除。

4. 实现计算

查询不仅可以找到满足条件的记录，而且还可以在建立查询的过程中进行各种统计计算，如计算每门课程的平均成绩。另外，还可以建立一个计算字段，利用计算字段保存计算的结果。

5. 建立新表

利用查询得到的结果可以建立一个新表。如将"计算机实用软件"考试成绩在 90 分以上的学生找出来并存放在一个新表中。

6. 建立基于查询的报表和窗体

为了从一个或多个表中选择合适的数据显示在报表或窗体中，用户可以先建立一个查询，然后将该查询的结果作为报表或窗体的数据源。每次打印报表或打开窗体时，该查询就从它的基表中检索出符合条件的最新记录。这样也提高了报表或窗体的使用效果。

3.1.3 查询的类型

Access 数据库中的查询有很多种，每种方式在执行上有所不同，查询有选择查询、交叉表查询、参数查询、操作查询和 SQL 查询。

1. 选择查询

选择查询是最常用的查询类型，顾名思义，它是根据指定的查询条件，从一个或多个表中获取数据并显示结果。也可以使用选择查询对记录进行分组，并且对记录进行总计、计数、平均以及其他类型的计算。

2. 交叉表查询

交叉表查询把来源于某个表中的字段进行分组，一组列在数据表的左侧，一组列在数据表的上部，然后在数据表行与列的交叉处显示表中某个字段的统计值。交叉表查询就是利用了表中的行和列分组来统计数据的。

3. 参数查询

参数查询是一种利用对话框来提示用户输入条件的查询。这种查询可以根据用户输入的条件来检索符合相应条件的记录。

4. 操作查询

操作查询与选择查询相似，都是由用户指定查找记录的条件，但选择查询是检查符合特定条件的一组记录，而操作查询是在一次查询操作中对所得结果进行编辑等操作。

5. SQL 查询

SQL 查询就是用户使用 SQL 语句来创建的一种查询。SQL 查询主要包括联合查询、传递查询、数据定义查询和子查询等 4 种。

联合查询是将一个或多个表、一个或多个查询的字段组合为查询结果中的一个字段，执行联合查询时，将返回所包含的表或查询中的对应字段记录；传递查询是直接将命令发送到 ODBC 数据，它使用服务器能接受的命令，利用它可以检索或更改记录；数据定义查询可以创建、删除或更改表，或在当前的数据库中创建索引；子查询是包含另一个选择或操作查询中的 SQLSELECT 语句，可以在查询设计网格的"字段"行输入这些语句来定义新字段，或在"条件"行来定义字段的条件。

任务 3.2 创建选择查询

一般情况下，建立查询的方法有两种：使用"向导"和"设计视图"。下面分别介绍如何使用这两种方法创建选择查询。

3.2.1 使用"向导"创建选择查询

通过"查询向导"创建选择查询，可以在一个或多个表或查询指定的字段中检索数据。如果需要，"查询向导"也可以对记录组或全部记录进行总计、计数以及平均值的计算，并且可以计算字段中的最小值或最大值，但不能通过设置条件来限制检索的记录。

【例 3-1】使用向导创建名为"学生部分信息"的查询，显示学生的"姓名""性别""出生年月日"和"家庭所在地"信息。

操作步骤为：

（1）启动 Access 应用程序，打开"学生管理"数据库。

（2）单击"创建"选项卡，在"查询"组中，单击"查询向导"，弹出"新建查询"对话框，如图 3-1 所示。

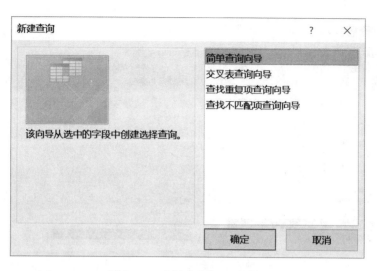

图 3 - 1 "新建查询"对话框

（3）选择"简单查询向导"，单击"确定"按钮，打开"简单查询向导"对话框，如图 3 - 2 所示。

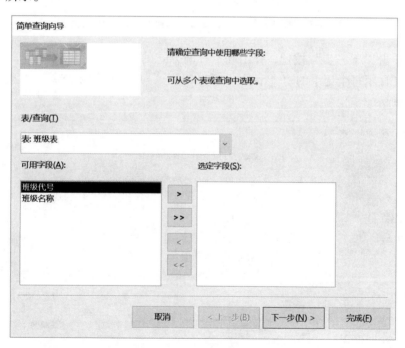

图 3 - 2 "简单查询向导"对话框

（4）在"表/查询"下拉列表中选择用于查询的"学生表"数据表，此时在"可用字段"列表框中显示了"学生表"数据表中所有字段。选择查询需要的字段，然后单击向右按钮，则所选字段被添加到"选定的字段"列表框中。重复上述操作，依次将需要的字段添加到"选定的字段"列表框中，如图 3 - 3 所示。

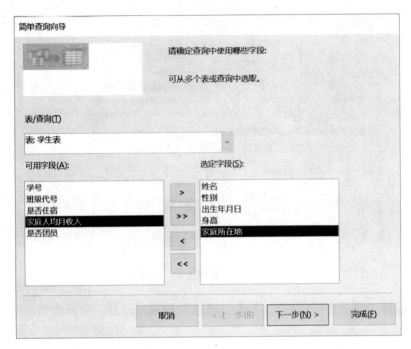

图 3-3　确定表和查询字段的"简单查询向导"对话框

（5）单击"下一步"按钮，弹出确定查询方式的"简单查询向导"对话框，其中有"明细（显示每个记录的每个字段）"和"汇总"单选按钮供选择，此处选中前者，如图 3-4 所示。

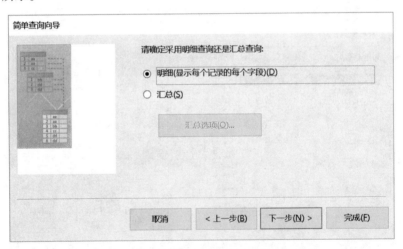

图 3-4　确定"明细"查询方式对话框

（6）单击"下一步"按钮，弹出指定查询标题的"简单查询向导"对话框，在"请为查询指定标题"文本框中输入标题名"学生部分信息"，在"请选择是打开还是修改查询设计"栏中选中"打开查询查看信息"单选按钮，如图 3-5 所示。

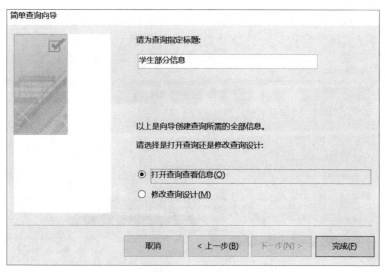

图3-5 指定查询标题的“简单查询向导”对话框

（7）单击“完成”，弹出该查询的数据表视图，即查询的运行结果，如图3-6所示，在导航窗格中增加了“学生部分信息”查询。

姓名	性别	生日	身高	家庭人均月收入
冯东梅	女	2000年12月26日	165	¥1,100.00
章蕾	女	1999年2月18日	166	¥350.00
顾晓兰	女	1998年10月21日	155	¥450.00
王蓉梅	女	1999年12月22日	163	¥400.00
邹忠芳	男	2000年1月1日	171	¥1,100.00
李道兰	女	2000年12月12日	164	¥350.00
闻维祥	男	1999年2月24日	172	¥450.00
黎念真	女	1999年8月19日	162	¥400.00
钟开才	男	1998年8月8日	165	¥400.00
赵丹	女	1998年6月28日	145	¥380.00
王小刚	女	1998年10月12日	178	¥360.00
雷典	男	2001年2月12日	190	¥800.00
宣涛	男	2000年6月29日	188	¥1,100.00

记录: 第1项(共108项) 无筛选器 搜索

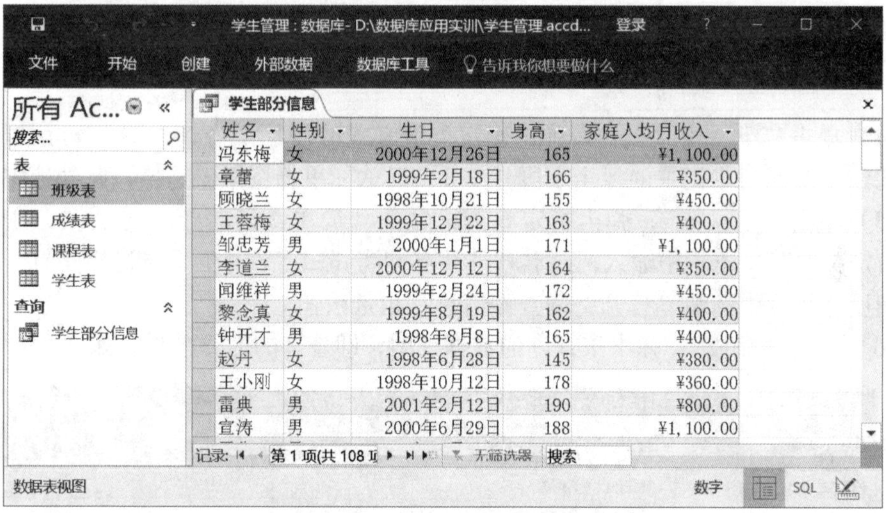

图3-6 学生部分信息数据视图

【例3-2】使用向导创建名为“学生各科考试成绩”的选择查询，显示学生的“学号”“姓名”“课程名”和“考试成绩”。

操作步骤为：

（1）启动Access应用程序，打开“学生管理”数据库。

（2）单击“创建”选项卡，在“查询”组中，单击“查询向导”，弹出“新建查询”对话框，选择“简单查询向导”选项，单击“确定”，打开“简单查询向导”。

（3）在“表/查询”下拉列表中选择用于查询的“学生表”数据表，添加“学号”“姓名”字段，然后在“表/查询”下拉列表中选择用于查询的“课程表”数据表，添加"课程名"字段，最后在"表/查询"下拉列表中选择用于查询的"成绩表"数据表，添加"考试成绩"字段，最终结果如图3-7所示。

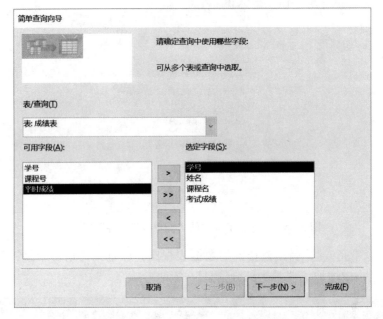

图3-7　多表确定表和查询字段的"简单查询向导"对话框

（4）单击"下一步"按钮，弹出确定查询方式的"简单查询向导"对话框，其中有"明细（显示每个记录的每个字段）"和"汇总"单选按钮供选择，此处选中前者。

（5）单击"下一步"，弹出指定查询标题的"简单查询向导"对话框，在"请为查询指定标题"文本框中输入标题名"学生各科考试成绩"。在"请选择是打开还是修改查询设计"栏中选中"打开查询查看信息"单选按钮。

（6）单击"完成"，弹出该查询的数据视图，即查询的运行结果，如图3-8所示。

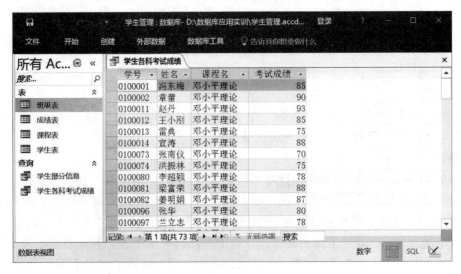

图3-8　"学生各科考试成绩"数据视图

【例3-3】使用向导创建名为"各班级各科考试成绩汇总"的查询，显示各班级各科考试成绩平均值、最小值、最大值。

操作步骤为：

（1）启动 Access 应用程序，打开"学生管理"数据库。

（2）打开"简单查询向导"对话框。

（3）在"表/查询"下拉列表中选择用于查询的"班级表"数据表，添加"班级名称"字段；在"表/查询"下拉列表中选择用于查询的"课程表"数据表，添加"课程名"字段；在"表/查询"下拉列表中选择用于查询的"成绩表"数据表，添加"考试成绩"字段。添加结果如图3-9所示。

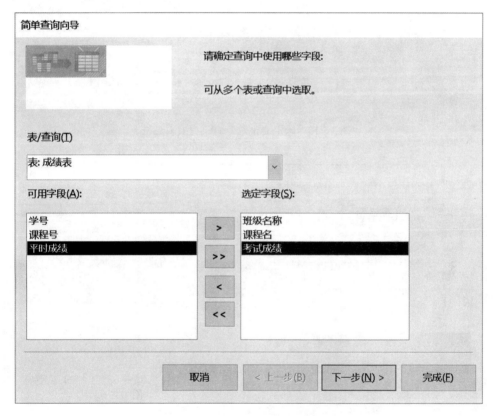

图3-9　例3-3选定字段结果

（4）单击"下一步"按钮，弹出确定查询方式的"简单查询向导"对话框，其中有"明细（显示每个记录的每个字段）"和"汇总"单选按钮供选择，此处选中"汇总"按钮，如图3-10所示。

（5）单击"汇总选项"按钮，打开"汇总选项"对话框，按需要选择汇总项，此例选择"平均""最小""最大"，如图3-11所示，然后单击"下一步"按钮。

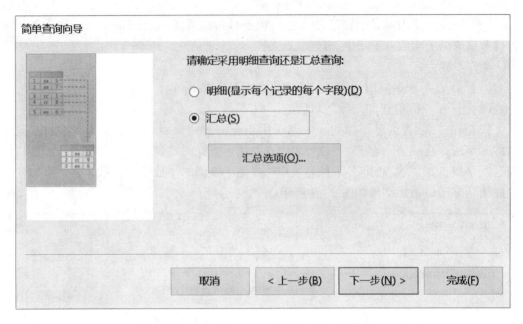

图 3－10　确定"汇总"查询方式对话框

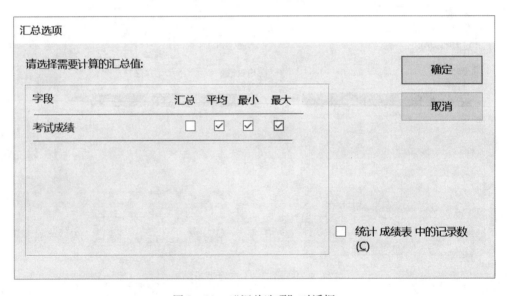

图 3－11　　"汇总选项"对话框

（6）弹出指定查询标题的"简单查询向导"对话框，在"请为查询指定标题"文本框中输入标题名"各班级各科考试成绩汇总"。在"请选择是打开还是修改查询设计"栏中选中"打开查询查看信息"单选按钮，然后单击"完成"按钮，弹出如图 3－12 所示的查询"数据表"视图。

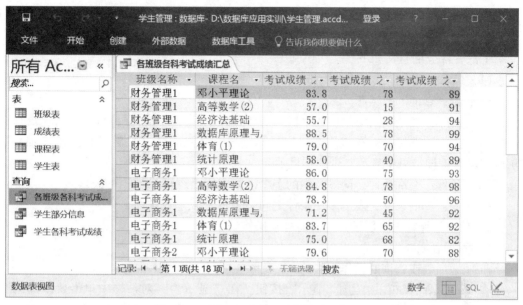

图 3-12 例 3-3 查询"数据表"视图

3.2.2 使用"设计视图"创建选择查询

1. "设计视图"

查询的视图分为:"设计视图""SQL 视图"和"数据表视图",其中"设计视图"和"SQL 视图"是用于建立查询的,"数据表视图"主要用于显示查询的动态集。

查询的"设计视图"分为上下两部分,如图 3-13 所示。

图 3-13 查询的"设计视图"

"设计视图"上部窗格称为"表/查询显示"窗口,用于显示当前查询和数据来源,可以是数据库中的表或已创建的其他查询；下部窗格称为查询设计窗口，用来设置查询输出的字段、查询条件和记录排序方式等。

下部各部分的意义如下。

（1）字段：查询结果中所显示的字段。

（2）表：查询的数据源。

（3）排序：确定查询结果中的字段的排序方式，有升序和降序两种方式可供选择。

（4）显示：选择是否在查询结果中显示字段，当对应字段的复选框被选中时，表示该字段在查询结果中显示，否则不显示。

（5）条件：查询条件，同一行中的多个准则之间是逻辑"与"的关系。

（6）或：查询条件，表示多个条件之间是逻辑"或"的关系。

2．用"设计视图"创建查询时的基本操作

1）添加表或查询

（1）添加表或查询的操作方法。

在设计视图中，单击"🖼"显示表按钮。在"显示表"对话框中单击要添加到查询的对象名（如果要同时选定多个对象，在单击每个对象名时按住 Ctrl 键），单击"添加"按钮，然后单击"关闭"按钮。从数据库窗口中将表或查询名拖动到查询设计视图的上部，也可以将表或查询添加到查询中。

（2）添加多个表或查询时应注意多表之间的关联。

查询的优点在于能将多个表或查询中的数据集合在一起，或对多个表或查询中的数据执行操作。将多个表或查询添加到查询中时，必须确定它们的字段列表使用连接线互相连接在一起，这样 Microsoft Access 才知道如何连接彼此之间的信息。

如果事先已经在"关系"窗口中建立了表之间的关系，在查询中添加相关表时，Microsoft Access 将自动在设计视图中显示连接线。

有时候添加到查询中的表不包含任何可连接的字段。这时必须添加一个或多个其他的表或查询，以作为将使用的数据表间的桥梁。例如，将"学生表"和"课程表"添加到查询中，由于没有任何字段可以连接，它们之间将不会有连接线。但是，由于"成绩表"与这两个表都相关，所以可以在查询中包含"成绩表"作为另两个表之间的连接。

2）删除表或查询

在查询设计视图的上部，单击要删除的表或查询的字段列表，从而选定表或查询，然后按 Delete 键或使用"查询"菜单中的"删除表"命令即可。在这里删除表或查询时，只是将表或查询从窗口中清除，而并不会将表或查询从数据库中物理删除。

3）添加字段

从字段列表中选定一个或多个字段，并将其拖动到查询设计视图下部的网格列中，或直接双击要添加的字段。

4）删除字段

单击列选定器选定相应的字段，然后按 Delete 键。将一个字段从设计网格中删除后，只是将其从查询或筛选的设计中删除，并没有从基础窗体中删除字段及其数据。

5）移动和插入字段

移动字段时，可以单击列选定器选择一列，也可以通过相应的列选定器选定相邻的数列。选定要移动的字段后，再次单击选定字段中任何一个选定器，然后将字段拖动至新位置。

从字段列表中将字段拖动至要在设计网格中插入的列，即可完成插入字段操作。

6）在设计网格中更改列宽

在查询设计视图中，将指针移到待更改列的列选定器的右边框，指针变为双向箭头。将边框向左拖动使列变窄，或向右拖动使列变宽（或双击鼠标将其调整为设计网格中可见输入项的最大宽度）。

7）在查询的设计网格中使用星号

在查询中选定星号（＊）可以选定全部字段，使用星号后，查询结果将自动包含创建查询后添加到基础表或基础查询的字段，并自动移去删除的字段。使用星号还必须注意以下问题。

①使用星号后，不能指定字段或对记录进行排序。

②如果是在"字段"行中键入星号而不是拖动它，还必须键入表名称。例如，键入"选课成绩．＊"。

8）在查询中对字段排序

在要排序的每个字段的"排序"框中，单击"升序"或"降序"选项。在对多个字段排序时，要在设计网格上安排执行排序的字段顺序。Microsoft Access 首先排序最左边字段，然后排序左边第二个字段，以此类推。

9）在查询结果中只显示符合上限或下限条件的记录

查询可以在指定的字段中显示符合上限值或下限值条件的记录，或者符合上限值的前百分之几或下限值的后百分之几的记录。

①在设计网格中，添加希望在查询结果中显示的字段，包括要显示限值的字段。

②在要显示最大值字段的"排序"框中，单击"降序"以显示上限值或者"升序"以显示下限值。如果在查询的设计网格中还要对其他的字段进行排序，这些字段必须在"上限值"字段的右边。

③在"设计"选项卡上的"查询设置"组中，单击"All ▾"（返回）框。

④输入希望在查询结果中显示的上限值或下限值的数目或百分比。如果要显示百分比，应在数字后输入百分号（％）。

⑤如果要查看查询结果，在"设计"选项卡上的"结果"组中，单击"❗"（运行）按钮。

10）运行查询

在设计视图中打开相应的查询，如果要执行这个查询，在"设计"选项卡上的"结果"组中，单击"❗"（运行）按钮。或在"导航窗格"中，双击要运行的查询。

【例3-4】在设计视图中创建名为"班级选修课程信息"的查询，显示学生的"班级名称""学号""课程号""课程名"字段。

操作步骤为：

（1）启动 Access 应用程序，打开"学生管理"数据库。

（2）单击"创建"选项卡，然后在"查询"组中，单击"查询设计"，打开查询设计视图，如图 3 – 14 所示。

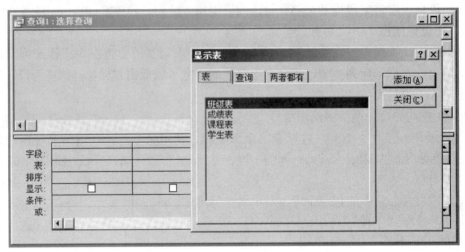

图 3 – 14 "显示表"对话框

（3）添加数据源。在弹出的"显示表"对话框中"表"选项卡下单击要创建查询的数据表"班级无法表"，然后单击"添加"按钮，此时数据表"班级表"在"查询"窗口中显示出来。重复上述操作，依次将"学生表""成绩表"和"课程表"数据表添加到"查询 1"窗口中，然后单击"显示表"对话框的"关闭"按钮或右上角的"关闭"图标，将"显示表"对话框关闭，如图 3 – 15 所示。

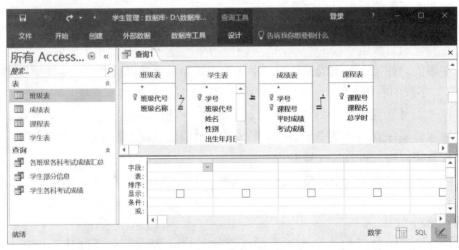

图 3 – 15 "查询 1"窗口

在"查询 1"窗口中显示了添加的 4 个表，表之间的关系也显示出来，即表之间有连线连接。虽然本例中要查询的"班级名称""学号""课程号""课程名"四个字段只来源于三个表"班级表""学生表"和"课程表",但如果在设计视图中只添加这3个表,表间的关系无法建立,如图3-16所示,这样就不能保证查询数据的一致性和完整性,也不能得到正确的查询结果。

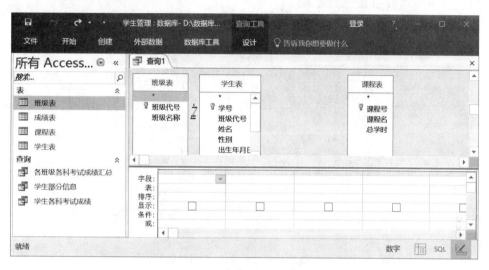

图3-16 没有完整表间关系的"查询1"窗口

(4) 添加字段。将要进行查询的字段添加到属性栏中"字段"单元格中,可以拖动"学生表"中的"学号"字段,或双击要进行查询的字段。此时"表"行相应的单元格中出现字段所在的表,重复上述操作,依次将需要的字段添加到属性栏中"字段"单元格中。

(5) 单击工具栏上的"保存"按钮,或单击菜单栏中的"文件"→"保存",弹出"另存为"对话框,在"查询名称"文本框中输入要创建的查询名称"班级选修课程信息",然后单击"确定"按钮,最后的设计视图如图3-17所示。

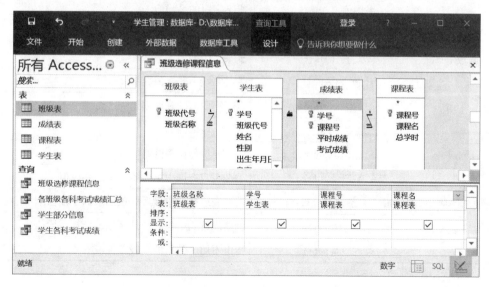

图3-17 "班级选修课程信息"查询"设计视图"

（6）在“设计”选项卡上的“结果”组中单击“!”（运行）按钮，或在“导航窗格”上双击该查询，弹出查询的“数据表”视图，如图3－18所示。

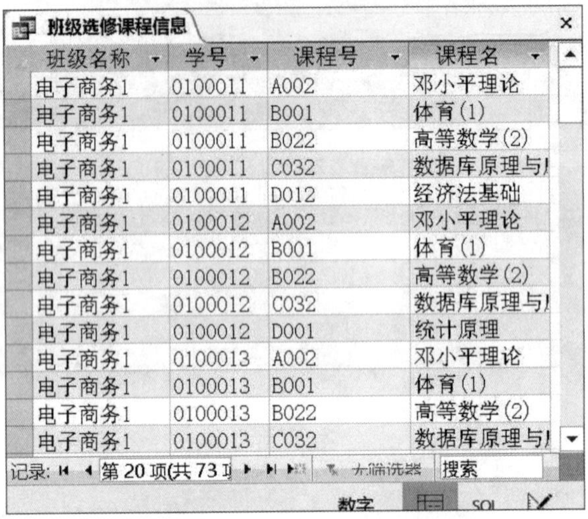
班级选修课程信息

班级名称	学号	课程号	课程名
电子商务1	0100011	A002	邓小平理论
电子商务1	0100011	B001	体育(1)
电子商务1	0100011	B022	高等数学(2)
电子商务1	0100011	C032	数据库原理与
电子商务1	0100011	D012	经济法基础
电子商务1	0100012	A002	邓小平理论
电子商务1	0100012	B001	体育(1)
电子商务1	0100012	B022	高等数学(2)
电子商务1	0100012	C032	数据库原理与
电子商务1	0100012	D001	统计原理
电子商务1	0100013	A002	邓小平理论
电子商务1	0100013	B001	体育(1)
电子商务1	0100013	B022	高等数学(2)
电子商务1	0100013	C032	数据库原理与

记录: 第20项(共73项 无筛选器 搜索

数字 SQL

图3－18 “班级选修课程信息”查询“数据表”视图

3. 在“设计视图”中创建总计查询

使用查询设计视图中的“总计”行，可以对查询中全部记录或记录组计算一个或多个字段的统计值。

查询“设计网格”中“总计”行的总计项共有12个，其名称及含义如表3－2所示。

表3－2 总计项及含义

总计项		功能
函数	总计（Sum）	求某字段的累加值
	平均值（Avg）	求某字段的平均值
	最小值（Min）	求某字段的最小值
	最大值（Max）	求某字段的最大值
	计数（Count）	求某字段中非空值数
	标准差（StDev）	求某字段值的标准偏差
	方差（Var）	求某字段值的方差
其他总计项	分组（GroupBy）	定义要执行计算的组
	第一条记录（First）	求在表或查询中第一条记录的字段值
	最后一条记录（Last）	求在表或查询中最后一条记录的字段值
	表达式（Expression）	创建表达式中包含统计函数的计算字段
	条件（Where）	指定不用于分组的字段条件

【例3-5】在"设计视图"中创建名为"学生考试成绩平均值"的查询，显示每个学生的学号、姓名和考试成绩平均值，平均值保留一位小数。

操作步骤如下。

（1）打开"学生管理"数据库。

（2）单击"创建"选项卡，然后在"查询"组中，单击"查询设计"，打开查询设计视图。

（3）在弹出的"显示表"对话框中，添加"学生表""成绩表"，关闭"显示表"对话框。

（4）添加字段：在"字段"单元格中，添加"学号""姓名""考试成绩"字段，如图3-19所示，此时没有"总计"行。

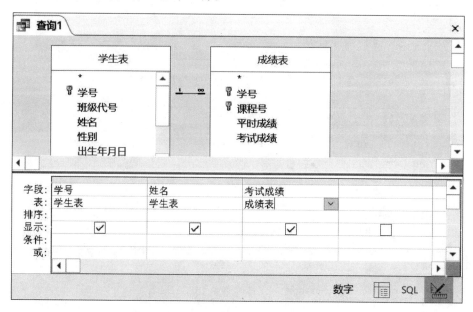

图3-19　没有"总计"行的"设计视图"

（5）单击"查询工具"中的"设计"选项卡，然后在工具栏中点击"Σ"（汇总），Access将显示设计网格中的"总计"行，且默认每个单元格中均选择"分组"选项，如图3-20所示。

（6）对设计网格中的每个字段，单击"总计"行中的下拉式列表框，然后再选择下列的"分组"或合计函数之一：总计（Sum）、平均值（Avg）、最小值（Min）、最大值（Max）、计数（Count）、标准差（StDev）或方差（Var）本例将"班级名称"和"课程名"设置为"分组"，"考试成绩"字段设置为"平均值"，如图3-21所示。

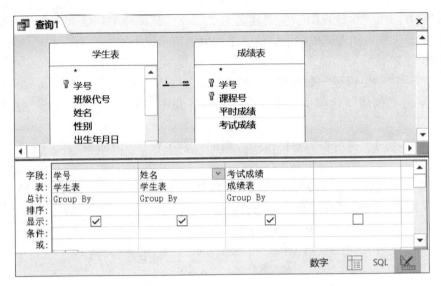

图 3-20　添加"总计"行后的"设计视图"

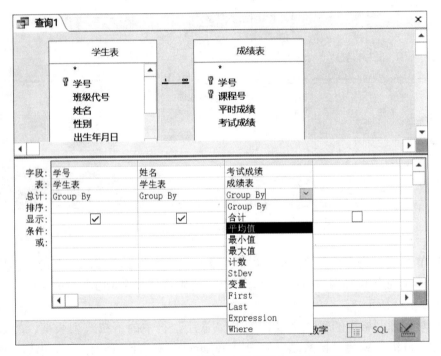

图 3-21　"考试成绩"字段设置为"平均值"

（7）设置"平均值"保留一位小数。在"设计视图"中，右键单击"考试成绩"字段，打开快捷菜单，如图 3-22 所示，选择"属性"命令，弹出"字段属性"对话框，在"常规"属性中，单击"格式"的下拉式列表，将"格式"属性设置为"标准"；单击"小数位数"的下拉式列表，将"小数位数"属性设置为"1"，如图 3-23 所示，关闭"字段属性"对话框。

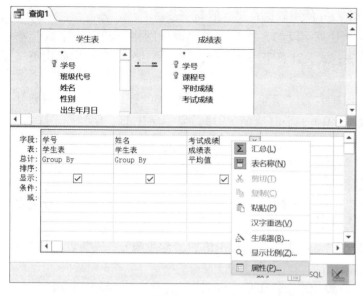

图 3 – 22　打开快捷菜单，选择"属性"命令　　　图 3 – 23　"字段属性"对话框

（8）输入查询名称。单击"保存"按钮，或单击菜单栏中的"文件"→"保存"，弹出"另存为"对话框，在"查询名称"文本框中输入要创建的查询的名称"学生考试成绩平均值"，然后单击"确定"按钮，最后的设计视图如图 3 – 24 所示。

（9）在"设计"选项卡上的"结果"组中，单击"![运行]"（运行）按钮，或在"导航窗格"上双击该查询，弹出查询的"数据表"视图，如图 3 – 25 所示。

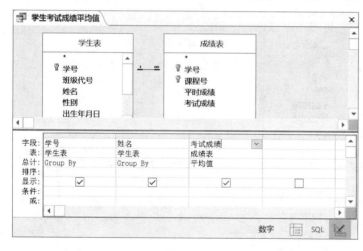

图 3 – 24　"学生考试成绩平均值"查询的"设计视图"　　　图 3 – 25 "学生考试成绩平均值"查询运行结果

4. 在"设计视图"中添加计算字段

在查询中，当需要统计的数据在表中没有相应的字段，或者用于计算的数据值来源于多个字段时，这时就应该在"设计网格"中添加一个计算字段。计算字段是指根据

一个或多个表中的一个或多个字段并使用表达式建立的新字段。

在"设计网格"中添加一个计算字段的方法为：在"设计网格"的空"字段"单元格中输入计算字段名和计算表达式，计算字段名在前，计算表达式在后，中间用英文冒号隔开。

【例3-6】 在设计视图中创建名为"学生各科总评成绩"的查询，总评成绩的计算方法为：总评成绩 = 考试成绩×0.6 + 平时成绩×0.4，显示学生的"学号""姓名""课程名""总评成绩"信息。

操作步骤如下。

（1）打开"学生管理"数据库。

（2）打开查询"设计视图"。在"创建"选项卡的"查询"组中，单击"查询设计"。

（3）添加数据源。在弹出的"显示表"对话框中添加"学生表""成绩表""课程表"，关闭"显示表"对话框。

（4）添加字段。在"字段"单元格中，添加"学号""姓名""课程名"字段。

（5）添加计算字段。在"设计网格"的空"字段"单元格中输入"总评成绩：[考试成绩]*0.6+[平时成绩]*0.4"，注意所有标点符号为英文状态。

（6）输入查询名称。单击工具栏上的"保存"按钮，或单击菜单栏中的"文件"→"保存"，弹出"另存为"对话框，在"查询名称"文本框中输入要创建的查询的名称"学生各科总评成绩"，然后单击"确定"按钮，最后的"设计视图"如图3-26所示。

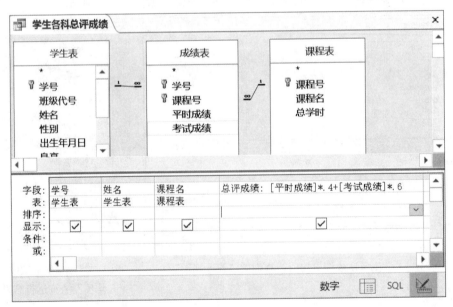

图3-26 "学生各科总评成绩"查询"设计视图"

（7）在"设计"选项卡上的"结果"组中，单击"![]"（运行）按钮，或在"导航窗格"上双击该查询，弹出查询的"数据表"视图，如图 3 – 27 所示。

5. 在"设计视图"中设置查询条件

在日常工作中，用户的查询并非只是简单的查询，往往带有一定的条件。例如，查询 90 分以上的学生。这种查询需要通过"设计视图"的"条件"行输入查询条件，这样 Access 在运行查询时，就会从指定的表中筛选出符合条件的记录。

在设计视图的网格中设置条件的逻辑关系是：

（1）同一行不同列输入的多个查询条件之间的关系是"与"（And）的关系。

（2）不同行输入的多个查询条件之间的关系是"或"（Or）的关系。

（3）如果"行"条件与"列"条件同时存在，则"行"比"列"优先（And 比 Or 优先）。

图 3 – 27 "学生各科总评成绩"查询"数据表"视图

【例 3 – 7】创建名为"邓小平理论或数据库原理与应用考试成绩 80 分以上的学生"查询，显示"邓小平理论"或"数据库原理与应用"成绩在 80 分以上的同学"学号""姓名""课程名""考试成绩"信息。

操作步骤如下。

（1）打开"学生管理"数据库。

（2）打开查询"设计视图"。在"创建"选项卡的"查询"组中，单击"查询设计"。

（3）添加数据源。在弹出的"显示表"对话框中添加"学生表""成绩表""课程表"，关闭"显示表"对话框。

（4）添加字段。在"字段"单元格中，添加"学号""姓名""课程名""考试成绩"字段。

（5）设置查询条件。在"课程名"字段的"条件"行中输入""邓小平理论"Or"数据库原理与应用""，在"考试成绩"字段的"条件"行中输入"＞＝80"，其设计网格如图 3 – 28 所示。

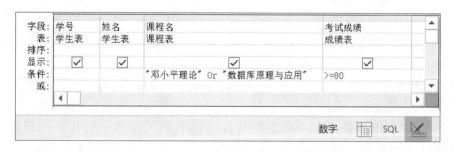

图 3 – 28 例 3 – 7 设计网格

本例中的条件也可以采用两行输入法，即在"课程名"字段的"条件"行中输入""邓小平理论""，在"考试成绩"字段的"条件"行中输入"＞＝80"；然后，再在"课程名"字段的"或"行中输入""数据库原理与应用""，在"考试成绩"字段的"或"行中输入"＞＝80"，其设计网格如图 3 – 29 所示。

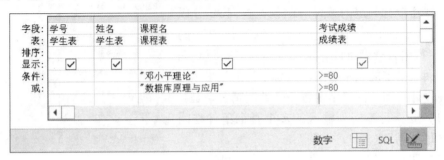

图 3 – 29　例 3 – 7 "条件"双行设计网格

（6）输入查询名称。单击工具栏上的"保存"按钮，弹出"另存为"对话框，在"查询名称"文本框中输入"邓小平理论或数据库原理与应用考试成绩 80 分以上的学生"，然后单击"确定"按钮。

（7）在"设计"选项卡上的"结果"组中，单击 "❗"（运行）按钮，或在"导航窗格"上双击该查询，弹出查询的"数据表"视图，如图 3 – 30 所示。

【例 3 – 8】创建名为"到今天满 22 岁的江苏学生"查询，显示学生的"学号""姓名""出生年月日""家庭所在地"等字段。条件是：到今天满 22 岁，家庭所在地为江苏，并按出生日期升序排序。

图 3 – 30　例 3 – 7 查询运行结果

操作步骤如下。

（1）打开"学生管理"数据库。

（2）打开查询"设计视图"。在"创建"选项卡的"查询"组中，单击"查询设计"。

（3）添加数据源。在弹出的"显示表"对话框中添加"学生表"，关闭"显示表"对话框。

（4）添加字段。在"字段"单元格中，添加"学号""姓名""出生年月日""家庭所在地"字段。

（5）设置查询条件。在"出生年月日"字段的"条件"行中输入逻辑表达式"DateAdd（"yyyy"，22，[出生年月日]）＜＝Date（）"，在"家庭所在地"字段的"条件"行中输入""江苏""。

（6）输入查询名称。单击工具栏上的"保存"按钮，弹出"另存为"对话框，在"查询名称"文本框中输入"到今天满 22 岁的江苏学生"，然后单击"确定"按钮，最后的设计视图如图 3 – 31 所示。

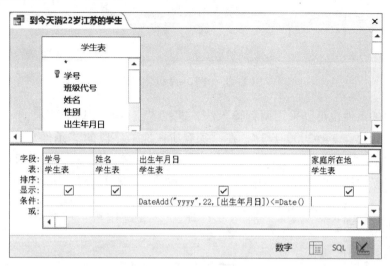

图 3 – 31　例 3 – 8 "设计视图"

（7）在"设计"选项卡上的"结果"组中，单击" "（运行）按钮，或在"导航窗格"上双击该查询，弹出查询的"数据表"视图，如图 3 – 32 所示。

【例 3 – 9】创建名为"2000 年及以后出生的江苏和上海学生"查询，显示学生的"学号""姓名""出生年月日""家庭所在地"等字段，条件是：家庭所在地为江苏或上海，并且是 2000 年及以后出生的学生。

图 3 – 32　例 3 – 8 查询运行结果

操作步骤如下。

（1）打开"学生管理"数据库。

（2）打开查询"设计视图"。在"创建"选项卡的"查询"组中，单击"查询设计"。

（3）添加数据源。在弹出的"显示表"对话框中添加"学生表"，关闭"显示表"对话框。

（4）添加字段。在"字段"单元格中，添加"学号""姓名""出生年月日""家庭所在地"字段。

（5）设置查询条件。在"出生年月日"字段的"条件"行中输入逻辑表达式：>=# 2000/1/1#；在"家庭所在地"字段的"条件"行中输入:"江苏" Or "上海"，如图 3 – 33 所示。

图 3-33　例 3-9 设计网格

本例中的条件也可以采用两行输入法，即在"出生年月日"字段的"条件"行中输入逻辑表达式：>=#2000/1/1#；在"家庭所在地"字段的"条件"行中输入""江苏""；在"出生年月日"字段的"或"行中输入逻辑表达式：>=#2000/1/1#；在"家庭所在地"字段的"或"行中输入""上海""，如图 3-34 所示。

图 3-34　例 3-9 "条件"双行设计网格

（6）输入查询名称。单击工具栏上的"保存"按钮，弹出"另存为"对话框，在"查询名称"文本框中输入"2000 年及以后出生的江苏和上海学生"，然后单击"确定"按钮。

（7）在"设计"选项卡上的"结果"组中，单击"⚡"（运行）按钮，或在"导航窗格"上双击该查询，弹出查询的"数据表"视图，如图 3-35 所示。

图 3-35　例 3-9 查询运行结果

【例 3-10】创建名为"北京上海广东三地 1998 年出生的学生"查询，显示学生的"姓名""出生年月日""家庭所在地"等字段，条件是家庭所在地为江苏或上海或广东，并且在 1998 年出生的学生。

操作步骤如下。

（1）打开"学生管理"数据库。

（2）打开查询"设计视图"。在"创建"选项卡的"查询"组中，单击"查询设计"。

（3）添加数据源。在弹出的"显示表"对话框中添加"学生表"，关闭"显示表"对话框。

（4）添加字段。在"字段"单元格中，添加"姓名""出生年月日""家庭所在地"字段。

（5）设置查询条件。在"出生年月日"字段的"条件"行中输入逻辑表达式：year（[出生年月日]）=1998；在"家庭所在地"字段的"条件"行中输入:"上海" Or "广东" Or "北京"，如图 3－36 所示。

图 3－36　例 3－10 设计网格

也可以将家庭所在地字段的条件设置为：In（"上海","广东","北京"）；出生年月日字段的条件设置为：Between #1998/1/1# And #1998/12/31#，如图 3－37 所示。

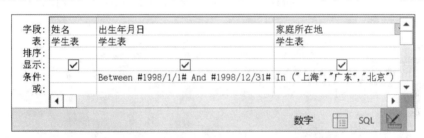

图 3－37　例 3－10 设计网格的另一种形式

（6）输入查询名称。单击"保存"按钮，弹出"另存为"对话框，在"查询名称"文本框中输入"北京上海广东三地 1998 年出生的学生"，然后单击"确定"按钮。

（7）在"设计"选项卡上的"结果"组中，单击"![运行]"（运行）按钮，或在"导航窗格"上双击该查询，弹出查询的"数据表"视图，如图 3－38 所示。

图 3－38　例 3－10 运行结果

6. 设置查询排序方式

选择查询的结果，一般以数据输入的物理顺序显示，如果需要按特定的顺序显示查询数据，可通过设置查询的排序方式来实现。排序方式有升序和降序两种，排序的结果可以将信息分类排列，将相同的信息排在一起。

可以按一个字段排序，也可以按多个字段排序。多个字段排序时，先按数据表中排在前面的字段排序，在前面字段排序的基础上，再按后面的字段排序。

【例3-11】在设计视图中创建名为"排序的学生A"和"排序的学生B"，从"学生表"中查看学生的"学号""姓名""性别"和"家庭所在地"。分别按两种方法排序：A先按"性别"升序，再按"家庭所在地"升序；B先按"家庭所在地"升序，再按"性别"升序。

"排序的学生A"查询创建，操作步骤如下。

（1）打开"学生管理"数据库。

（2）打开查询"设计视图"。在"创建"选项卡的"查询"组中，单击"查询设计"。

（3）添加数据源。在弹出的"显示表"对话框中添加"学生表"，关闭"显示表"对话框。

（4）添加字段。"排序的学生A"按"学号""姓名""性别""家庭所在地"顺序添加在"字段"单元格中。

（5）设置排序方式。将"性别""家庭所在地"的排序设置为升序。

（6）输入查询名称。单击工具栏上的"保存"按钮，弹出"另存为"对话框，在"查询名称"文本框中输入"排序的学生A"，然后单击"确定"按钮，最后的"设计视图"如图3-39所示。

图3-39 "排序的学生A"查询"设计视图"　　图3-40 "排序的学生A"查询运行结果

（7）在"设计"选项卡上的"结果"组中，单击"❗"（运行）按钮，或在"导航窗格"上双击该查询，弹出查询的"数据表"视图，如图3-40所示。

"排序的学生B"查询创建，操作步骤如下。

（1）打开查询"设计视图"。

（2）添加数据源。在弹出的"显示表"对话框中添加"学生表"，关闭"显示表"

对话框。

（3）添加字段。"排序的学生 B"按"学号""姓名""家庭所在地""性别"顺序添加在"字段"单元格中。

（4）设置排序方式。将"家庭所在地"和"性别"的排序设置为升序。

（5）输入查询名称。单击工具栏上的"保存"按钮，弹出"另存为"对话框，在"查询名称"文本框中输入"排序的学生 B"，然后单击"确定"按钮，最后的"设计视图"如图 3-41 所示。

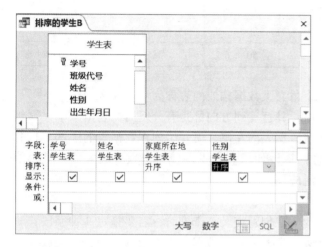

图 3-41　"排序的学生 B"查询"设计视图"　　图 3-42　"排序的学生 B"查询运行结果

（6）在"设计"选项卡上的"结果"组中，单击" ! "（运行）按钮，或在"导航窗格"上双击该查询，弹出查询的"数据表"视图，如图 3-42 所示。

比较运行结果可知，在查询"设计视图"中，若"性别"在前，"家庭所在地"在后，则先按"性别"排序，将男女分类，然后在性别相同的情况下，再按"家庭所在地"排序；若"家庭所在地"在前，"性别"在后，则先按"家庭所在地"排序，在家庭所在地相同的情况下，再按"性别"排序。

任务 3.3　创建交叉查询

3.3.1　认识交叉表查询

1. 交叉表

我们在实际工作中常用到如表 3-3 所示的一类表。这个表左边第一列是不同课程，其右边各列的第一行是不同班级，其余是平均考试成绩，此表反映了各班各科考试成绩平均值。

表 3-3 各班各科考试成绩平均值

课程名	班级名称			
	电子商务 1 班	电子商务 2 班	企业管理 1 班	总平均值
邓小平理论	86	80	84	83
高等数学（2）	85	72	57	71
经济法基础	78	63	56	65
数据库原理与应用	71	76	89	79
体育（1）	84	80	79	81
统计原理	75	50	58	61

这种由左边、上边两个标头和右下角交叉数据构成的表称为"交叉表"。

交叉表是一种常用的分类汇总表格，其行、列方向都是有分组的，它由三个元素组成：行、列和汇总数字，其中一组列在数据表的左侧，另一组列在数据表的上部。行和列的交叉处可以对数据进行多种汇总计算，如求和、平均值、记数、最大值、最小值等。交叉表数据非常直观明了，被广泛应用。

2. 交叉表查询

交叉表查询就是创建交叉表的过程。在创建交叉表查询时，需要指定 3 种字段：一是放在交叉表最左端的行标题，它将某一字段的相关数据放入指定的行中；二是放在交叉表最上面的列标题，它将某一字段的相关数据放入指定的列中；三是放在交叉表行与列交叉位置上的字段，需要为该字段指定一个总计项，如总计、平均值、计数等。在交叉表查询中，只能指定一个列字段和一个总计类型的字段。

3.3.2 使用"向导"创建交叉表查询

1. 数据源为一个

使用"交叉表查询向导"创建交叉表查询，所用的字段必须来源于同一个表或同一个查询。

【例 3-12】使用向导创建名为"统计各班男女生人数"的交叉查询，统计各班男女生人数。

操作步骤如下。

（1）打开"学生管理"数据库。

（2）在"创建"选项卡的"查询"组中，单击"查询向导"，弹出"新建查询"对话框，如图 3-43 所示。

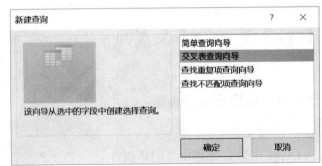

图 3-43 "新建查询"对话框

（3）选择"交叉表查询向导"选项，单击"确定"按钮，弹出添加表或查询的"交叉表查询向导"对话框，在"视图"栏中选中"表"单选按钮，此时在上面的文本框中显示所有的数据表，选择"学生表"选项，如图 3－44 所示。

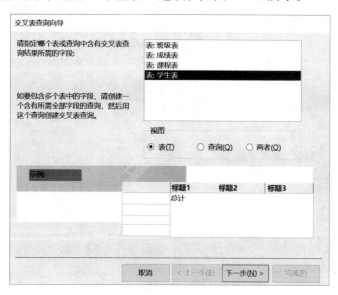

图 3－44　添加表或查询对话框

（4）单击"下一步"，弹出添加行标题字段的"交叉表查询向导"对话框，在"可用字段"列表框中选中"班级代号"选项，单击添加按钮，则"班级代号"在"选定字段"栏中显示，如图 3－45 所示。

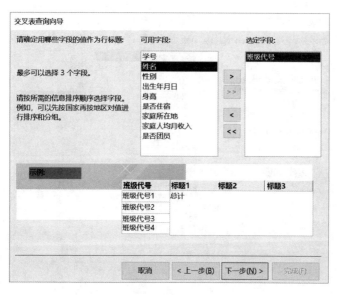

图 3－45　添加行标题字段对话框

（5）单击"下一步"按钮，弹出添加列标题字段的"交叉表查询向导"对话框，在列表框中选中"性别"选项，如图 3 - 46 所示。

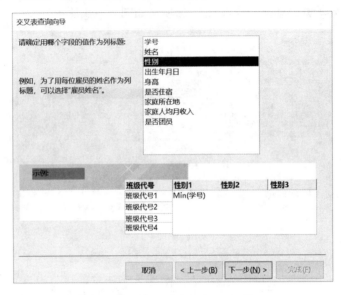

图 3 - 46　添加列标题字段对话框

（6）单击"下一步"，弹出确定交叉点处计算内容的"交叉表查询向导"对话框，在"字段"列表框中单击"学号"选项，在"函数"列表框中单击"计数"选项，其中"请确定是否为每一行作小计"栏中默认为选中"是，包括各行小计"复选框，如图 3 - 47 所示。

图 3 - 47　确定交叉点处计算内容对话框

（7）单击"下一步"，弹出确定查询名称的"交叉表查询向导"对话框，默认名称为"统计各班男女生人数"，并且在"请选择是查看查询，还是修改查询设计"栏中按默认选中"查看查询"单选按钮，如图 3-48 所示，然后单击"完成"按钮。

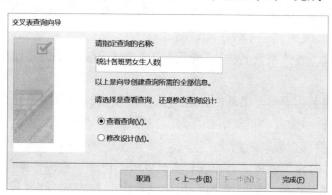

图 3-48　确定查询名称对话框

（8）此时查询结果以数据表形式显示，如图 3-49 所示，同时数据库窗口中显示了刚创建的"统计各班男女生人数"交叉表查询。

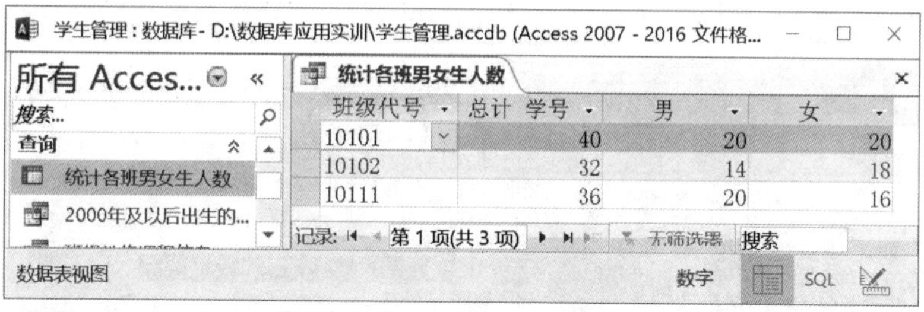

图 3-49　各班男女生人数

2. 数据源为多个

用"向导"创建交叉表查询，其数据源只能是一个。因此，如果有多个数据源，应先建立一个汇集信息查询，汇集创建交叉表要求的信息，然后在此查询的基础上用"交叉表查询向导"创建交叉表查询。

【例 3-13】使用向导创建名为"各班各科考试成绩平均值"查询，统计各班各科考试成绩平均值。

创建"各班各科考试成绩平均值"查询需要的数据源为"班级表"中的"班级名称"字段、"课程表"中的"课程名"字段和"成绩表"中的"考试成绩"字段，由于需要用到多个数据源，用"向导"创建该查询就需要先创建一个汇集这三个字段的查询，可以用"设计视图"的方法创建这个查询，并取名为"汇集信息查询"，其操作步骤如下。

（1）打开"学生管理"数据库。

（2）打开查询"设计视图"。在"创建"选项卡的"查询"组中，单击"查询设计"。

（3）添加数据源。在弹出的"显示表"对话框中添加"班级表""学生表""成绩表"和"课程表"，关闭"显示表"对话框。

（4）添加字段。将"班级名称""课程名""考试成绩"字段添加在"字段"单元格中。

（5）输入查询名称。单击工具栏上的"保存"按钮，弹出"另存为"对话框，在"查询名称"文本框中输入"汇集信息查询"，然后单击"确定"按钮，关闭"设计视图"，完成"汇集信息查询"的创建。

下面可以用"向导"创建"各班各科考试成绩平均值"查询，操作步骤为：

（1）在"创建"选项卡的"查询"组中，单击"查询向导"，弹出"新建查询"对话框，在右侧列表中选择"交叉表查询向导"选项。

（2）弹出添加表或查询的"交叉表查询向导"对话框，在"视图"栏中选中"查询"单选按钮，此时在上面的文本框中显示所有的查询，选择"汇集信息查询"选项，如图 3-50 所示，然后单击"下一步"按钮，或双击"汇集信息查询"选项。

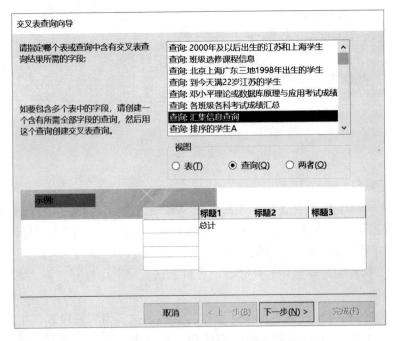

图 3-50　选择"汇集信息查询"选项

（3）弹出添加行标题字段的"交叉表查询向导"对话框，在"可用字段"列表框中选中"班级名称"选项，单击添加按钮，则"班级名称"在"选定字段"栏中显示，如图 3-51 所示，然后单击"下一步"按钮。

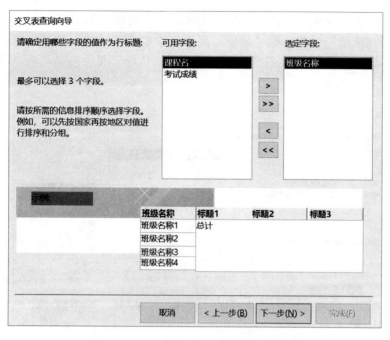

图 3 – 51　"班级名称"字段值作为行标题

（4）弹出添加列标题字段的"交叉表查询向导"对话框，在列表框中选中"课程名"选项，如图 3 – 52 所示，然后单击"下一步"按钮，或直接双击"课程名"选项。

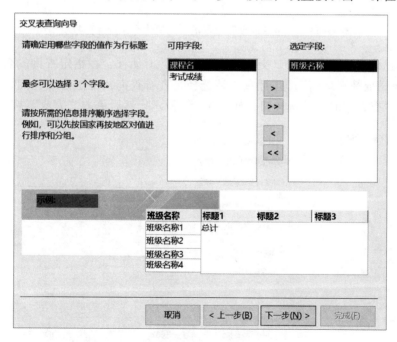

图 3 – 52　"课程名"字段值作为列标题

（5）弹出确定交叉点处计算内容的"交叉表查询向导"对话框，在"字段"列表框中单击"考试成绩"选项，在"函数"列表框中单击"平均"选项，如图3-53所示。其中，"请确定是否为每一行作小计"栏中默认选中"是，包括各行小计"复选框后，单击"下一步"按钮。

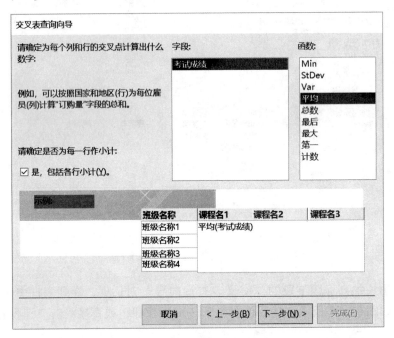

图3-53 "考试成绩"字段的平均值为交叉点计算数字

（6）弹出确定查询名称的"交叉表查询向导"对话框，在指定查询的名称中输入"各班各科考试成绩平均值"，并且在"请选择是查看查询，还是修改查询设计"栏中按默认选中"查看查询"单选按钮，如图3-54所示，然后单击"完成"按钮。

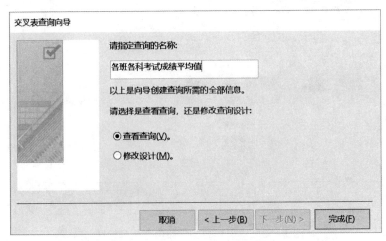

图3-54 指定"各班各科考试成绩平均值"为表名称

（7）弹出如图 3－55 所示的“各班各科考试成绩平均值”交叉表查询运行结果。

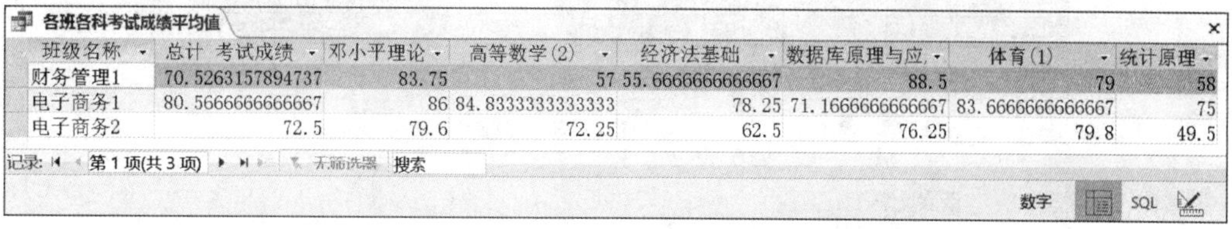

各班各科考试成绩平均值

班级名称	总计 考试成绩	邓小平理论	高等数学(2)	经济法基础	数据库原理与应	体育(1)	统计原理
财务管理1	70.5263157894737	83.75	57	55.6666666666667	88.5	79	58
电子商务1	80.5666666666667	86	84.8333333333333	78.25	71.1666666666667	83.6666666666667	75
电子商务2	72.5	79.6	72.25	62.5	76.25	79.8	49.5

图 3－55 “各班各科考试成绩平均值”交叉表查询运行结果

（8）通过打开此查询的“设计视图”，修改“平均值”的属性，使其小数点保留一位（方法参照例 5），查询运行结果如图 3－56 所示。

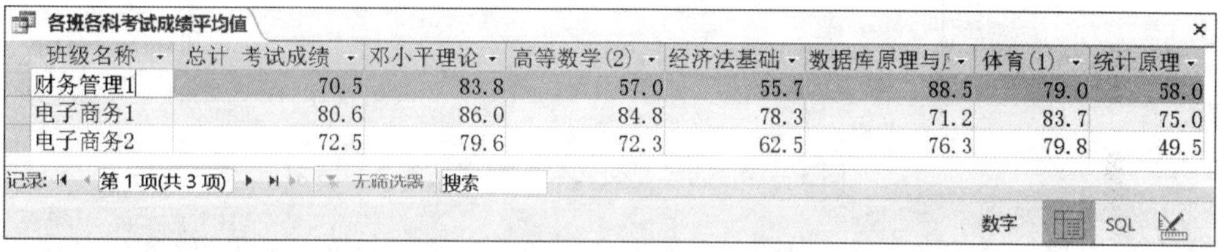

各班各科考试成绩平均值

班级名称	总计 考试成绩	邓小平理论	高等数学(2)	经济法基础	数据库原理与	体育(1)	统计原理
财务管理1	70.5	83.8	57.0	55.7	88.5	79.0	58.0
电子商务1	80.6	86.0	84.8	78.3	71.2	83.7	75.0
电子商务2	72.5	79.6	72.3	62.5	76.3	79.8	49.5

图 3－56 “平均值”保留一位小数的“数据表”视图

3.3.3 使用“设计视图”创建交叉表查询

使用“设计视图”方法创建交叉表查询不受数据源来源的个数的限制。

【例 3－14】 在“设计视图”创建名为“北京上海广东三地各班人数分布”的交叉表查询。

操作步骤如下。

（1）打开“学生管理”数据库。

（2）打开查询“设计视图”。在“创建”选项卡的“查询”组中，单击“查询设计”。

（3）添加数据源。在弹出的“显示表”对话框中添加“班级表”“学生表”，关闭“显示表”对话框。

（4）添加字段。将“班级名称”“家庭所在地”“学号”添加在“字段”单元格中。

（5）设置查询类型。在“设计”选项卡上的“查询类型”组中，点击“交叉表”，此时，窗口中添加了“总计”和“交叉表”两行，如图 3－57 所示。

（6）设置“总计”行。设置“总计”行就是确定哪些字段用来分组，哪些字段用来统计。单击各栏的下拉式列表，将“班级名称”“家庭所在地”字段设置为“分组”，将“学号”字段设置为“计数”。

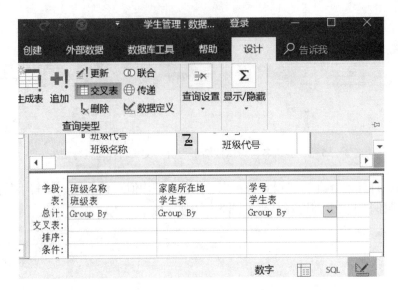

图 3-57   选择"交叉表"查询类型

（7）设置"交叉表"行。打开"交叉表"行的下拉式菜单，可以发现有"行标题""列标题""值"三个选项，如图 3-58 所示。单击各栏的下拉式列表，将"班级名称"字段设置为"行标题"，将"家庭所在地"字段设置为"列标题"，将"学号"字段设置为"值"。

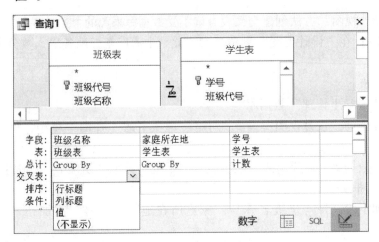

图 3-58   "交叉表"行的三个选项

注意：①必须指定一个或多个"行标题"选项，一个"列标题"选项和一个"值"选项；②"行标题"和"列标题"选项字段的"总计"行必须设置为"分组"；③"行标题"和"列标题"可以转换。

（8）设置查询"条件"。将"家庭所在地"字段的查询"条件"设置为：In（"北京"，"上海"，"广东"）。

（9）输入查询名称。单击工具栏上的"保存"按钮，弹出"另存为"对话框，在

"查询名称"文本框中输入"北京上海广东三地各班人数分布",然后单击"确定"按钮,最后的"设计视图"如图3-59所示。

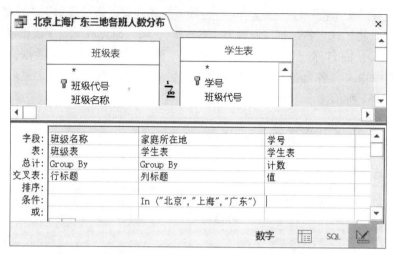

图3-59 北京上海广东三地各班人数分布"交叉表"设计视图

(10)在"设计"选项卡上的"结果"组中,单击"❗"(运行)按钮,或在"导航窗格"上双击该查询,弹出查询的"数据表"视图,显示了北京上海广东三地各班人数分布,如图3-60所示。

班级名称	北京	广东	上海
财务管理1	5	6	4
电子商务1	9	5	9
电子商务2	2	4	3

记录: ⏮ ◀ 第3项(共3项) ▶ ⏭ ▼ 无筛选器 搜索

图3-60 北京上海广东三地各班人数分布

【例3-15】使用"设计视图"创建名为"各人各科总评成绩"的交叉表查询,总评成绩的计算方法为:总评成绩 = 考试成绩×0.6 + 平时成绩×0.4。

操作步骤为:

(1)打开"学生管理"数据库。

(2)打开查询"设计视图"。在"创建"选项卡的"查询"组中,单击"查询设计"。

(3)添加数据源。在弹出的"显示表"对话框中添加"学生表""成绩表"和"课程表",关闭"显示表"对话框。

(4)添加字段。将"学号""姓名""课程名"字段添加在"字段"单元格中。

(5)添加计算字段。在"设计网格"的空"字段"单元格中输入"总评成绩:[考试成绩]*0.6+[平时成绩]*0.4"。

(6)设置查询类型。在"设计"选项卡上的"查询类型"组中,点击"交叉表"。

（7）设置"总计"行。通过单击各栏的下拉式列表，将"学号""姓名"和"课程名"字段设置为"分组"，将"总评成绩"字段设置为"第一条记录"。

（8）设置"交叉表"行。通过单击各栏的下拉式列表，将"学号""姓名"字段设置为"行标题"，将"课程名"字段设置为"列标题"，将"总评成绩"字段设置为"值"。

（9）输入查询名称。单击"保存"按钮，弹出"另存为"对话框，在"查询名称"文本框中输入"各人各科总评成绩"，然后单击"确定"按钮，最后的"设计视图"如图3-61所示。

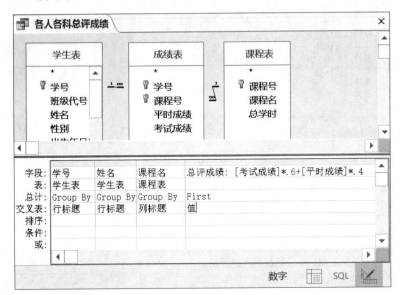

图3-61　"各人各科总评成绩"查询"设计视图"

（10）在"设计"选项卡上的"结果"组中，单击"❗"（运行）按钮，或在"导航窗格"上双击该查询，弹出查询的"数据表"视图，如图3-62所示。

学号	姓名	邓小平理论	高等数学(2	经济法基础	数据库原理	体育(1	统计原理
0100001	冯东梅	87		78.8	85	93.2	
0100002	章蕾	92	98.8	89.4	93.2	82	
0100011	赵丹	93.8	93.2	97.6	88.8	85	
0100012	王小刚	87	78.8		69	92	85.2
0100013	雷典	77	78.8	56	51	67	
0100014	宣涛	88.8	87		59.2	92	70.8
0100073	张南仪	72		48	51	87	45
0100074	洪振林	77	49.8	56		92	
0100080	李超颖	80.8	65.2		78.8	82.6	66.4
0100081	梁富荣	88.8	89.4	83.2	98.8	77.6	
0100082	姜明娟	88.2	95	78.8	84.4	68.2	
0100096	张华	82		40.8		77	51
0100097	兰立志	78.8	33	51		72	48
0100111	关胜	89.4	67	94.4	78.8	78.2	
0100112	凌晓红	88.8	92.6		99.4	94.4	89.4

记录: ◄ ◄ 第1项(共15项) ► ►I ►¥　￥ 无筛选器　搜索

图3-62　"各人各科总评成绩"查询"数据表"视图

任务 3.4 创建参数查询

3.4.1 认识参数查询

创建一般的 Access 选择查询时，需要选择其结构和条件，例如，要查找"广东的学生"（见图 3 – 63）。

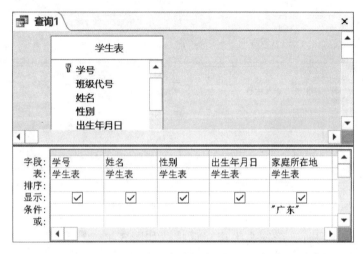

图 3 – 63 查询"广东的学生"的"设计视图"

如果要查找"上海的学生"，又需要再建一个查询来完成，如图 3 – 64 所示。能不能只创建一个查询就可以查询各地的学生呢？

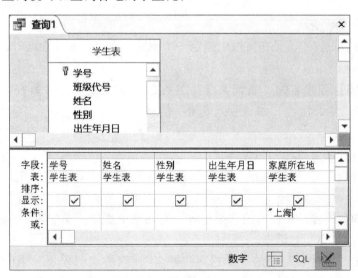

图 3 – 64 查询"上海的学生"的"设计视图"

使用参数查询，只要创建一个查询，在每次运行查询时输入不同的条件值，即可获得所需的结果，而不必每次重新创建整个查询。

创建参数查询，就是在字段中指定一个或多个参数，如图 3-65 中，在"条件"栏中输入带方括号的提示语：［请输入查询所在地：］，就是一个参数。

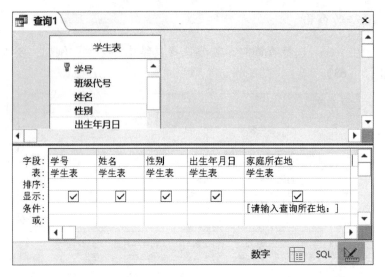

图 3-65　参数查询设计方法

在执行参数查询时，系统会弹出对话框，如图 3-66 所示，提示用户输入必要的参数值，然后按照这些参数值信息进行查询。

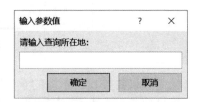

图 3-66　输入参数对话框

3.4.2　创建参数查询

1.创建单参数查询

创建单参数查询，就是在字段中指定一个参数，在执行参数查询时，用户输入一个参数值。

【例 3-16】创建名为"查询某学生各科的考试成绩"的参数查询，查看学生的"学号""姓名""课程名"和"考试成绩"信息。

操作步骤为：

（1）打开"学生管理"数据库。

（2）打开查询"设计视图"。在"创建"选项卡的"查询"组中，单击"查询设计"。

（3）添加数据源。在弹出的"显示表"对话框中添加"学生表""成绩表""课程表"，关闭"显示表"对话框。

（4）双击"学生表"中的"学号""姓名"；双击"课程表"中的"课程名"字段；双击"成绩表"中的"考试成绩"字段；将这些字段添加到设计网格中"字段"

行中。

（5）在"姓名"字段的"条件"行中输入条件"[请输入查询的学生姓名:]"。

（6）单击"保存"按钮，在打开的保存对话框中输入查询名称"查询某学生各科的考试成绩"，最后"设计视图"如图 3 – 67 所示，关闭视图设计窗口，完成查询创建。

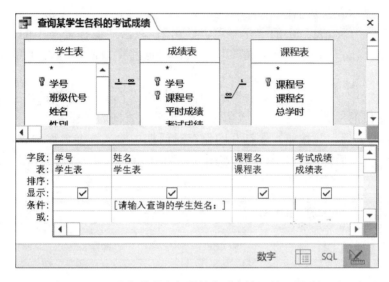

图 3 – 67 "查询某学生各科的考试成绩"的"设计视图"

（7）在"查询"对象窗口，双击运行该查询，出现请输入参数的对话框，如果在对话框中输入学生姓名"冯东梅"，如图 3 – 68，单击"确定"，将出现如图 3 – 69 查询结果。

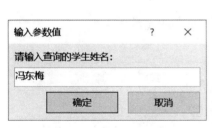

图 3 – 68 输入姓名对话框

图 3 – 69 冯东梅的课程成绩

2. 创建多参数查询

创建多参数查询，就是在字段中指定多个参数，在执行多参数查询时，用户依次输入多个参数值。

【例 3 – 17】创建名为"查询某学生某科考试成绩"的参数查询，查看学生的"学号""姓名""课程名"和"考试成绩"信息。

操作步骤为：

（1）打开"学生管理"数据库。

（2）打开查询"设计视图"。在"创建"选项卡的"查询"组中，单击"查询设计"。

（3）添加数据源。在弹出的"显示表"对话框中添加"学生表""成绩表""课程表"，关闭"显示表"对话框。

（4）双击"学生表"中的"学号""姓名"；双击"课程表"中的"课程名"字段；双击"成绩表"中的"考试成绩"字段；将这些字段添加到设计网格中"字段"行中。

（5）在"姓名"字段的"条件"行中输入条件"［请输入查询的学生姓名:］"，在"课程名"字段的"条件"行中输入条件"［请输入查询的课程名:］"。

（6）单击"保存"按钮，在打开的保存对话框中输入查询名称"查询某学生某科的考试成绩"，最后的"设计视图"如图3-70所示，关闭视图设计窗口，完成查询创建。

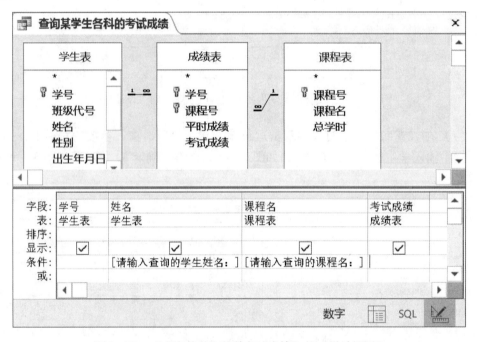

图3-70　"查询某学生某科考试成绩"的"设计视图"

（7）在"导航窗格"中，双击运行该查询，先出现要求输入的第一个参数的对话框"［请输入要查询的学生姓名:］"，输入姓名后，出现要求输入的第二个参数的对话框"［请输入要查询的课程名:］"，输入课程名后，单击"确定"，出现查询结果。

3. 设置 "查询参数" 属性

在运行参数查询时，"查询参数"对话框中输入的值可以进行两方面的控制：第一是"参数"输入的顺序，第二应为每个参数输入的数据类型。

对"参数"输入的顺序，如果没有进行参数属性的设置，默认顺序是按照创建查询时，"设计视图"中字段的先后顺序进行。例如，【例3－17】运行时，先输入"姓名"，然后输入"课程名"。如果不希望改变"设计视图"中的字段顺序（因为这个顺序与查询数据的显示顺序一致），又想改变"查询参数"的输入顺序，如先输入"课程名"，然后输入"姓名"，则可以通过设置查询属性的方法实现。另外，为了保证"查询参数"输入的正确性，防止输入错误的数据类型，也需要设置"查询参数"的属性。

设置方法为：

（1）在"设计"选项卡上的"显示/隐藏"组中，点击"参数"，打开"查询参数"对话框。

（2）在"查询参数"对话框中，输入参数名，选择数据类型。如图3－71所示。参数名就是查询视图网格"条件"行中所输入的内容，如上例中的"[请输入要查询的学生姓名:]"。在输入参数名时，需要谨慎输入内容，使其与查询设计网格中的内容完全相同，也可以在网格中选择文本，按 Ctrl + C 复制，然后按 Ctrl + V 将其粘贴到"查询参数"对话框的字段中。

图3－71　"查询参数"对话框

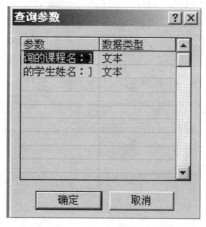

图3－72　设置参数的输入顺序

如果有多个查询参数，则按照参数名的输入先后顺序来控制查询参数的输入顺序，如上例中希望查询运行时先输入"课程名"再输入"姓名"，可以通过先设置"[请输入要查询的课程名:]"参数，再设置"[请输入要查询的学生姓名:]"参数，如图3－72所示。

当运行参数查询时，Access 将使用我们在"查询参数"对话框中选择的数据类型来验证输入的数据。例如，如果我们选择了"日期/时间"数据类型并输入2004年2月31日（不存在的日期），Access 将显示错误消息"您为该字段输入的值无效"，并且要求必须重新输入日期。如果我们在"查询参数"对话框中输入参数而未指定数据类型，Access 将把输入的值转换为"文本"数据类型。

【例3－18】创建名为"查询某期间出生的学生"的参数查询，查看学生的"姓名""性别""出生年月日"和"家庭所在地"信息。

操作步骤为：

（1）打开"学生管理"数据库。

（2）打开查询"设计视图"。在"创建"选项卡的"查询"组中，单击"查询设计"。

（3）添加数据源。在弹出的"显示表"对话框中添加"学生表"，关闭"显示表"对话框。

（4）双击"学生表"中的"姓名""性别""出生年月日"和"家庭所在地"字段；将这些字段添加到设计网格中"字段"行中。

（5）在"出生年月日"字段的"条件"行中输入条件"Between［请输入起始日:］And［请输入截止日:］"。

（6）设置参数属性。在"设计"选项卡中，单击"参数"，打开"查询参数"设置框，填写参数名"［请输入起始日:］"，将其数据类型设置为"日期/时间"型，然后填写参数名"［请输入截止日:］"，将其数据类型设置为"日期/时间"型，如图3–73所示。请注意，参数文本仅为方括号中的文字；不包含Between和And等运算符。

（7）单击"保存"按钮，在打开的保存对话框中输入查询名称"查询某期间出生的学生"，最后的"设计视图"如图3–74所示，关闭视图设计窗口，完成查询创建。

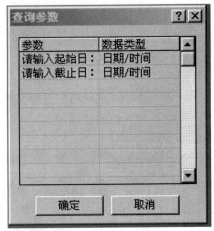

图3–73　设置参数属性

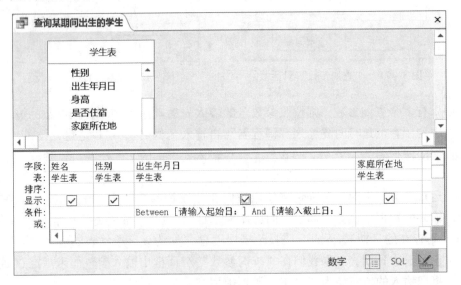

图3–74　"查询某期间出生的学生"的参数查询"设计视图"

（8）在"导航窗格"中，双击运行该查询，出现要求输入的第一个参数的对话框"请输入起始日:"，输入起始日后，出现要求输入的第二个参数的对话框"请输入截止日:"，输入截止日后，单击"确定"，出现查询结果。

任务3.5 创建操作查询

在数据库维护中，常常需要大量的数据修改。这样既要检索记录，又要更新记录，但只要利用操作查询便可轻松完成。

3.5.1 创建生成表查询

生成表查询是利用一个或多个表中的全部或部分数据建立新表。在 Access 中，从表中访问数据要比从查询中访问数据快得多，因此如果经常要从几个表中提取数据，最好的方法是使用生成表查询，将从多个表中提取的数据组合起来生成一个新表。

生成表查询可应用在以下方面：

（1）创建用于导出到其他 Access 数据库的表。

（2）创建从特定时间点显示数据的数据访问页。

（3）创建表的备份副本。

（4）创建包含旧记录的历史表。

（5）提高基于表查询或 SQL 语句的窗体、报表和数据访问页的性能。

【例3-19】创建"生成部分学生新表"查询，生成表名为"部分学生"的新表。要求：该表学生来源为北京和广东，包含的字段为"学号""姓名""性别""出生年月日"和"家庭所在地"。

操作步骤如下。

（1）打开"学生管理"数据库。

（2）打开查询"设计视图"。在"创建"选项卡的"查询"组中，单击"查询设计"。

（3）添加数据源。在弹出的"显示表"对话框中添加"学生表"，关闭"显示表"对话框。

（4）双击"学生表"中的"学号""姓名""性别""出生年月日"和"家庭所在地"字段，将它们添加到设计网格第1列到第5列中。

（5）在"家庭所在地"字段的"条件"行中输入条件："北京"or"广东"。

（6）在"设计"选项卡上的"查询类型"组中，点击"生成表"，打开"生成表"对话框。

（7）在"生成表"对话框"表名称"文本框中输入要创建的表名称"部分学生"，单击"当前数据库"单选按钮，将新表放入当前打开的"学生管理"数据库中，如图3-75所示，单击"确定"按钮。

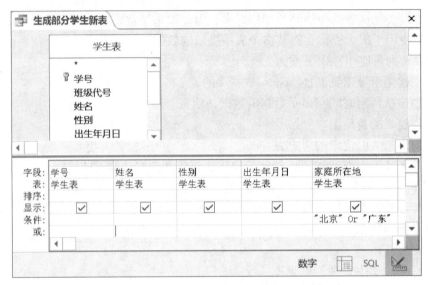

图 3 – 75　"生成表"对话框

（8）单击"保存"按钮，在打开的保存对话框中输入查询名称"生成部分学生新表"，最后的"设计视图"如图 3 – 76 所示。

字段:	学号	姓名	性别	出生年月日	家庭所在地
表:	学生表	学生表	学生表	学生表	学生表
排序:					
显示:	✓	✓	✓	✓	✓
条件:					"北京" Or "广东"
或:					

图 3 – 76　"生成部分学生新表"查询"设计视图"

（9）关闭视图设计窗口，完成查询创建。

（10）生成表查询创建好后，在"导航窗格"中，双击该查询名就可运行该查询。由于运行操作查询时，会修改或更改数据库数据，所以运行过程中系统会出现提示修改数据的对话框，如图 3 – 77 所示。运行其他操作查询也会出现此对话框。

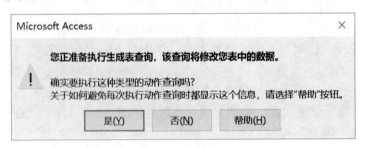

图 3 – 77　"生成新表警告"对话框

（11）单击"是"，系统出现图 3 - 78 所示的粘贴记录对话框。

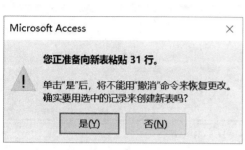

图 3 - 78 "粘贴记录数量警告"对话框

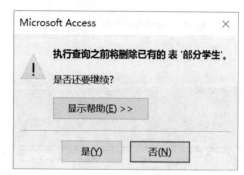

图 3 - 79 删除已存在的数据表警告对话框

（12）单击"是"，系统完成"部分学生"新表的创建，在"导航窗格"中，可看到"表"对象中增加了"部分学生"数据表。

如果要生成的新表在数据库中已存在，系统会出现图 3 - 79 所示的"是否删除已存在的数据表"的警告对话框。

【例 3 - 20】创建"生成总评成绩不及格的学生名单新表"查询，生成表名为"不及格学生名单"，包含的字段为"学号""姓名""课程名""总评成绩"和不及格标志。总评成绩的计算方法为：总评成绩 = 考试成绩 × 0.6 + 平时成绩 × 0.4，总评成绩 60 分以下标示为"不及格"。

操作步骤如下。

（1）打开"学生管理"数据库。

（2）打开查询"设计视图"。在"创建"选项卡的"查询"组中，单击"查询设计"。

（3）添加数据源。在弹出的"显示表"对话框中添加"学生表""成绩表""课程表"，关闭"显示表"对话框。

（4）分别将"学生表"中的"学号""姓名"字段；"课程表"中的"课程名"字段添加到设计网格中"字段"行中。

（5）添加计算字段。"总评成绩"的计算字段名为"总评成绩"，表达式为：［考试成绩］*0.6 +［平时成绩］*0.4；"不及格标志"的计算字段名为"不及格标志"，表达式为：IIF（［总评成绩］< 60，"不及格"，# " "）。

（6）在"总评成绩"的"条件"行中输入条件：< 60。

（7）在"设计"选项卡上的"查询类型"组中，点击"生成表"，打开"生成表"对话框。

（8）在"生成表"对话框的"表名称"文本框中输入要创建的表名称"不及格学生名单"，单击"当前数据库"单选按钮，将新表放入当前打开的"学生管理"数据库中，单击"确定"按钮。

（9）单击"保存"按钮，在打开的保存对话框中输入查询名称"生成总评成绩不及格的学生名单新表”，最后的“设计视图”如图 3 - 80 所示，标题表明了查询名称和查询类型。

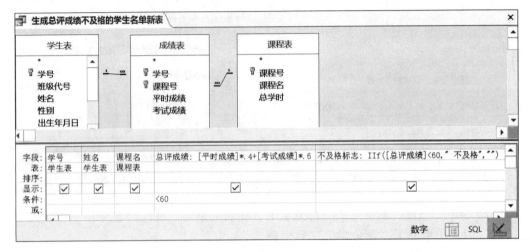

图 3 - 80　“生成总评成绩不及格的学生名单新表”查询“设计视图”

（10）关闭视图设计窗口，完成查询创建。

（11）在“导航窗格”中，双击运行该查询。运行完后，在“导航窗格”中，可看到“表”对象中增加了“不及格学生名单”数据表，打开该表的数据视图，其结果如图 3 - 81 所示。

不及格学生名单

学号	姓名	课程名	总评成绩	不及格标志
0100074	洪振林	高等数学(2)	49.8	不及格
0100097	兰立志	高等数学(2)	33	不及格
0100013	雷典	数据库原理与	51	不及格
0100014	宣涛	数据库原理与	59.2	不及格
0100073	张南仪	数据库原理与	51	不及格
0100073	张南仪	统计原理	45	不及格
0100096	张华	统计原理	51	不及格
0100097	兰立志	统计原理	48	不及格
0100013	雷典	经济法基础	56	不及格
0100073	张南仪	经济法基础	48	不及格
0100074	洪振林	经济法基础	56	不及格
0100096	张华	经济法基础	40.8	不及格
0100097	兰立志	经济法基础	51	不及格

记录: 第 1 项(共 13 项) 无筛选器 搜索

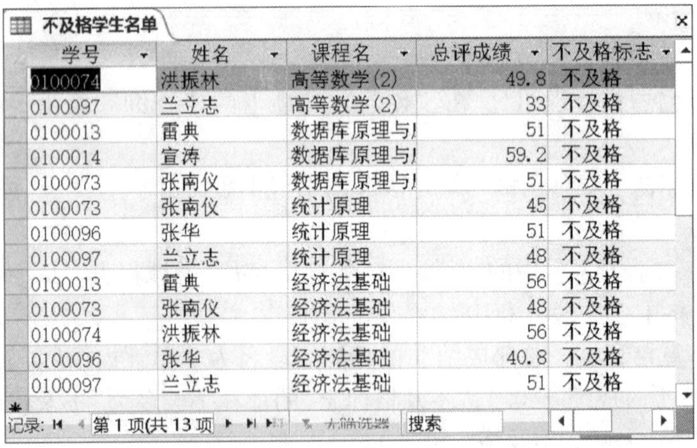

图 3 - 81　“不及格学生名单”表的“数据表”视图

3.5.2　创建更新查询

使用更新查询，可以更改已存在表中的数据。

【例 3 - 21】创建名为“更新为上海”的更新查询，将“部分学生”表中“广东”学生的家庭所在地更新为“上海”。

操作步骤为：

（1）打开查询"设计视图"，将"部分学生"表添加到查询"设计视图"的字段列表区。

（2）将"家庭所在地"字段添加到设计网格中"字段"行中。

（3）在"设计"选项卡上的"查询类型"组中，点击"更新查询"。

（4）在"更新到"行中输入"上海"，在"条件"行中输入条件"广东"。

（5）单击"保存"按钮，在打开的保存对话框中输入查询名称"更新为上海"，最后的"设计视图"如图 3-82 所示，关闭视图设计窗口，完成查询创建。

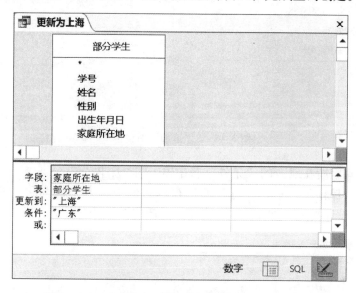

图 3-82 "更新为上海"的更新查询"设计视图"

（6）在"导航窗格"中，双击运行该查询，在运行中会出现"更新警告提示"和"更新记录数量提示"对话框，确认后，运行完成。

（7）在"导航窗格"的"表"对象中，可以查看更新记录后的"部分学生"表的"数据表"视图。

3.5.3 创建追加查询

将一组记录追加到一个或多个表的尾部称为创建追加查询。

【例 3-22】创建名为"追加天津的学生"的追加查询，将"学生表"中家庭所在地为天津学生的"学号""姓名""性别""出生年月日"和"家庭所在地"添加到"部分学生"表中。

操作步骤为：

（1）打开查询"设计视图"，将"学生表"添加到查询"设计视图"的字段列表区。

（2）分别将"学号""姓名""性别""出生年月日"和"家庭所在地"字段添加

到设计网格中"字段"行中。

（3）在"设计"选项卡上的"查询类型"组中，点击"追加"，系统打开"追加"对话框。

（4）在"追加"对话框的"表名称"中单击下拉式按钮，选择"部分学生"表，如图3－83所示，单击确定。

图3－83　"追加"对话框

（5）在"家庭所在地"的"条件"行中输入""天津""。

（6）单击"保存"按钮，在打开的保存对话框中输入查询名称"追加天津的学生"，最后的"设计视图"如图3－84所示，关闭视图设计窗口，完成查询创建。

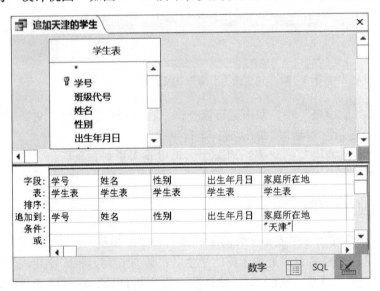

图3－84　"追加天津的学生"的追加查询设计视图

（7）在"导航窗格"中，双击运行该查询，在运行中会出现"追加警告提示"和"追加记录数量提示"对话框，确认后，运行完成。

（8）在"导航窗格"的"表"对象中，可以查看追加记录后的"部分学生"表的"数据表"视图。

3.5.4 创建删除查询

当需要从一个或多个表中删除多条记录数据时，可以利用"删除查询"将数据从一个或多个表中删除，若要从多个表中删除相关记录，必须表之间存在表间关系。

【例3-23】创建名为"删除部分学生记录"的删除查询，要求删除"部分学生"表中的家庭所在地为上海和天津的2000年以前（不包括2000年）出生的男学生。

操作步骤如下。

（1）打开查询"设计视图"，将"部分学生"表添加到查询"设计视图"的字段列表区。

（2）分别将字段"家庭所在地""出生年月日""性别"添加到设计网格中"字段"行中。

（3）在"设计"选项卡上的"查询类型"组中，点击"删除查询"选项。

（4）在"家庭所在地"的"条件"行中输入条件:"上海" or "天津"；在"出生年月日"的"条件"行中输入条件：<#2000/1/1#；在"性别"的"条件"行中输入条件:"男"。

（5）单击工具栏上的"保存"按钮，在打开的保存对话框中输入查询名称"删除部分学生记录"，最后的"设计视图"如图3-85所示。关闭视图设计窗口，完成查询创建。

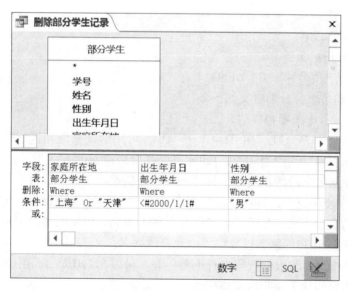

图3-85　"删除部分学生记录"的删除查询设计视图

（6）在"导航窗格"中，双击运行该查询，在运行中同样会出现"删除警告提示"和"删除记录数量提示"对话框，确认后，运行完成。

（7）在"导航窗格"的"表"对象中，可以查看删除部分记录后的"部分学生"表的"数据表"视图。

任务3.6 创建 SQL 语言创建查询

3.6.1 SQL 语言

Access 的所有查询都可以认为是一个 SQL 查询，因为 Access 查询就是以 SQL 语句为基础来实现查询功能的。如果用户比较熟悉 SQL 语句，那么使用它建立查询、修改查询的条件将比较方便。

SQL 是 Structured Query Language 的英文简写，意思是结构化查询语言。SQL 是在数据库系统中应用广泛的数据库查询语言，它包含了数据定义、查询、操纵和控制4种功能。SQL 的主要功能就是同各类数据库建立联系，进行沟通。SQL 语言的功能强大，使用方便灵活，语言简单易学。

在 SQL 语言中使用最频繁的是 SELECT 语句。SELECT 语句构成了 SQL 数据库语句的核心，它的语法包括 FROM、WHERE 和 ORDERBY 子句。

SELECT 语句的语法格式如下：

SELECT［谓词］显示的字段名或表达式［As 别名］［,…］

FROM 表名［,…］

［WHERE 条件…］

［GROUPBY 字段名.］

［HAVING 分组的条件］

［ORDERBY 字段名［ASC | DESC］］。

SELECT 语句各个部分的含义如下。

* SELECT：指出所要查找的列。

* 谓词：主要包括 ALL、DISTINCT 或 TOP，可用谓词来限制返回的记录数量。如果没有指定谓词，则默认值为 ALL。TOPn 可以列出最前面的 n 条记录。DISTINCT 可以去掉查询结果中指定字段的重复值，只显示不重复的值。

* 显示的字段名或表达式：可以使用"＊"代表从特定的表中指定全部字段；如果字段在不同的表中重名，显示的字段名前要加上表名，以说明来自于哪张表。

* 别名：用来作列标题，以代替表中原有的列名。

* FROM：指出要获取的数据来自于哪些表。可以在 FROM 子句中使用 INNERJOIN 运算来描述多表之间的关系为内部连接。

* WHERE：指明查询的条件。WHERE 是可选的，如果不写表示选择全部记录，在使用时必须接在 FROM 之后。

* GROUPBY：将查询结果按指定的列进行分组，可以使用合计函数，例如 Sum 或 Count，合计函数蕴含于 SELECT 语句中，会创建一个各记录的总计值。

* HAVING：用来指定分组的条件，HAVING 子句是可选的，如果有 HAVING 则必须放在 GROUPBY 子句后面。

● ORDERBY：按照递增或递减顺序在指定字段中对查询的结果记录进行排序。其中，ASC 代表递增，DESC 代表递减，如果不写则默认为递增。

3.6.2 用 SQL 语言创建查询

用 SQL 语言创建查询是在 SQL 视图中进行的，我们先看看如何打开已创建查询的 SQL 视图。

【例 3-24】打开"生成部分学生新表"查询的 SQL 视图。

操作步骤为：

（1）打开"生成部分学生新表"查询的"设计视图"。

（2）在"设计"选项卡上的"结果"组中，单击"视图"，打开"视图"选择项，如图 3-86 所示。

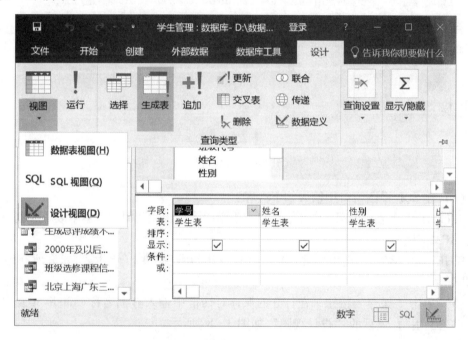

图 3-86 打开"视图"选择项

（3）选择"SQL 视图"，此时弹出查询的"SQL 视图"窗口，窗口中显示了对应的 SQL 语句，如图 3-87 所示。

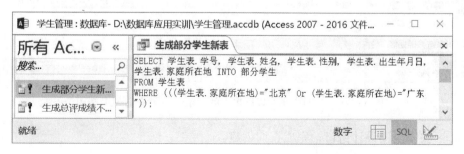

图 3-87 "生成部分学生新表"查询的 SQL 视图

直接用 SQL 语言创建查询就是要在"SQL 视图"中写出 SQL 语句。

【例 3 –25】直接用 SQL 语言创建名为"2000 年及以后出生的广东学生"的查询，显示学生的"学号""姓名""出生年月日"和"家庭所在地"字段。

操作步骤如下。

（1）打开"学生管理"数据库。

（2）打开查询"设计视图"。在"创建"选项卡的"查询"组中，单击"查询设计"，并关闭"显示表"对话框。

（3）在"设计"选项卡上的"结果"组中，单击"视图"，在弹出的"视图"选项中，选择"SQL 视图"选项，打开如图 3 –88 所示的 SQL 视图。

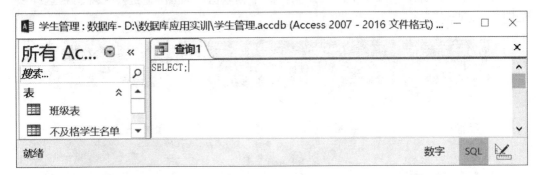

图 3 –88　SQL 视图

（4）在 SQL 视图窗口中输入如下内容：

SELECT 学生表．学号，学生表．姓名，学生表．出生年月日，学生表．家庭所在地
FROM 学生表
WHERE（（学生表．出生年月日）＞＝#1/1/2000#）AND（（学生表．家庭所在地）＝"广东"））。

（5）单击"保存"按钮，在打开的保存对话框中输入查询名称"2000 年及以后出生的广东学生"，最后的"设计视图"如图 3 –89 所示。

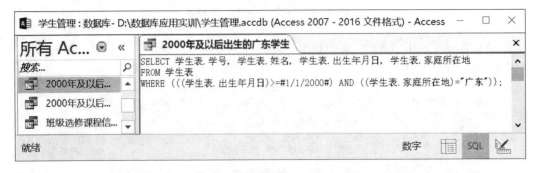

图 3 –89　"2000 年及以后出生的广东学生"查询 SQL 视图

（6）关闭视图设计窗口，完成查询创建。

（7）运行该查询，结果如图 3 – 90 所示。

图 3 – 90 "2000 年及以后出生的广东学生"表的数据视图

【思考题】

一、单选题

1. 下面关于查询的叙述，说法正确的是（　　　）。
   A. 只有查询可以用来进行筛选、排序、浏览等工作
   B. 数据表或窗体中也可以代替查询执行数据计算
   C. 数据表或窗体中也可以代替查询检索多个表的数据
   D. 利用查询可以轻而易举地执行数据计算，以及检索多个表的数据

2. （　　　）不是查询的功能。
   A. 筛选记录　　　　B. 整理数据　　　　C. 操作表　　　　　　　D. 输入接口

3. 以下关于筛选和查询的叙述中，说法正确的是（　　　）。
   A. 在数据较多、较复杂的情况下使用筛选比使用查询的效果好
   B. 查询只从一个表中选择数据，而筛选可以从多个表中获取数据
   C. 通过筛选形成的数据表，可以提供给查询使用
   D. 筛选将删除不符合条件的记录

4. Access 支持的查询类型有（　　　）。
   A. 选择查询、交叉表查询、参数查询、SQL 查询和操作查询
   B. 基本查询、选择查询、参数查询、SQL 查询和操作查询
   C. 多表查询、单表查询、交叉表查询、参数查询和操作查询
   D. 选择查询、统计查询、参数查询、SQL 查询和操作查询

5. 以下不属于操作查询的是（　　　）。
   A. 交叉表查询　　　B. 生成表查询　　　C. 更新查询　　　　　D. 删除查询

6. 在查询设计视图中，（　　　）。
   A. 只能添加数据库表

B. 可以添加数据库表，也可以添加查询

C. 只能添加查询

D. 以上说法都不对

7. 利用对话框提示用户输入参数的查询过程称为（　　　）。

    A. 选择查询　　　　B. 参数查询　　　　C. 交叉表查询　　　　D. SQL 查询

8. （　　　）的结果不是动态集合，而是执行指定的操作，例如增加、修改、删除记录等。

    A. 选择查询　　　　B. 操作查询　　　　C. 参数查询　　　　D. 交叉表查询

9. 在 SQL 查询中，使用 WHERE 子句指出的是（　　　）。

    A. 查询目标　　　B. 查询结果　　　C. 查询视图　　　D. 查询条件

10. 在 SQL 查询中，若要取得"学生"数据表中的所有记录和字段，则 SQL 语句为（　　　）。

    A. SELECT 姓名 FROM 学生

    B. SELECT * FROM 学生

    C. SELECT 姓名 FROM 学生 WHILE 学号 = 02650

    D. SELECT * FROM 学生 WHILE 学号 = 02650

11. （　　　）不是生成表查询的使用时机。

    A. 删除数据　　　　　　　　　B. 整理旧的数据

    C. 备份重要数据　　　　　　　D. 当成其他对象的数据来源

12. 如果在数据库中已有同名的表，（　　　）查询将覆盖原有的表。

    A. 删除　　　　B. 追加　　　　C. 生成表　　　　D. 更新

13. 执行（　　　）查询后，字段的旧值将被新值替换。

    A. 删除　　　　B. 追加　　　　C. 生成表　　　　D. 更新

14. 参数查询可分为（　　　）。

    A. 单参数查询　　　　　　　　B. 多参数查询

    C. 单参数查询和多参数查询　　D. 都不是

15. 单参数查询可以输入（　　　）组条件。

    A. 1　　　　　　B. 2　　　　　　C. 3　　　　　　D. 4

16. 下列关于准则的说法中，错误的是（　　　）。

    A. 同行之间为逻辑"与"关系，不同行之间为逻辑"或"关系

    B. 日期/时间类型数据须在两端加 #

    C. Null 表示空白无数据的意思，可在任意类型的字段中使用

    D. 数字类型的条件需加上双引号（""）。

17. 下面表达式中，（　　　）执行后的结果是在"平均分"字段中显示"语文""数学""英语"3 个字段中分数的平均值（结果取整）。

    A. 平均分:（[语文]+[数学]+[英语]）\ 3

    B. 平均分:（[语文]+[数学]+[英语]）/3

    C. 平均分:语文 + 数学 + 英语 \ 3

D. 平均分：语文＋数学＋英语/3

18. 在表达式中，为了与一般的数值区分，Access 将文本型的数据用（　　）号括起来。

  A. ＊   B. #   C. " "   D. ？

19. 若要查询成绩为 70－80 分（包括 70 分，不包括 80 分）的学生的信息，则查询准则设置正确的是（　　）。

  A. ＞69 OR ＜80   B. Between 70 with 80

  C. ＞＝70 And ＜80   D. IN（70，79）

20. 若要在文本型字段执行全文搜索，查找以"Access"开头的字符串，则下列条件表达式正确的是（　　）。

  A. Like"＊Access ＊"   B. Like" Access"

  C. Like"＊Access"   D. Like" Access ＊"

21. 设置排序可以将查询结果按一定的顺序排列，以便于查询。如果所有的字段都设置了排序，那么查询结果将先按（　　）排序字段进行排序。

  A. 最左边   B. 最右边   C. 最中间   D. 随机

22. 若要计算各类职称的教师人数，需要设置"职称"和（　　）字段，对记录进行分组统计。

  A. 工作职称   B. 性别   C. 姓名   D. 以上都不是

23. 返回当前系统日期的函数是（　　）。

  A. Date（date）   B. Date（day）   C. Day（Date）   D. Date（　）

24. 关于使用查询向导创建查询，叙述错误的是（　　）。

  A. 使用查询向导创建查询可以加快查询创建的速度

  B. 创建的过程中，它提示并询问用户相关的条件

  C. 创建的过程中，根据用户输入的条件建立查询

  D. 使用查询向导创建查询的缺点在于创建查询后，不能对已创建的查询进行修改

25. （　　）是交叉表查询必须搭配的功能。

  A. 总计   B. 上限值   C. 参数   D. 以上都不是

26. Access 提供的参数查询可在执行时弹出一个对话框以提示用户输入信息，只要将一般查询准则中的数据用（　　）替换，并在其中输入提示信息就形成了参数查询。

  A. （　）   B. ＜ ＞   C. ｛ ｝   D. ［　］

27. （　　）是交叉表查询的必要组件。

  A. 行标题   B. 列标题   C. 值   D. 以上都是

28. 关于总计，叙述错误的是（　　）。

  A. 可以用作各种计算

  B. 作为条件的字段也可以显示在查询结果中

  C. 计算的方式有和、平均、记录数、最大值、最小值等

  D. 任意字段都可以作为组

29. 关于运行操作查询的方法，错误的是（　　）。

    A. 关闭该查询后，再双击该查询

    B. 在操作查询的设计视图中，选择"查询"菜单中的"运行"命令，或单击工具栏上的"运行"按钮来运行该查询

    C. 选定"查询"对象，选定该查询后，单击窗口上部的"打开"按钮

    D. 单击工具栏最左端的"视图"按钮，切换到数据表视图

30. 下列说法中，正确的是（　　）。

    A. 创建好查询后，不能更改查询中字段的排列顺序

    B. 对已创建的查询，可以添加或删除其数据来源

    C. 对查询的结果，不能进行排序

    D. 上述说法都不正确

31. 以下关于查询的叙述，正确的是（　　）。

    A. 只能根据数据表创建查询

    B. 可以根据数据表和已建查询创建查询

    C. 只能根据已建查询创建查询

    D. 不能根据已建查询创建查询

32. 关于查询，说法不正确的是（　　）。

    A. 查询可以作为结果，也可以作为来源

    B. 查询可以根据条件从数据表中检索数据，并将其结果存储起来

    C. 可以以查询为基础，来创建表、查询、窗体或报表

    D. 查询是以数据库为基础创建的，不能以其他查询为基础创建

33. 创建交叉表查询时，行标题最多可以选择（　　）字段。

    A. 1个   B. 2个   C. 3个   D. 多个

34. 下列查询中，（　　）查询可以从多个表中提取数据，组合起来生成一个新表永久保存。

    A. 参数   B. 生成表   C. 追加   D. 更新

35. 查询的设计视图基本上分为3部分，（　　）不是设计视图的组成部分。

    A. 标题及查询类型栏   B. 页眉页脚

    C. 字段列表区   D. 设计网格区

36. 若要查询20天之内参加工作的记录，应选择的工作时间的准则是（　　）。

    A. < Date( ) − 20

    B. Between Date( ) And Date( ) − 20

    C. < Date( ) − 21

    D. > Date( ) − 21

37. （　　）是指根据一个或多个表中的一个或多个字段并使用表达式建立新字段。

    A. 总计   B. 计算字段   C. 查询   D. 添加字段

38. 如果要在某数据表中查找某文本型字段的内容以"S"开头，以"L"结尾的所有记录，则应该使用的查询条件是（　　）。

A. Like "S∗L"　　　　　　　　　　B. Like "S#L"

C. Like "S？L"　　　　　　　　　　D. Like "S＄L"

39. 查询条件为"第2个字母为a，第3个字母为c，后面有个st连在一起"的表达式是（　　）。

　　A. Like "∗acst"　　　　　　　　B. Like "#ac＄st"

　　C. Like "？ac∗st∗"　　　　　　　D. Like "？ac∗st？"

40. 关于生成表查询的叙述，错误的是（　　）。

　　A. 生成表查询是一种操作查询

　　B. 生成表查询是从一个或多个表中选出满足一定条件的记录来创建一个新表

　　C. 生成表查询将查询结果以表的形式存储

　　D. 生成表中的数据是与原表相关的，不是独立的，必须每次都生成以后才能
　　　　使用

41. 关于更新查询，说法不正确的是（　　）。

　　A. 使用更新查询可以将已有的表中满足条件的记录进行更新

　　B. 使用更新查询，一次只能对一条记录进行更改

　　C. 使用更新查询后就不能再恢复数据了

　　D. 使用更新查询效率比在数据表中更新数据效率高

42. 假设某数据库表中有一个"姓名"字段，查找"李"的记录准则是（　　）。

　　A. Not"李"　　　　　　　　　　B. Like"李∗"

　　C. Left((姓名),1)="李"　　　　　D. "李"

43. 列出所有在1月1日和5月31日之间的日期，正确的表达式是（　　）。

　　A. ＞1.1　＜5.31　　　　　　　　B. ＞1.1 and ＜5.31

　　C. ＞1/1 and ＜5/31　　　　　　　D. ＞＝1/1 and ＜＝5/31

44. 身份证号码是无重复的，但由于其位数较长，难免产生输入错误．为了查找表中是否有重复值，应该采用的最简单的查找方法是（　　）。

　　A. 简单查询向导　　　　　　　　B. 交叉表查询向导

　　C. 查找重复项查询　　　　　　　D. 查找匹配项查询

45. 空字符串是用（　　）括起来的字符串，且中间没有空格。

　　A. 大括号　　　B. 双引号　　　　C. 方括号　　　　　D. #号

46. 若要统计员工人数，需在"总计"行单元格的下拉列表中选择函数（　　）。

　　A. Sum　　　　　B. Count　　　　C. Var　　　　D. Avg

47. 在准则中，字段名必须用（　　）括起来。

　　A. 小括号　　　B. 方括号　　　　C. 引号　　　　　　D. 大括号

48. 当操作查询正在运行时，（　　）能够中止查询过程的运行。

　　A. 按 Ctrl＋Break 组合键　　　　B. 按 Ctrl＋Alt＋Del 组合键

　　C. 按 Alt＋Break 组合键　　　　　D. 按 Alt＋F4 组合键

49. 关于追加查询，说法不正确的是（　　）。

　　A. 在追加查询与被追加记录的表中，只有匹配的字段才能被追加

B. 在追加查询与被追加记录的表中，不论字段是否匹配都将被追加

C. 在追加查询与被追加记录的表中，不匹配的字段将被忽略

D. 在追加查询与被追加记录的表中，不匹配的字段将不被追加

50. （　　）是利用表中的行和列来统计数据的。

　　A. 选择查询　　　B. 交叉表查询　　　C. 参数查询　　　　　　D. SQL 查询

二、问答题

1. 什么是查询？简述查询的功能。

2. 简述查询的类型，选择查询可以进行哪些计算？

3. 说明排序查询的目的，若按多个字段排序，排序的规则是什么？

4. 简述在设计视图中设置"条件"的逻辑关系。

5. 什么是交叉查询？说明视图创建交叉表查询的步骤。

6. 说明用"向导"创建交叉查询时，如果有多个"数据源"的处理方法。

7. 什么是"参数查询"？说明在什么情况下使用参数查询。

8. 操作查询有哪几类？说明每种操作查询的作用。

9. SELECT 语句中 SELECT、FROM、WHERE、ORDER BY 和 GROUP BY 等短语的功能各是什么？

10. 总计的 COUNT、SUM、AVG、MAX 和 MIN 等选项的功能各是什么？

项目 4 创建与使用窗体

【教学目标】

（1）认识窗体基本概念与功能；

（2）掌握创建窗体的各种方法与技巧，会创建各种类型的窗体；

（3）会利用窗体控制操作数据。

任务4.1 认识窗体

4.1.1 窗体的功能

简单地说，窗体就是一个交互的界面、一个窗口，用户可以通过窗体查看和访问数据库，也可以很方便地进行数据信息的输入和运算等操作。

窗体是 Access 中一个非常重要的对象。它将数据库中表或查询中的数据以一种友好的界面展现给用户。由于很多数据库都不是给创建者自己使用，所以要考虑到别的使用用户是否方便操作，让更多的使用者都能根据窗口中的提示完成自己的工作，这是建立窗体的基本目标。

窗体和报表都用于数据库中数据的维护，但两者的作用是不同的。窗体主要用来输入数据，报表则用来输出数据。具体来说，窗体具有以下几种功能：

1. 显示和编辑数据

窗体的基本功能就是显示和编辑数据。通过窗体可以修改、添加和删除数据库中的数据，并可以设置数据的属性，甚至可以利用窗体所结合的编程语言（Visual Basic）创建数据库。在窗体中显示的数据清晰且易于控制，尤其是在大型表中，数据可能难以查找，窗体使数据容易使用。

2. 显示信息和打印数据

在窗体中可以显示一些解释或警告的信息，还可以用来打印数据库中的数据。

3. 接收输入

用户可以根据需要设计一种数据输入窗体，利用它可以向表或查询中添加数据。

4. 控制程序流程

窗体可以与函数、子程序相结合。在 Access 的第一个窗体中，可以使用 VBA 编码，并利用代码执行相应的功能。例如，在窗体中设计命令按钮并对其编程，当单击命令按钮时，即可执行相应的操作，从而达到控制程序流程的目的。

4.1.2 窗体的组成

窗体由多个部分组成，每个部分称为一个"节"。所有窗体都有主体节，如果需要，窗体还可以包含窗体页眉、页面页眉、页面页脚和窗体页脚节，如图4-1所示。

窗体页眉：用于显示窗体的标题和使用说明，或打开相关窗体或执行其他任务的命令按钮。显示在窗体视图中顶部或打印页的开头。

窗体主体：用于显示窗体或报表的主要部分，该节通常包含绑定到记录源中字段的控件。但也可能包含未绑定控件，如字段或标签等。

窗体页脚：用于显示窗体的使用说明、命令按钮或接受输入的未绑定控件。显示在窗体视图中的底部和打印页的尾部。

图4-1 窗体组成

页面页眉：用于显示在窗体中每页的顶部显示标题、列标题、日期或页码。

页面页脚：用于在窗体和报表中每页的底部显示汇总、日期或页码。

默认情况下，打开窗体设计视图时只显示主体节，其他4个节需要选择"视图"菜单下的相关命令才能显示。如果把窗体的设计视图比做画布，主体就是画布上的中央区域，是浓墨重彩的地方，页眉、页脚则是画布上题跋、落款的地方。页面页眉/页脚中的内容在打印时才会显示。

4.1.3 窗体的视图

Access 的窗体有 4 种视图，分别是窗体视图、数据表视图、布局视图、设计视图，如图4-2所示。

图4-2 窗体视图

1. 窗体视图

窗体视图是能够同时输入、修改和查看数据的窗口，还可以显示图片、命令按钮、OLE 对象等，是在程序运行时面向用户的视图。它是用得最多的窗体，也是窗体的工作视图，用来显示数据表中的记录。用户可以通过窗体视图查看、添加和修改数据，也可以设计美观且人性化的用户界面。

2. 数据表视图

数据表视图以表格的形式显示表、窗体、查询中的数据，它的显示效果类似表对象的数据表视图，可用于编辑字段、添加和删除数据、查找数据等，对于没有相关数据源的窗体，数据表视图没有意义。窗体的数据表视图和普通数据表的数据视图几乎完全相同。窗体的数据表视图采用行、列的二维表格方式显示数据表中的数据记录。该视图和窗体视图一样，多用于添加和修改数据。

3. 布局视图

布局视图是用于窗体修改最直观的视图，在 Access 中可以对窗体进行几乎所有修改。

在布局视图中时，窗体实际正在运行，因此可看到的数据量与使用窗体时看到的数据量相同，但是还可以在此视图中更改窗体设计。布局视图在修改窗体时可以看到数据，因此非常适合用于设置控件大小或执行任何其他会影响窗体外观和可用性的任务。

如果遇到无法在布局视图中执行的任务，可以转换到设计视图。在某些情况下，Access 会显示一条消息，指示必须切换到设计视图才能进行特定更改。

布局视图也可以对窗体进行设计更改，布局视图比设计视图更加直观。用户可以在使用布局视图在窗体中查看数据时进行许多常见的设计更改。在布局视图中，每个控件的窗体上显示实际数据，因此布局视图可用于设置控件大小、执行调整外观和窗体可用性的任务。例如在布局视图中可以通过从新的字段列表窗格中拖动字段名称添加字段，或者使用属性表更改属性。

4. 设计视图

设计视图是用来创建和修改窗体的窗口，使用设计视图可以更详细地查看窗体结构。可以编辑窗体中需要显示的任何元素，包括需要显示的文本及其样式、控件的添加和删除及图片的插入等；还可以编辑窗体的页眉和页脚，以及页面的页眉和页脚等；可以调整窗体的版面布局，利用工具箱在窗体中加入控件、设置数据来源等；还可以绑定数据源和控件。

窗体在设计视图中显示时不会实际运行，因此在进行设计更改时无法看到基础数据，但是比起布局视图，在设计视图中执行某些任务会更轻松。

4.1.4 窗体的类型

Access 窗体有多种分类方法，通常是按功能、数据显示方式、数据之间逻辑关系来分类。

1. 按功能划分

按功能可以将窗体划分为数据操作窗体、控制窗体和交互信息窗体等 3 种类型。不同类型的窗体实现不同的功能。

1）数据操作窗体

数据操作窗体主要用来对表或查询进行显示、浏览、输入、修改等多种操作，一般都带有记录导航条，窗体给用户提供一种方法来规定数据库中数据的显示，用户还可以利用窗体对数据库中的数据进行修改、添加和删除。这是窗体最普通和重要的应用。如图 4-3 所示。

图 4-3 数据操作窗体

图 4-4 控制窗体

2）控制窗体

控制窗体主要用来操作、控制程序的运行，它是通过命令按钮、选项按钮等控件对象来响应用户请求的。如图 4-4 所示的就是一种命令控制型窗体，主要用于信息系统控制界面的设计。例如，可以在窗体中设置一些命令按钮，单击这些按钮时，可以调用相应的功能。图 4-4 显示了 5 个功能，分别是"成绩录入""成绩修改""成绩查询""成绩打印""系统退出"，在应用系统开发中可以根据实际要求进行相应的设计。

3）交互信息窗体

交互信息窗体可以是用户定义的，也可以是系统自动产生的。由用户定义的各种信息交互式窗体可以接受用户输入、显示系统运行结果等，这种形式的窗体应用最广泛，如图 4-5 所示的窗体是一种数据交互式的窗体，主要用于显示信息和输入数据。由系统自动产生的信息交互式窗体通常显示各种警告、提示信息，如数据输入违反有效性规则时弹出的警告如图 4-6 所示。

图 4-5 交互信息窗体

图 4-6 系统自动产生的窗体

以窗体作为输入界面时，它可以接收用户的输入，判定其有效性和合理性，并响应消息、执行一定的操作。以窗体作为输出界面时，它可以输出数据表中的各种字段内容，如文字、图形图像，还可以播放声音、视频动画，实现数据库中多媒体数据处理。窗体还可以作为控制驱动界面，如窗体中的"命令按钮"，整个系统中的对象通过窗体组织起来，从而形成一个连贯、完整的系统。

2. **按数据显示的方式划分**

按数据显示的方式来划分，有纵栏式窗体、表格式窗体、数据表窗体、数据透视表和数据透视图，这些窗体通过调用 Access 提供的"自动创建窗体"和"自动窗体"功能来创建。

纵栏式窗体：用于数据输入或用作切换面板（用于导航）、对话和消息框。

表格式窗体：可一次显示多条格式化记录。

数据表窗体：像电子表格一样按行和列格式一次显示多条记录。

数据透视表：显示数据的交叉表格。

数据透视图：包括柱形图、饼形图和折线图等类型。

按数据的逻辑关系划分，可分为单个窗体、主/子窗体（嵌入式窗体、链接窗体）等。单个窗体显示单表关系，主/子窗体通常用于显示一对多关系，主窗体显示主表，而子窗体通常是一个数据表或表格式窗体，它显示该关系中的"多"方表。

4.1.5　窗体的属性

在窗体的"属性"窗格中，有 5 个选项卡，如图 4 - 7 所示，各自的内容如下所述。

"格式"选项卡：主要用来设置窗体的格式属性，比如窗体的标题、名称、默认视图、是否在下方显示导航按钮等，这些内容对窗体的美化十分重要。

"数据"选项卡：主要用来设置窗体的数据源等。如果该窗体的设计目标是查看数据，那么肯定会设置数据源，只不过在大多数情况下，系统已经根据所创建的选项，自动添加了数据。

"事件"选项卡：主要用来设置窗体的宏操作或 VBA 程序。可以通过该选项卡来创建事件过程和嵌入式宏，也可以通过该选项卡将独立宏绑定到窗体中。

"其他"选项卡：主要用来对窗体进行系统的设置，比如是否为模式对话框、是否启用右键快捷菜单等。

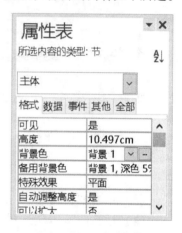

图 4 - 7　窗体属性

"全部"选项卡：该选项卡中包含前四个选项卡的全部内容，这样非常方便用户进行各种属性的查看和修改，并且在该选项卡下，各个属性选项并不是简单地对前四个选项卡内容进行汇总，而是按照用户使用的习惯和各个属性的使用频率进行了重新排列。

任务4.2　创建窗体

单击数据库窗口上的"创建"选项卡按钮，在其显示的"窗体"中，显示了创建窗体的各种方法，如图 4 - 8 所示。

下面分别介绍创建窗体的常用方法。

图 4 - 8　创建窗体方法

4.2.1　使用"窗体"工具创建窗体

使用"窗体"工具创建窗体是在 Access 中从现有表或查询创建窗体。

使用"窗体"工具是创建窗体最为简单的方法。在"导航"窗格中，单击包含窗体数据的表或查询，然后在"创建"选项卡上单击"窗体"组中的"窗体"按钮，Access 将创建窗体，并以"布局"视图显示该窗体，可以根据需要做出设计更改，例如调整文本框的大小以适合数据。

【例4-1】利用"窗体"工具，创建名为"学生成绩"窗体，用来显示、修改和添加学生的成绩信息。

具体步骤如下：

（1）打开"学生管理"数据库。

（2）在"导航"窗格中，单击"成绩表"，然后在"创建"选项卡上选择"窗体"组中的"窗体"，如图4-9所示。

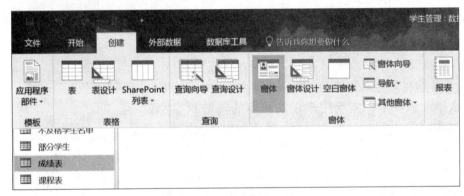

图4-9　"窗体"工具

（3）单击"窗体"，Access 创建"成绩表"窗体，并以"布局"视图显示该窗体。

（4）适当调整布局，并将默认的"成绩表"标题改写为"学生成绩"，单击"保存"按钮，在弹出"另存为"对话框中填写窗体名称，如图4-10所示。

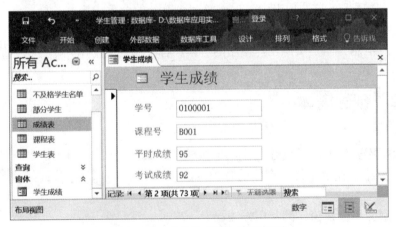

图4-10　"学生成绩"布局视图

（5）单击"窗体布局工具"中的"设计"按钮，选择"视图"中的"窗体视图"，最后创建的窗体如图4-11所示。

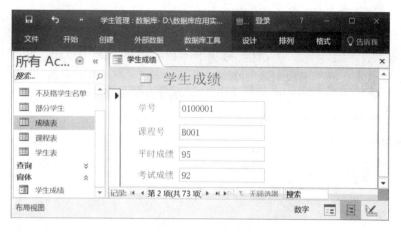

图 4 – 11　"学生成绩"窗体视图

使用"窗体"工具创建窗体的优点和缺点都非常明显。优点是操作简单且快捷；缺点是新窗体包含了指定的数据来源（表或查询）中的所有字段和记录，用户不能做出选择。

4.2.2　使用"空白窗体"工具创建窗体

使用"空白窗体"工具可以创建不带控件或预设格式的元素的窗体。其方法是：在"创建"选项卡上单击"窗体"组中的"空白窗体"，Access 在"布局视图"中打开一个空白窗体，并显示"字段列表"窗格，然后通过"字段列表"向空白窗体中添加字段，或使用"窗体布局工具"选项卡上的"控件"组中的工具向窗体添加徽标、标题、页码或日期和时间等控件。

【例 4 – 2】利用"空白窗体"工具，创建名为"学生部分信息"的窗体，用来显示、修改学生的"学号""姓名""出生年月日""家庭所在地"信息。

具体步骤如下。

（1）打开"学生管理"数据库。

（2）在"创建"选项卡上选择"窗体"组中，单击"空白窗体"，打开名为"窗体 1"的空白窗体，并以"布局"视图显示该窗体。如图 4 – 12 所示。

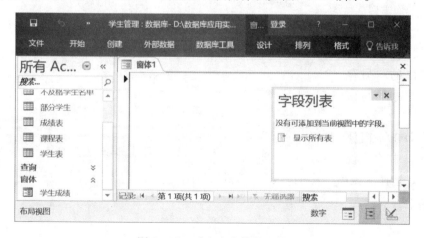

图 4 – 12　"空白窗体"工具

（3）打开"字段列表"。打开"窗体设计"视图后，一般系统会自动弹出"字段列表"。如果没有弹出，单击"设计"选项卡，在"工具"组中单击"添加所有字段"按钮，就能显示或取消"字段列表"窗口。

（4）打开要添加字段的数据源。单击"字段列表"中的"显示所有表"，打开可编辑的数据表，如图 4-13 所示；单击"学生表"旁边的加号（+），显示"学生表"所有字段，如图 4-14 所示。

图 4-13　可编辑的字段列表

图 4-14　学生表的字段列表

（5）添加字段。若要向窗体添加一个字段，请双击该字段，或者将其拖动到窗体上。若要一次添加多个字段，请在按住 Ctrl 的同时单击所需的多个字段，然后将它们同时拖动到窗体上。本例按住 Ctrl 键，选择"学号""姓名""出生年月日""家庭所在地"，将其一起拖到"空白窗体"中。

注意："字段列表"窗格中表的顺序可能会有变化，变化与否取决于当前选择了窗体的哪个部分。如果不能向窗体中添加字段，那么尝试选择窗体的其他部分，然后再次尝试添加字段。

（6）适当调整布局，单击"保存"按钮，在弹出的"另存为"对话框中填写窗体名称。

（7）单击"窗体布局工具"中的"设计"按钮，选择"视图"中的"窗体视图"，最后创建的窗体如图 4-15 所示。

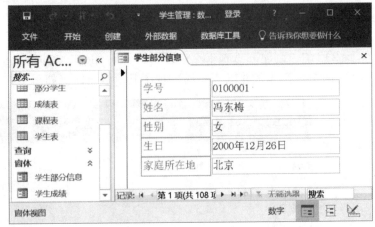

图 4-15　"学生部分信息"窗体

4.2.3 使用"窗体向导"创建窗体

窗体向导提供了一种功能强大的创建窗体的方法。用户在窗体向导的逐步指导下作出选择，例如，窗体数据来自哪个表或查询？窗体使用哪些字段？应用哪个窗体布局？应用哪个外观样式？通过对这些问题的回答，用户可以创建一个符合自己需求的新窗体。用"窗体向导"创建窗体时，数据源可以是一个表或查询的若干字段，也可以是多个表或查询的若干字段。

【例 4-3】利用"窗体向导"，创建名为"学生班级信息"的纵栏式窗体，包含的字段为"学号""姓名""班级名称""出生年月日""家庭所在地"信息。

操作步骤如下。

（1）打开"学生管理"数据库。

（2）在"创建"选项卡上的"窗体"组中，单击"窗体向导"，弹出"窗体向导"对话框，如图 4-16 所示。

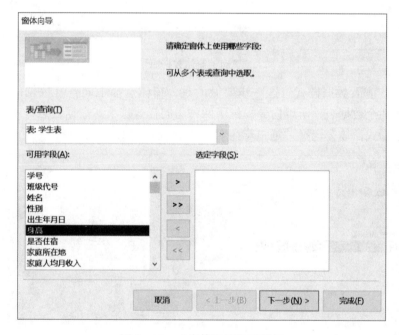

图 4-16 "窗体向导"对话框

（3）选定字段。在弹出的"窗体向导"对话框中，首先在"表/查询"下拉列表框中选择"学生表"，借助对话框中的四个移动按钮或双击要选定的字段，将下方的"可用字段"列表框中的"学号""姓名"移动到右边的"选定字段"列表框中，然后，在"表/查询"下拉列表框中选择"表：学生表"，将"班级名称"移动到右边的"选定字段"列表框中，再在"表/查询"下拉列表框中选择"学生表"，将"出生年月日""家庭所在地"字段依次移动到右边的"选定字段"列表框中。如图 4-17 所示，单击"下一步"按钮，进入下一个对话框。

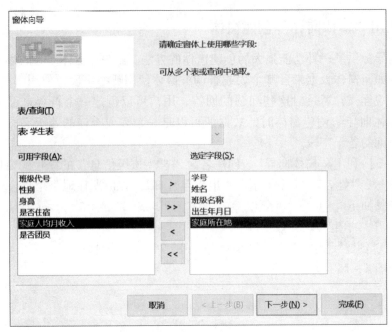

图 4-17 "确定窗体数据源"对话框

（4）确定查看数据方式。这一步要做的是为窗体选择不同查看数据的方式，因为数据来源于两个数据表，所以向导提供了两种不同样式选项。根据题意，本例是设计单个窗体的纵栏式窗体，选择"通过学生表"方式查看数据，如图 4-18 所示。

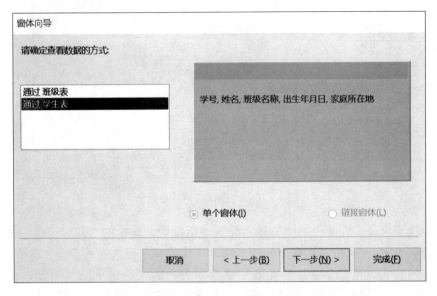

图 4-18 "确定查看数据方式"对话框

（5）确定窗体布局。接下来的对话框为用户提示有关窗体布局的选择。窗体布局即窗体版式，该对话框中提供了 4 种窗体版式，即纵栏表、表格、数据表、两端对齐。

这里选择系统默认的"纵栏表"，如图 4-19 所示，然后单击"下一步"按钮，进入下一个对话框。

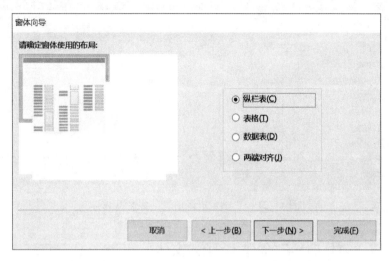

图 4-19　"确定窗体布局"对话框

（6）设定窗体标题。最后一个对话框用于设定窗体标题。在文本框中输入"学生班级信息"窗体名称，如图 4-20 所示。

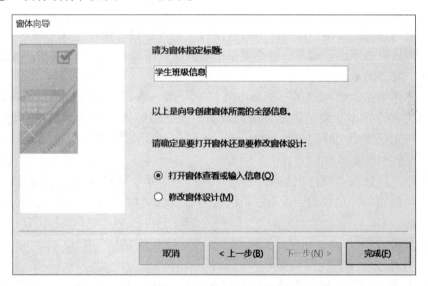

图 4-20　"设定窗体标题"对话框

（7）完成窗体创建。在对话框的下部用户在创建完窗体后是打开窗体还是修改窗体设计的询问中，可以根据实际情况作出选择。如果选择"打开窗体查看或输入信息"，单击"完成"按钮，即弹出"学生班级信息"纵栏式窗体，如图 4-21 所示。

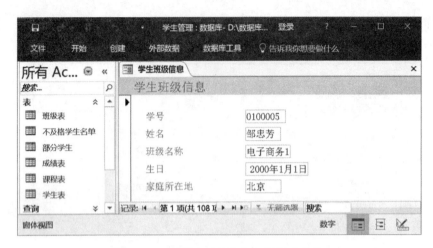

图 4 – 21　"学生班级信息"纵栏式窗体

4.2.4　使用"窗体向导"创建主/子式窗体

　　使用向导创建窗体更重要的应用是创建涉及多个数据源的数据维护窗体，也称此类窗体为主/子窗体。利用 Access 窗体对象处理来自多个数据源的数据时，需要在主窗体对象中添加子窗体。主窗体基于一个数据源，任何其他数据源的数据处理都必须为其添加对应的子窗体。

　　基本窗体称为主窗体，而窗体内的窗体为子窗体。通过使用"父 – 子"窗体属性，还可以编辑所有的字段，而不必担心数据集成问题。使用子窗体，甚至可以把数据输入和编辑到一对多关系中。

　　主窗体用于显示"一对多"关系中的"一"端的数据表里的数据，子窗体用于显示与其相关联的"多"端的数据表中的数据。根据主窗体和子窗体之间的联系，子窗体只显示与主窗体中当前记录相关的记录。当在一对多关系中指定多个表时，窗体向导自动创建窗体和子窗体。

　　【例 4 – 4】利用"窗体向导"，创建窗体名为"学生各科成绩"、子窗体名为"各科成绩表"的窗体，包含的字段为：班级代号、班级名称、学号、姓名、出生年月日、家庭所在地。

　　操作步骤如下。

　　（1）打开"学生管理"数据库。

　　（2）打开"窗体向导"对话框。在"创建"选项卡上的"窗体"组中，单击"窗体向导"，弹出"窗体向导"对话框。

　　（3）确定数据源。首先在"表/查询"下拉列表中选择"表：学生表"，添加"学号""姓名""班级代号"字段到"选定字段"列表中；接着，在"表/查询"下拉列表中选择"表：课程表"，添加"课程名"字段到"选定字段"列表中；最后，在"表/查询"下拉列表中选择"表：成绩表"，添加"平时成绩""考试成绩"字段到"选定字段"列表中，选择结果如图 4 – 22 所示。

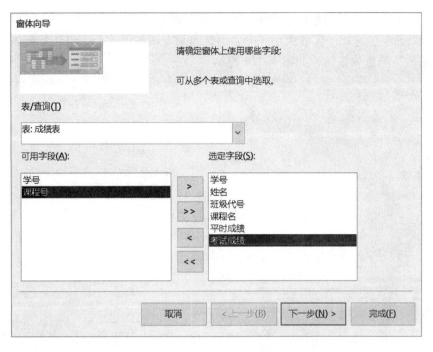

图 4-22 "数据源选定结果"对话框

（4）确定查看数据方式。单击"下一步"按钮，弹出"窗体向导"第二个对话框。在该对话框中选择查看数据的方式。本例选择"通过学生表"的方式查看数据。单击"带有子窗体的窗体"单选按钮，其结果如图 4-23 所示。

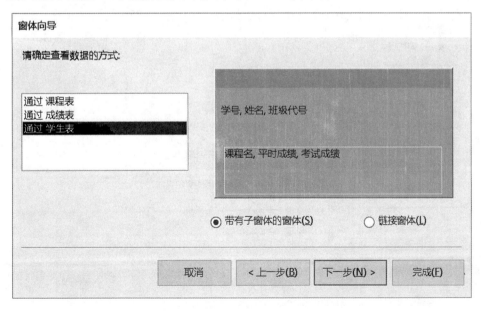

图 4-23 "确定查看数据方式"对话框

（5）确定子窗体所用布局。单击"下一步"按钮，弹出"窗体向导"第三个对话框。在该对话框中选择子窗体所用布局。可选布局有两种形式：表格、数据表。本例选择"数据表"单选项按钮，如图4-24所示。

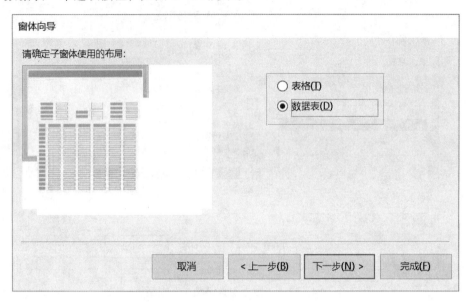

图4-24　"确定子窗体布局"对话框

（6）确定标题。单击"下一步"按钮，弹出"窗体向导"最后一个对话框。在该对话框中选择窗体和子窗体指定标题。本例在"窗体"文本框中输入"学生各科成绩"，在"子窗体"文本框中输入"各科成绩表"，如图4-25所示。

图4-25　"确定标题"的窗体

（7）单击"完成"按钮，并打开其"布局视图"，调整窗体各部件大小、分布和外框、字体大小和字形，完成后，重新设置为"窗体视图"，即可看到如图4-26所示的带有子窗体的窗体。

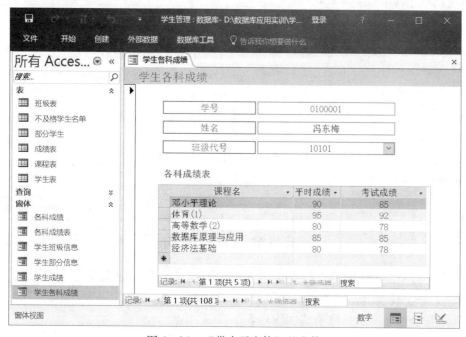

图4-26　"带有子窗体"的窗体

在使用向导创建窗体时有两个重要的应用：确定查看数据的方式和确定子窗体的形式。在例4-4中，当显示的数据取自多个数据源，并且多个数据源之间存在主从关系时（多表间建立关系），选择不同的查看数据的方式会产生不同结构的窗体。"学生表"相对于"成绩表"是主表（"学生表"中的一条记录对应"成绩表"中的多条记录，"学生表"中的"学号"是主键），因此选择从"学生表"查看数据可以创建带子窗体的窗体，子窗体显示的是子表的数据。

4.2.5　使用"窗体设计"创建窗体

Access不仅提供了方便用户创建窗体的向导，还提供了窗体"设计视图"。与使用向导创建窗体相比，在"设计视图"中，不但能创建自定义窗体，而且能修改窗体。无论是用哪种方法创建的窗体，如果生成的窗体不符合预期要求，均可以在"设计视图"中进行修改。

【例4-5】在"学生管理"数据库中用"设计视图"方法，创建"学生成绩表"窗体，包含的字段为："学号""课程号""平时成绩""考试成绩"。

操作步骤如下。

（1）打开"学生管理"数据库。

（2）打开"窗体设计"视图。在"创建"选项卡上的"窗体"组中，单击"窗体设计"，弹出"窗体视图"，如图4-27所示。

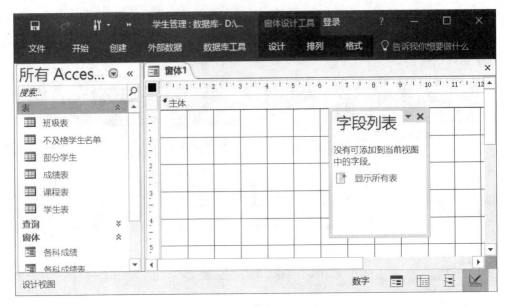

图 4-27　窗体设计视图

（3）打开"字段列表"。打开"窗体设计"视图后，一般系统会自动弹出"字段列表"。如果没有弹出，单击"设计"选项卡，然后在"工具"组中，单击"添加所有字段"按钮，就能显示或取消"字段列表"窗口。

（4）打开要添加字段的数据源。单击"字段列表"中的"显示所有表"，打开可编辑的数据表，如图 4-28 所示，单击"成绩表"旁边的加号（＋），显示"成绩表"所有字段，如图 4-29 所示。

图 4-28　可编辑的字段列表

图 4-29　成绩表的字段列表

（5）添加字段。若要向窗体添加一个字段，双击该字段，或者将其拖动到窗体上。若要一次添加多个字段，在按住 Ctrl 的同时单击所需的多个字段，然后将它们同时拖动到窗体上。系统会自动在主体上生成对应的一组标签和文本框控件，如图 4-30 所示。

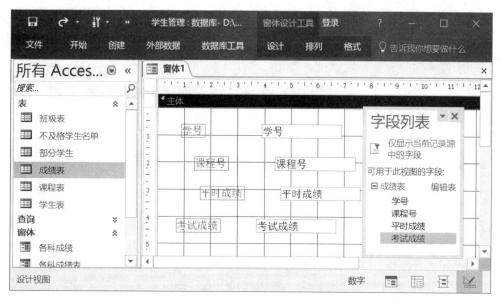

图 4 – 30　主体中添加数据的窗体设计视图

（6）用鼠标拖动字段到主题中时，各个控件的位置可能不是很整齐，可以选定所有字段，单击鼠标右键，在弹出的快捷菜单中选择"对齐"和"大小"选项调整控件的对齐方式和大小方式，也可以在"窗体设计工具"中选择"排列"选项卡，在"调整大小和排序"组中，单击"对齐"（见图 4 – 31）或"大小/空格"（见图 4 – 32）选项设置。系统"排列"选项中的工具不仅可以调整控件的对齐方式和大小方式，还可以调整控件的水平间距和垂直间距，如图 4 – 33 所示。经过调整，使得各个控件在窗体上排列整齐，调整后的设计视图如图 4 – 34 所示。

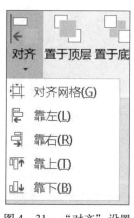

图 4 – 31　"对齐"设置

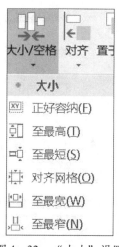

图 4 – 32　"大小"设置

图 4 – 33　"间距"设置

图 4 - 34　调整后的窗体设计视图

（7）保存并取名为"学生成绩表"，退出窗体设计视图。

（8）在"导航窗格"中，双击"学生成绩表"窗体，可以看到窗体运行的效果，如图 4 - 35 所示。用户可以通过使用窗体自带的记录导航按钮实现记录的浏览或记录的修改。

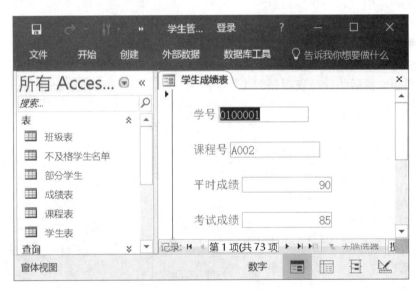

图 4 - 35　视图创建窗体运行结果

4.2.6　创建分割窗体

分割窗体可以同时提供数据的两种视图："窗体"视图和"数据表"视图。使用分割窗体可以在一个窗体中同时利用两种窗体类型的优势。例如，可以使用窗体的数据表部分快速定位记录，然后使用窗体部分查看或编辑记录。这两种视图连接到同一数据源，并且始终保持同步。

【例4-6】创建名为"分割式学生各科考试成绩"的分割式窗体。

具体步骤如下。

（1）打开"学生管理"数据库。

（2）在"导航窗格"中，选择"查询"对象中的"学生各科考试成绩"查询。

（3）在"创建"选项卡上的"窗体"组中，单击"其他窗体"，然后单击"分割式窗体"按钮，Access系统创建了"学生各科考试成绩"窗体，并以"布局视图"显示该窗体。

（4）适当调整布局，并将默认的"学生各科考试成绩"标题改写为"分割式学生各科考试成绩"，单击"保存"按钮，在弹出"另存为"对话框中填写窗体名称。

（5）单击"窗体布局工具"中的"设计"按钮，选择"视图"中的"窗体视图"，最后创建的窗体如图4-36所示。

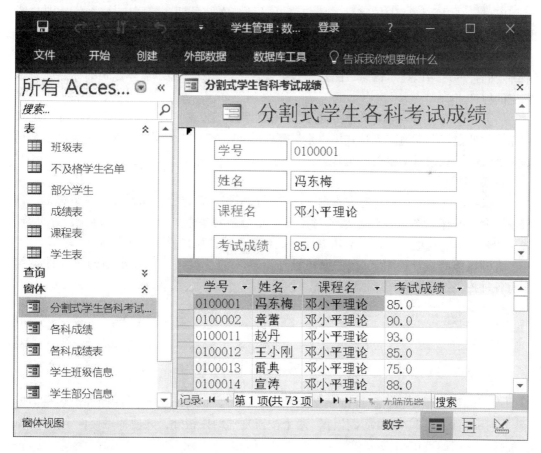

图4-36 分割式窗体

任务 4.3 向窗体添加常用控件

4.3.1 窗体中的控件

1. 控件类型

控件是窗体上的图形化对象，是构成窗体的基本元素。利用控件可以实现在窗体中对数据的输入、查看、修改以及对数据库中的各种对象进行操作。

利用窗体设计视图创建窗体的过程，实际上就是在窗体设计视图中对各种控件进行操作，包括添加、删除、修改控件，并对控件的属性进行设置的过程。

窗体中的控件有三种类型。

（1）绑定控件：数据源是表或查询中的字段的控件被称为绑定的控件。绑定的控件用以显示来自数据库中的字段的值。值可以是文本、日期、数字、是/否值、图片或图形。例如，文本框中显示的员工姓氏可能是从雇员表中的姓氏字段获得的信息。

（2）未绑定控件：没有（如字段或表达式）数据源的控件被称为未绑定的控件。未绑定的控件可用以显示信息、图片、线条或矩形。例如，显示窗体标题的标签就是未绑定的控件。

（3）计算型控件：数据源是表达式而不是字段的控件。通过定义表达式可指定要用作控件的数据源的值。表达式可以是运算符（如 = 和 +）、控件名称、字段名称、返回单个值的函数以及常量值的组合。

2. 常用控件

Access 包含的常用控件有文本框、标签、选项组、复选框、切换按钮、组合框、列表框、命令按钮、图像控件、结合对象框、非结合对象框、子窗体/子报表、分页符、线条和矩形等，这些控件用于显示数据、执行操作或使用户界面更加美观。

打开窗体"设计视图"，在"窗体设计工具"的"设计"选项卡中的"控件"组中有各种控件按钮，如图 4-37 所示。

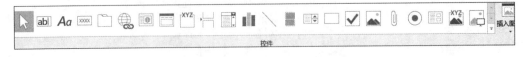

图 4-37 "设计视图"窗口中的控件

在"控件"组中，将鼠标移至某个控件按钮上，鼠标下方显示该控件的名称。除了"使用控件向导""ActiveX 控件"两个按钮是辅助按钮外，其他都是控件定义按钮，各控件的作用如表 4-1 所示。

表 4 – 1　工具箱中的控件及作用

控件名称	图标	作　　用
选择对象		选定窗体控件
控件向导		打开或关闭控件向导
标签	Aa	显示说明文本
文本框	abl	显示、输入或编辑数据
选项组		与复选框、选项或切换按钮配合使用，显示一组可选值
切换按钮		表示开或关两种状态
选项按钮		用于单项选择
复选框		用于多项选择
组合框		由一个文本框或一个列表框组成，可以输入和选择数据
列表框		从列表中选择数据
命令按钮		用来执行一项命令
图像		在窗体或报表中显示图像
未绑定对象框		显示未绑定型 OLE 对象
绑定对象框		显示绑定型 OLE 对象
分页符		创建多页窗体，或者在打印窗体及报表时开始一个新页
选项卡控件		创建一个带选项卡的窗体或对话框，显示多页信息
子窗体/子报表		在窗体或报表中显示来自多个表的数据
直线		绘制直线
矩形		绘制矩形框
其他控件		显示 Access 已经加载的其他控件

利用工具箱向窗体添加控件的基本方法是：首先，在工具箱中单击要添加的控件按钮，将鼠标移动到窗体上，鼠标变为一个带"＋"号标记的形状（左上方为"＋"，右下方为选择的控件图标，如添加标签控件时的鼠标形状为 + A），然后在窗体的合适位置单击鼠标，即可添加一个控件，控件大小由系统自动设定。

注意：如果要使用向导来帮助创建控件，需要按下工具箱中的"　"使用控件向导。该工具在默认情况下是启动的，其作用是在工具按钮的使用期间启动对应的辅助向导，如文本框向导、命令按钮向导等。

3. 控件的有关操作

在创建控件的过程中，还需要对控件进行一些必要的操作。

1）选择控件

直接单击控件的任意一处，可以选择该控件。此时控件的四周出现8个控点符号，其中左上角的控点形状较大，称为"移动控点"，其他控点为"尺寸控点"。

如果要选择多个控件，可以按住Shift键，再依次单击各个控件。或者直接拖动鼠标使它经过所有要选择的控件。单击已选定控件的外部任意一处可以取消选定。

2）移动控件

方法一：把鼠标放在控件左上角的"移动控点"处，当出现手形图标时，按住鼠标将其拖动到指定的位置。无论选定的是几个控件，这种方法只能移动单个控件。方法二：鼠标在选中的控件上移动（非"移动控点"处），当出现手形图标时，按住鼠标将其拖动到指定的位置。这种方法能同时移动所有选中的控件。

3）调整控件大小

选中要调整大小的一个或多个控件，将鼠标移动到尺寸控点上，鼠标变为双箭头时，拖动尺寸点，直到控件变为所需的大小。

当控件的标题长度大于该控件的宽度时，单击菜单"格式"下的"大小"选项，在子菜单中选择"正好容纳"命令，可以自动调整控件大小，使其正好容纳其中内容。例如，标签标题的长度大于该标签控件的宽度时，执行此命令，标签控件就会自动加宽到正好完整显示标题。

4）控件的对齐

在设计窗体布局时，往往要以窗体的某一边界或网格作为基准对齐某（多）个控件，首先选择需要对齐的控件，再单击菜单"格式"下的"对齐"选项，在子菜单中用户可以选择"靠左""靠右""靠上""靠下"或"对齐网格"选项。

如果打开的窗体没有网格，可以执行菜单"视图"下的"网格"命令，在窗体中添加网格以作对齐参照。

5）调整控件间距

使用"格式"菜单下的"水平间距"选项，可以调整控件的水平间距。选择子菜单中的"相同"命令时，系统将在水平方向上平均分布选中的控件，使控件间的水平距离相同；选择"增加"或"减少"命令时，可以增加或减少控件之间的水平距离。

使用菜单"格式"下的"垂直间距"命令，可以调整控件的垂直间距。选择子菜单中的"相同"命令时，系统将在垂直方向上平均分布选中的控件，使控件间的垂直距离相同；选择"增加"或"减少"命令时，可以增加或减少控件之间的垂直距离。

6）删除控件

选中要删除的一个或多个控件，按Delete键或者执行"编辑"菜单下的"删除"命令，可删除选中的控件。

7）复制控件

选中一个或多个控件，执行"编辑"菜单下的"复制"命令，然后确定要复制的控件位置，再执行"编辑"菜单下的"粘贴"命令，可将已选中的控件复制到指定的位置上，再修改副本的相关属性，可大大加快控件的设计。

4.3.2 标签控件

标签（Label）是在窗体、报表或数据访问页上显示文本信息的控件，常用作提示和说明信息。标签不显示字段或表达式的数值，它没有数据来源，而且当从一个记录移到另一个记录时，标签的值都不会改变。

标签可以附加到其他控件上。在创建结合型控件时，从字段列表框中将选定的字段拖到窗体中时，用于显示字段名的控件就是标签，而用于显示字段值的控件则是文本框。例如，创建"学生信息浏览"窗体，从字段列表中选择"学号"等字段拖动到窗体的设计视图时，有一个标签附加在文本框控件上同时出现，且默认字段名"学号"作为该标签标题。

标签控件的常用属性如下。

（1）"名称"：名称是控件的一个标识符，在属性窗口的对象名称框和"其他"选项卡下的"名称"文本框中显示的就是各控件的名称，在程序代码中也是通过名称来引用各个控件的。按标签添加到窗体上的顺序，其默认的名称依次是 Label1，Label2，……。同一个窗体中的各个控件的名称不能相同，用户可以重新指定标签的名称。

（2）"标题"：指定标签中显示的文本内容。

（3）"背景样式"：指定标签的背景是否是透明的。

（4）"前景色""背景色"：前景色是标签内文字的颜色，背景色是标签的底色。

（5）"宽度""高度"：设置标签的大小。

（6）"边框样式""边框颜色""边框宽度"：设置标签边框的格式。

（7）"字体名称""字号""字体粗细"：设置标签内文字的格式。

【例 4-7】创建如图 4-38 所示的"学生信息维护系统"窗体。

操作步骤如下。

（1）打开"学生管理"数据库。

（2）在"创建"选项卡上的"窗体"组中，单击"窗体设计"，打开"设计视图"，在"主体"中添加"学生表"的所有字段，如图 4-39 所示。

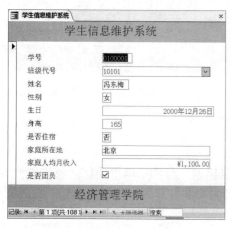

图 4-38 【例 4-7】样张

图 4-39 添加字段

（3）右键单击"主体"空白处，打开其快捷菜单，选择"窗体页眉/页脚"，打开"窗体页眉/页脚"视图，并适当调整页眉页脚大小。在窗体页眉或页脚的快捷菜单中，打开"属性表"设置窗口，如图4-40所示，将背景色设置为"浅色页眉背景"。

图4-40 "新建窗体"对话框

图4-41 窗体设计控件

（4）单击快速工具栏上的"控件"按钮，打开"控件"工具栏，如图4-41所示，单击"标签"控件，或在"设计"选项卡上的"控件"组中，单击"标签"，这时，鼠标呈"⁺A"状态，点击"标签"要设置的位置，拖动确定"标签"的大小，最后输入标签内容。

（5）点击"窗体设计工具"中的"格式"，设置标签的字体、字号、颜色和外框。

（6）单击"保存"按钮，将窗体名设置为"学生信息维护系统"，最后窗体设计视图如图4-42所示。

（7）在"导航窗格"窗口对象，双击"学生信息维护系统"窗体，可以看到窗体运行的效果。

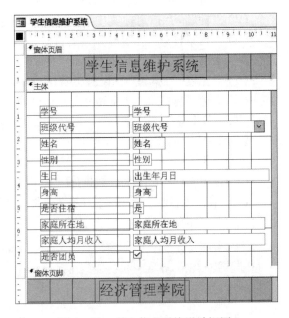

图4-42 学生信息系统设计视图

4.3.3 文本框控件

文本框（TextBox）是一个交互式控件，既可以显示数据，也可以接收数据的输入。在Access中，文本框有3种类型：结合型、非结合型和计算型文本框。创建哪种类型的文本框，取决于用户的需要。

1）创建非结合型文本框控件

利用工具箱中的文本框工具，在设计视图中为窗体创建文本框控件，在窗体视图中用于显示或输入数据。

2）创建结合型文本框控件

在设计视图中，先为窗体设置记录源，然后从字段列表中将字段拖至窗体中，就会产生一个关联到该字段的文本框；或创建未结合型文本框，并在其"控件来源"属性框中选择一个字段。在窗体视图下，结合型文本框用于显示字段值，并可以输入数据更改字段值。

3）创建计算型文本框控件

在设计视图中，先创建非结合型文本框，然后在文本框中输入等号" = "开头的表达式；或在其"控件来源"属性框中输入等号" = "开头的表达式，也可以利用该框右侧的生成器按钮" ⋯ "打开"表达式生成器"对话框来产生表达式。在窗体视图下，计算型文本框用于显示表达式计算结果，但不能修改。

文本框控件的常用属性有：

（1）"控件来源"——结合型文本框控件来源为表或查询数据源中的某个字段；计算型文本框控件来源为一个计算表达式，表达式前必须以" = "开头；非结合型文本框不需要指定控件来源。从窗体数据源的"字段列表"中将文本类型的字段拖放到窗体上时，会自动产生结合型文本框控件，并将其控件来源属性设置为对应的字段。

（2）"输入掩码"——设置结合型或非结合型文本框控件的数据输入格式，仅对文本型或日期型数据有效。可以单击属性框右侧的生成器按钮" ⋯ "，启动输入掩码向导设置输入掩码。

（3）"默认值"——对计算型文本框和非结合型文本框控件设置初始值。

（4）"有效性规则"——设置在文本框控件中输入或更改数据时的合法性检查表达式。

（5）"有效性文本"——当在该文本框中输入的数据违背了有效性规则时，将显示有效性文本中填写的文字信息。

（6）"可用"——指定文本框控件是否能够获得焦点。只有获得焦点的文本框才能输入或编辑其中的内容。

（7）"是否锁定"——如果文本框被锁定，则其中的内容就不允许被修改或删除。

【例4-8】创建如图4-43所示的"学生成绩管理系统"窗体，文本框"总评成绩"的计算方法为：总评成绩 = $0.4 \times$平时成绩 $+0.6 \times$考试成绩。

操作步骤如下。

（1）打开"学生管理"数据库。

（2）在"创建"选项卡上的"窗体"组中，单击"窗体设计"，打开"设计视图"，在"主体"中添加"成绩表"的所有字段。

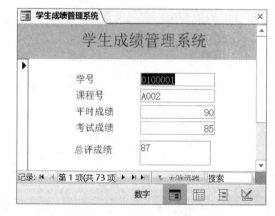

图4-43　【例4-8】样张

（3）在"快速工具箱"上单击"控件"按钮，确定"使用控件向导"为按下状态，如图4-44所示，单击"使用控件向导"可使其在"按下"和"取消按下"之间转换，只有在"按下"状态，才能打开某些控件的创建向导。

（4）右键单击"主体"空白处，打开快捷菜单，选择"窗体页眉/页脚"，打开"窗体页眉/页脚"视图，并适当调整页眉页脚大小。在窗体页眉或页脚的快捷菜单中，打开"属性表"设置窗口，将窗体的页眉的背景色设置为"浅色页眉背景"。

（5）单击快速工具栏上的"控件"按钮，打开"控件"工具栏，单击"标签"控件，或在"设计"选项卡上的"控件"组中，单击"标签"，这时，鼠标呈"⁺A"状态，在页眉上点击"标签"要设置的位置，用拖动的方法确定"标签"的大小，输入"学生成绩管理系统"。

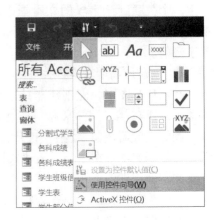

图4-44　"使用控件向导"按钮状态

（6）单击快速工具栏上的"控件"按钮，打开"控件"工具栏，单击"文本框"控件，或在"设计"选项卡上的"控件"组中，单击"文本框"，这时，鼠标呈"⁺ab"状态，在主体上点击"文本框"要设置的位置，用拖动的方法确定"文本框"的大小，此时，系统自动弹出"文本框向导"对话框。

（7）在文本框向导第一步，确定文本框的字形、字体和文本框的对齐方式，按默认设置，如图4-45所示。

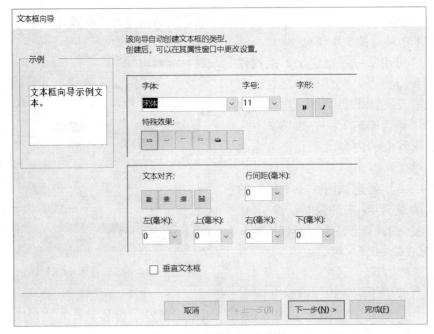

图4-45　设置文本框字体

（8）向导第二步，确定文本框的输入模式，按默认设置。

（9）向导第三步，输入文本框名称，本例输入"总评成绩"，如图 4 - 46 所示，然后单击"完成"按钮。

图 4 - 46　输入文本框名称

（10）单击"完成"按钮，此时在窗体的主体中增加了一个"总评成绩"标签和一个"未绑定"的文本框，如图 4 - 47 所示。

（11）右键单击"未绑定"文本框，在"快捷菜单"中点击"属性"，在弹出的"文本框属性"对话框中，单击"数据"选项卡，在"控件来源"属性框中键入表达式：＝［平时成绩］＊0.4 ＋［考试成绩］＊0.6，如图 4 - 48 所示。若要使用表达式生成器创建表达式，请单击"控件来源"属性框旁边的"生成器"按钮，或在"未绑定"文本框直接输入表达式。

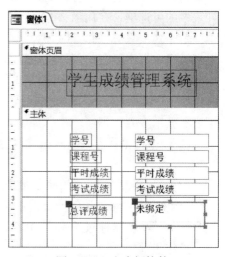

图 4 - 47　文本框控件

（12）关闭属性对话框，单击"保存"按钮，在"另存为"对话框中输入窗体名称，窗体设计完成，最后设计视图如图 4 - 49 所示。

图 4 - 48　文本框控件数据来源设置对话框　　　图 4 - 49　最后设计视图

（13）保存并退出窗体设计视图，然后在"窗体对象"窗口双击"学生信息维护系统"窗体，可以看到窗体运行的效果。

4.3.4　组合框和列表框控件

组合框（ComBox）和列表框（ListBox）控件都提供一个值列表，通过从列表中选择数据完成输入工作，既可以保证输入数据的正确性，又可以提高数据的输入速度。

列表框在窗体中，可以包含一列或几列数据，每行可以有一个或多个字段。组合框类似于文本框和列表框的组合，可以在组合框中输入新的值，也可以从列表中选择一个值。要确定创建列表框还是组合框，需要考虑有关控件如何在窗体中显示，还要考虑用户如何使用。两者均有各自的优点。在列表框中，列表随时可见，但是控件的值只限于列表中的可选项，在用窗体输入或编辑数据时，不能添加列表中没有的值。在组合框中，由于列表只有在打开时才显示内容，因此该控件在窗体上占用的地方较小，用户可以选择组合框中已有的值，也可以输入一个新值并将其添加到列表中。

组合框和列表框的常用属性如下。

（1）"列数"——该属性默认值为 1，表示只显示 1 列数据，如果属性值大于 1，则表示显示多列数据。

（2）"行来源类型"——指定数据类型，有三个选项：表/查询、值列表和字段列表。

（3）"行来源"——为每一数据类型决定数据来源。

【例 4 - 9】在"学生情况维护"窗体的主体中添加一个名为"姓名定位记录"的组合框。其功能是通过选定"姓名"，确定窗体中的记录。

操作步骤如下。

（1）打开学生管理系统。

（2）在"导航窗格"的窗体对象中，右键单击"学生信息维护系统"窗体，在快捷菜单中打开"学生信息维护系统"窗体的设计视图。

（3）在"快速工具栏"上单击"控件"按钮，确定其上的"使用控件向导"为按下状态。

（4）单击快速工具栏上的"控件"按钮，然后单击"组合框"控件，再单击"主体"放置"组合框"的位置，用拖动的方法确定控件的大小，系统弹出"组合框向导"对话框。

（5）在组合框向导第一步中，选择组合框类型。此处选"在基于组合框中选定的值而创建的窗体上查找记录"，如图 4-50 所示。

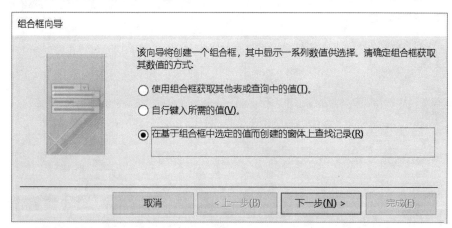

图 4-50　组合框向导第一步

（6）在组合框向导第二步中，选定字段，即组合框绑定的字段将变成组合框的列，此处选定"姓名"，如图 4-51 所示。

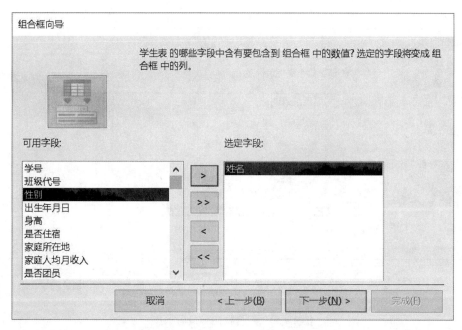

图 4-51　组合框向导第二步

（7）在组合框向导第三步中，要调整列表宽度，此处保持原有宽度，如图 4-52所示。

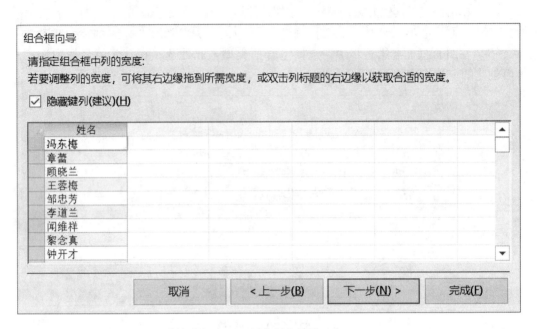

图 4 – 52　组合框向导第三步

（8）在组合框向导最后一步中，输入组合框的标题。此处输入"姓名定位记录"作为标题，如图 4 – 53 所示。

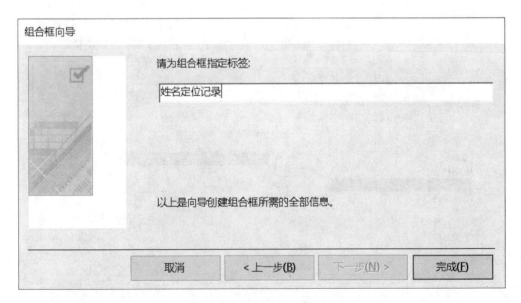

图 4 – 53　组合框向导最后一步

（9）单击"完成"按钮，最后的设计视图如图 4 – 54 所示。

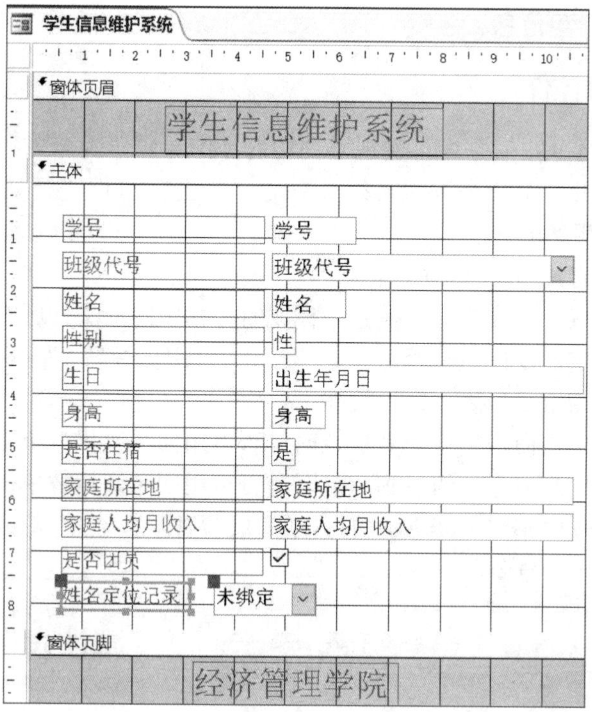

图 4-54　【例 4-9】窗体设计视图

（10）保存并退出窗体设计视图，然后在"窗体对象"窗口双击"学生信息维护系统"窗体，可以看到窗体运行的效果，如图 4-55 所示。通过组合框下拉式按钮可以选

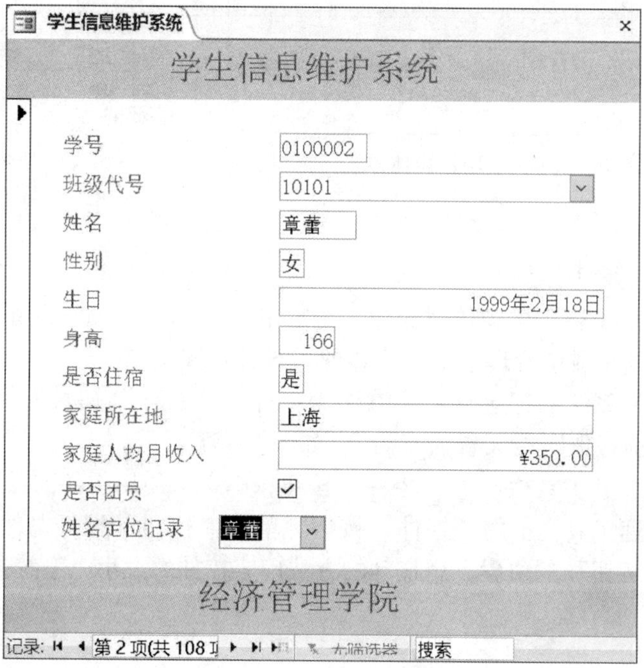

图 4-55　【例 4-9】窗体运行结果

择学生姓名来查看学生信息。

4.3.5　命令按钮控件

在窗体上添加命令按钮是为了实现某种功能操作，如"确定""退出""添加记录"和"查询"等。因此一个命令按钮必须具有对"单击"事件进行处理的能力。命令按钮的常用属性及说明如下：

（1）标题。指定按钮上显示的文本。

（2）图片。当以图片作为命令按钮的标题时，指定图形文件所在位置。

（3）可用。指定命令按钮是否可用。"是"为可用，"否"为不可用。

（4）可见性。指定是否隐藏命令按钮。

（5）默认。指定当命令按钮得到焦点时是否可用回车键代替单击"确定"按钮。

（6）取消。指定当命令按钮得到焦点时是否可用回车键代替单击"取消"按钮。

【例4-10】创建如图4-56所示的"学生成绩管理系统"，隐藏原有系统的记录导航，自己制作新的导航命令。

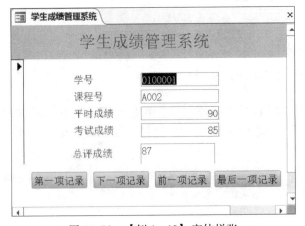

图4-56　【例4-10】窗体样张

图4-57　"窗体"属性设置

操作步骤如下。

（1）打开学生管理系统。

（2）在"导航窗格"的窗体对象中，右键单击"学生成绩管理系统"窗体，在快捷菜单中打开"学生成绩管理系统"窗体的"设计视图"。

（3）隐藏原有系统的记录导航。方法为：打开"窗体"属性对话框，将"格式"选项卡中的"导航按钮"栏设置为"否"，如图4-57所示。

（4）单击"快速工具栏"上"控件"按钮，确定"使用控件向导"为按下状态。

（5）单击快速工具栏上的"控件"按钮，单击"按钮"控件，然后单击"窗体页脚"放置"命令按钮"的位置，用拖动的方法确定控件的大小，系统弹出"命令按钮"对话框。

（6）在向导第一步，选择"记录导航"类型中的"转至第一项记录"，如图4－58所示。

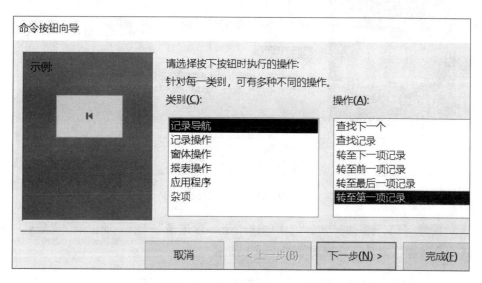

图4－58　命令按钮向导第一步

（7）在向导第二步，选择"文本"，如图4－59所示。

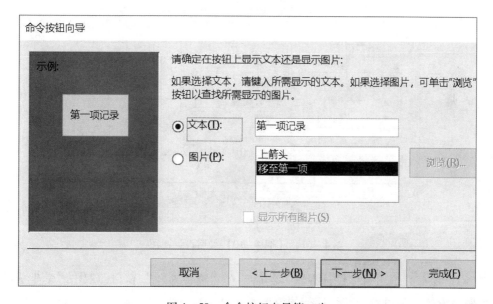

图4－59　命令按钮向导第二步

（8）在向导第三步，控件名称默认设置，并单击"完成"按钮，如图4－60所示。

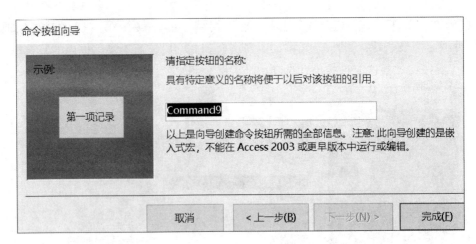

图 4-60　命令按钮向导第三步

（9）重复（5）至（8）步，依次创建"下一项记录""前一项记录""最后一项记录"等命令按钮，最后设计视图如图 4-61 所示。

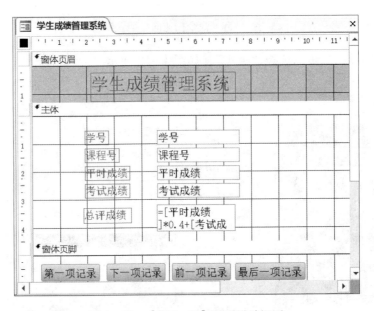

图 4-61　【例 4-10】最后设计视图

（10）保存并退出窗体设计视图，然后，在"窗体对象"窗口，双击"学生成绩管理系统"窗体，可以看到窗体运行的效果。

4.3.6　选项组控件

"选项组"控件（Frame）是由一个组框架及一组选项按钮、复选框或切换按钮组成，可以用于多选操作，它们功能相似，形式不同。选项组可以简化用户选择某一组确定值的操作，只要单击选项组中所需的值就可以为字段选定数据值。需要注意的是如果选项组结合到某个字段，则只是组框架本身结合到此字段，而不是组框内的复选框、选项框或切换按钮。当这三种控件和选项组控件结合起来使用时，可实现单选操作。下面是复选框的常用属性及说明。

（1）控件来源。设定复选框的数据来源。非空为绑定型控件，一般绑定"是/否"型。

（2）是否锁定。"是"为锁定，不可改变其值；"否"为不锁定，系统默认。

（3）默认值。"-1"为选中，"0"为非选。

（4）可用。指定复选框是否可用，系统默认"是"。

【例 4-11】在"学生部分信息"窗体中创建一个选项组，并将选项组绑定到"是否团员"字段。

操作步骤如下。

（1）打开学生管理系统。

（2）在"导航窗格"的窗体对象中，右键单击"学生部分信息"窗体，在快捷菜单中打开"学生部分信息"窗体的"设计视图"。

（3）在"设计"选项卡上的"控件"组中，确定"使用控件向导"为按下状态。

（4）在"设计"选项卡上的"控件"组中，单击"选项"按钮，然后单击"主体"放置"选项组"的位置，用拖动的方法确定控件的大小，自动弹出"选项组"对话框，如图 4-62 所示。

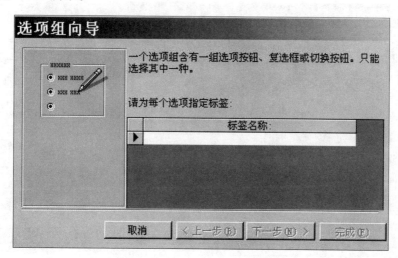

图 4-62　向导创建窗体运行结果

（5）在向导第一步，为每个选项指定标签名称。本例设两个标签，名称分别为"是"和"否"，如图 4-63 所示，单击"下一步"按钮。

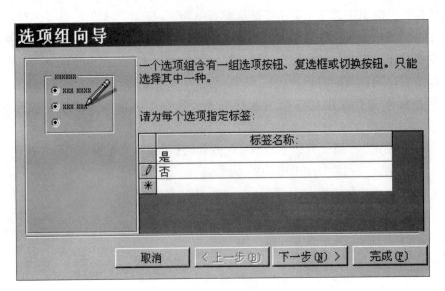

图 4-63　向导创建窗体运行结果

（6）在向导第二步，确定是否为选项组选择设置"默认选项"和决定默认选项值，本例选"是"，单击"下一步"按钮。

（7）在向导第三步，为每一个标签设定数值，本例将"是"和"否"标签分别设定为"-1"和"0"，单击"下一步"按钮，如图 4-64 所示。

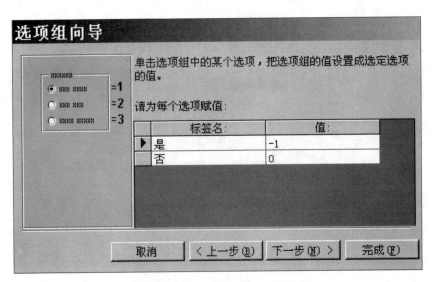

图 4-64　向导创建窗体运行结果

（8）在向导第四步，设置选项值的用途，本例选择"在此字段中保存该值"，并设定保存到"是否团员"字段中，如图 4-65 所示，单击"下一步"按钮。

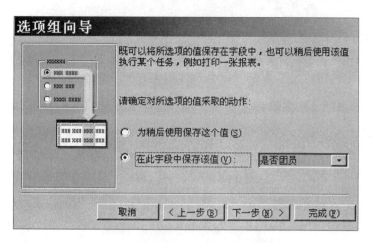

图 4 – 65　向导创建窗体运行结果

（9）在向导第五步，为选项组设置控件类型和样式，本例选默认值"选项按钮"和"蚀刻"，单击"下一步"按钮。

（10）在向导第六步，确定选项组的标题，本例标题设置为"是否团员"，单击"完成"按钮，完成的设计视图如图 4 – 66 所示。

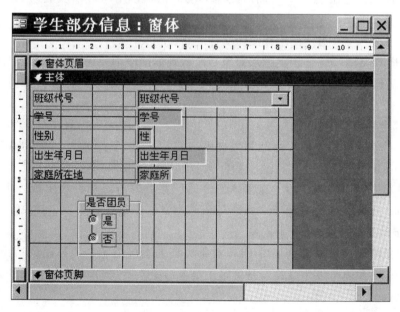

图 4 – 66　向导创建窗体运行结果

（11）保存并退出窗体设计视图，然后在"窗体对象"窗口双击"学生部分信息"窗体，可以看到窗体运行的效果，如图 4 – 67 所示。

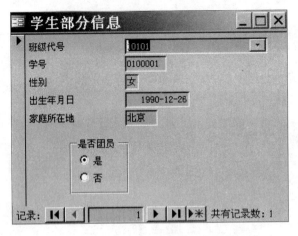

图 4-67　向导创建窗体运行结果

4.3.7　图像、未绑定对象框和绑定对象框控件

1. 图像控件

图像控件是一个放置图形对象的控件。在工具箱中选中图像控件后，在窗体的合适位置上单击鼠标，会出现一个"插入图片"的对话框，用户可以从磁盘上选择需要的图形图像文件。图像控件的常用属性有：

（1）"图片"——指定图形或图像文件的路径和文件名。

（2）"图片类型"——指定图形对象是嵌入到数据库中，还是链接到数据库中。

（3）"缩放模式"——指定图形对象中图像框中的显示方式，有"裁剪""拉伸"和"缩放"三个选项。

2. 未绑定对象框控件

未绑定对象框控件显示不存储到数据库中的 OLE 对象。例如，可能要在窗体中添加使用 Microsoft Paint 创建的图案。当移动到新记录时，对象不会发生变化。

在工具箱中选中该控件后，在窗体的合适位置上单击鼠标，会出现一个"插入对象"对话框，用户可以通过选择"新建"或"由文件创建"插入一个对象。

3. 绑定对象框控件

绑定对象框控件显示数据表中 OLE 对象类型的字段内容。当移动到新记录时，显示在窗体中的对象就会发生变化。是绑定还是未绑定，换句话说，即在记录间进行移动时，对象是否会发生变化。

4.3.8　直线、矩形控件

在窗体上，按信息的不同类别，将控件放在相对独立的区域，这样，窗体就不会显得杂乱无章了。通常，线条和矩形框是区分信息类别的较好工具。

1. 直线控件

直线控件（Line）用在窗体中可以突出相关的或特别重要的信息，或将窗体分割成不同的部分。

如果要绘制水平线或垂直线，单击"直线"按钮，在窗体设计视图拖动鼠标创建直线；如果要细微调整线条的位置，则选中该线条，同时按下 Ctrl 键和方向键；如果要细微调整线条的长度或角度，则选中该线条，同时按下 Shift 键和方向键。

如果要改变线条的粗细，可选中该线条，再单击"格式"工具栏中的"线条/边框宽度"按钮，然后选择所需的线条粗细。同样的方法，用其他的按钮可以改变线条颜色和为线条设置特殊效果；也可以在线条的属性表中修改线条的属性，包括宽度、高度、特殊效果、边框样式、边框颜色、边框宽度等。

2. 矩形控件

矩形控件（Box）用于显示图形效果，可以将一组相关的控件组织在一起。例如，"学生信息浏览"窗体中就有两个矩形控件，分别组织学生的基本信息和一组按钮，这样显得整体布局紧凑而不零散。

如果要绘制矩形，单击"矩形"按钮，到窗体设计视图拖动鼠标创建矩形。矩形控件的常用属性包括宽度、高度、背景色、特殊效果、边框样式、边框颜色、边框宽度等。

4.3.9 窗体查询综合应用

【例 4-11】创建下图所示的"按班级和课程查看学生成绩"窗体，该窗体的功能是根据组合框所选班级和列表框所选课程，点击命令按钮显示该班级该课程学生成绩情况。包含班级名称、姓名、课程名、考试成绩等字段，如图 4-68 所示。

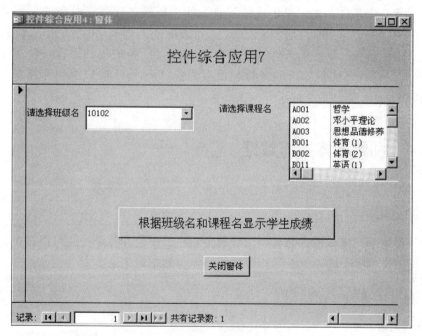

图 4-68　窗体查询综合运用

操作步骤如下。

（1）打开学生管理系统。

（2）创建一个名为"学生成绩"的选择查询，包含班级名称、姓名、课程名、考试成绩等字段。

（3）双击"在设计视图中创建窗体"选项，打开"窗体设计视图"。

（4）添加标签。在"视图"菜单中，打开"窗体页眉/页脚"视图，在"窗体页眉"中添加"根据班级名称和课程名称查看学生成绩"的标签。

（5）添加列表框。在主体的左边添加一个列表框，列表框显示班级名称，用于记忆要查询的班级，供查询使用。在列表框向导第五步中，将"隐藏键列"前方格中的"√"取消，第六步中选择"班级名称"，第七步列表框的标签设置为"请选择班级"，列表框向导完成后，打开列表框属性窗口，单击"全部"选项卡，将其中列表框名称设置为"班级列表"。

（6）添加组合框。在主体的右边添加一个组合框，组合框显示课程名称，用于记忆要查询的课程，供查询使用。在组合框向导第五步中，将"隐藏键列"前方格中的"√"取消，第六步中选择"课程名称"，第七步列表框的标签设置为"请选择课程"，组合框向导完成后，打开组合框属性窗口，单击"全部"选项卡，将其中列表框名称设置为"课程列表"。

（7）添加命令按钮。第一个命令按钮用于打开"学生成绩"查询，第二个命令按钮用于关闭窗体。

（8）将窗体按"按班级和课程查看学生成绩"名称保存。

（9）设置查询条件。在"学生成绩"查询的"班级名称"字段和"课程名称"字段的条件栏中，按"［forms］!［窗体名称］!［列表框或组合框名称］"格式设置查询条件。具体"班级名称"字段的条件栏设置为：［forms］!［按班级和课程查看学生成绩］!［班级列表］。"课程名称"字段的条件栏设置为：［forms］!［按班级和课程查看学生成绩］!［课程列表］。

任务4.4　利用窗体操作数据

4.4.1　浏览记录

在默认设置下，窗体下方都有一个导航按钮栏，单击其各个按钮可以浏览记录，在导航栏中间的文本框中输入记录号则可以快速定位到指定记录。

4.4.2　编辑记录

1. 添加记录

单击窗体导航条上的"新记录"按钮▶米，系统会自动定位到一个空白页或一个空白记录行。在窗体的各控件中输入数据后，单击工具栏的"保存"按钮，或者将插入点移到其他记录上，Access 都会将刚输入的数据保存到数据源表中，也就是在表中添加了一条新记录。

2. 删除记录

先将光标定位至需要删除的记录上，然后单击工具栏的"删除记录"按钮 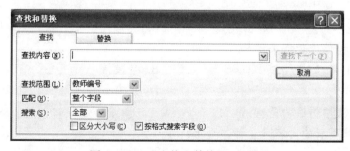，即可将该记录从数据表中删除。

3. 修改记录

在窗体的各控件中直接输入新的数据，然后单击工具栏的"保存"按钮，或者将插入点移到其他记录上，即可将修改后的结果保存到数据表中。

注意，当有以下几种情况时，不允许对窗体中的数据进行编辑操作。

（1）窗体的"允许删除""允许添加"和"允许编辑"属性设置为"否"。

（2）控件的"是否锁定"属性设置为"是"。

（3）窗体的数据来源为查询或 SQL 语句时，数据可能是不可更新的。

（4）不能在"数据透视表"视图或"数据透视图"视图中编辑数据。

当添加和修改记录时，可以使用 Tab 键选择窗体上的控件，使焦点（光标插入点）从一个控件移动到另一个控件。控件的 Tab 键顺序决定了选择控件的顺序，如果希望按下 Tab 键时，焦点能按指定的顺序在控件之间移动，可以设置控件的"Tab 键索引"属性。在控件的属性窗口，可以看到，默认情况下，第 1 个添加到窗体上的可以获得焦点的控件的 Tab 键索引属性为 0，第 2 个控件为 1，第 3 个控件为 2，……，依次类推。用户可以根据实际需要，重新设置该属性值。例如，在"学生信息浏览"窗体的所有控件创建完毕之后，可以设置这些控件的"Tab 键索引"属性，从而人为改变焦点在控件间的移动次序。

4.4.3 查找和替换数据

如果知道表中的某个字段值，要查找相应的记录，则可以通过单击"编辑"菜单中的"查找"命令来实现，而"编辑"菜单的"替换"命令则可以实现成批记录中某个字段值的替换。

打开某个窗体，执行"编辑"菜单中的"查找"命令，或者单击"窗体设计"工具栏中的"查找"按钮 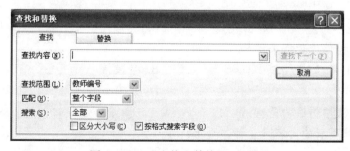，打开"查找和替换"对话框，如图 4 - 69 所示。

图 4 - 69　"查找和替换"对话框

其中，在"匹配"列表框中选择匹配模式：字段任何部分、字段开始、整个字段。

如果要区分大小写，则选中"区分大小写"复选框。如果要严格区分格式，则选中"按格式搜索字段"复选框，将按照显示格式查找数据。

如果要对查找的字段值作替换，则将"查找和替换"对话框切换到"替换"选项卡，在"替换值"文本框中输入要替换的新数据，单击"替换"按钮可逐一替换，单击"全部替换"按钮可替换所有查找的内容。

4.4.4　排序记录

如果要依据一个字段设置窗体的浏览顺序，首先应在窗体视图中打开要设置浏览顺序的窗体，然后选择要排序的字段，单击"记录"菜单下的"排序"选项，在子菜单中选择"升序排序"命令，记录的浏览顺序将依据该字段，按照从小到大的顺序排列；单击菜单"记录"下的"排序"选项，在子菜单中选择"降序排序"命令，记录的浏览顺序将依据该字段，按照从大到小的顺序排列。

如果要依据多个字段设置浏览顺序，则必须通过"高级筛选/排序"命令来实现。

【思考题】

一、单选题

1. 下列关于窗体的错误说法是（　　）。
   A. 可以利用表或查询作为表的数据源来创建一个数据输入窗体
   B. 可以将窗体用作切换面板，打开数据库中的其他窗体和报表
   C. 窗体可用作自定义对话框，来支持用户的输入及根据输入项执行操作
   D. 在窗体的数据表视图中，不能修改记录

2. 如果要在窗体上每次只显示一条记录，应该创建（　　）。
   A. 纵栏式窗体　　　　　　　　　B. 图表式窗体
   C. 表格式窗体　　　　　　　　　D. 数据透视表式窗体

3. 如果一条记录的内容比较少，而独占一个窗体的空间就显得很浪费。此时，可以建立（　　）窗体。
   A. 纵栏式　　　　B. 图表式　　　　C. 表格式　　　　D. 数据透视表

4. 计算型控件的数据来源是（　　）。
   A. 记录内容　　　　　　　　　　B. 字段值
   C. 表达式　　　　　　　　　　　D. 没有数据来源

5. 下列说法中错误的是（　　）。
   A. 窗体页眉的内容只在第一页上打印
   B. 页面页眉的内容在每一页上都打印
   C. 从字段列表中添加的控件应该放在页面页眉或页脚中
   D. 在窗体视图中不能看到页面页眉

6. 用于显示窗体的标题、说明，或者打开相关窗体或运行某些命令的控件应该放在窗体的（　　）节中。

　　　A. 窗体页眉　　　B. 主体　　　　　C. 页面页眉　　　　　D. 页面页脚

7. 标签控件通常通过（　　）向窗体中添加。

　　　A. 工具箱　　　　B. 字段列表　　　C. 属性表　　　　　D. 节

8. 主窗体和子窗体通常用于显示多个表或查询中的数据，这些表或查询中的数据一般应该具有（　　）关系。

　　　A. 一对一　　　　B. 一对多　　　　C. 多对多　　　　　D. 关联

9. 在图表式窗体中，若要显示一组数据的平均值，应该用（　　）函数。

　　A. Min　　　　　　B. Avg　　　　　　C. Sum　　　　　　　D. Count

10. 若要隐藏控件，应将（　　）属性设为"否"。

　　　A. 何时显示　　　B. 锁定　　　　　C. 可用　　　　　　D. 可见

11. 下列关于主－子窗体的叙述，错误的是（　　）。

　　　A. 主－子窗体必须有一定的关联，在主－子窗体中才可显示相关数据

　　　B. 子窗体只能显示为单一窗体

　　　C. 如果数据表内已经建立了子数据工作表，则对该表自动产生窗体时也会自动显示子窗体

　　　D. 子窗体的来源可以是数据表、查询或另一个窗体

12. 在数据透视表中，筛选字段的位置是（　　）。

　　　A. 页区域　　　　B. 列区域　　　　C. 数据区域　　　　D. 行区域

13. 下列关于列表框和组合框说法正确的是（　　）。

　　　A. 列表框可以包含多列数据，而组合框只能包含一列数据

　　　B. 列表框和组合框中都可以输入新值

　　　C. 可以向组合框中输入新值，而列表框不行

　　　D. 可以向列表框中输入新值，而组合框不行

14. （　　）可以连接数据源中"OLE"类型的字段。

　　　A. 非绑定对象框　　　　　　　　　B. 绑定对象框

　　　C. 文本框　　　　　　　　　　　　D. 图像控件

15. 若要快速调整窗体格式，例如字体、背景等，则要在（　　）中修改。

　　　A. 工具箱　　　　　　　　　　　　B. 字段列表

　　　C. 属性表　　　　　　　　　　　　D. 自动套用格式

16. 控件属性窗口的（　　）选项卡可以设置有关控件名称，输入法模式、提示文本等一些属性。

　　　A. 格式　　　　　B. 数据　　　　　C. 事件　　　　　　D. 其他

17. 控件属性窗口的（　　）选项卡可以设置控件的数据来源、输入掩码、有效性规则、是否锁定等属性。

　　　A. 格式　　　　　B. 数据　　　　　C. 事件　　　　　　D. 其他

18. 在 Access 中，文本框可以分为（　　）。

A. 组合型、对象型、非结合型

B. 结合型、数据型、计算型

C. 结合型、计算型、非结合型

D. 计算型、对象型、非结合型

19. （　　）不属于 Access 中窗体的数据来源。

    A. 表　　　　　　B. 查询　　　　　　C. SQL 语句　　　　　　D. 信息

20. 每个窗体最多包含（　　）种节。

    A. 3　　　　　　B. 4　　　　　　C. 5　　　　　　D. 6

21. 窗体的节中，在窗体视图窗口中不会显示（　　）内容。

    A. 窗体页眉和页脚　　　　　　　　B. 主体

    C. 页面页眉和页脚　　　　　　　　D. 都显示

22. 下列选择整个控件对象的操作中，错误的是（　　）。

    A. 单击控件的任意位置可选中单个控件

    B. 按住 Tab 键的同时，单击要选择的控件可选中多个控件

    C. 使用标尺可以选择大范围内的控件

    D. 选择"编辑"菜单中的"全选"命令，可选中全部控件

23. （　　）是指没有与数据来源相连接的控件。

    A. 绑定控件　　　　　　　　　　　B. 未绑定控件

    C. 计算控件　　　　　　　　　　　D. 以上都不正确

24. 窗体的 5 个组成部分中，用于包含窗体报表的主要部分，且该节通常包含绑定到记录源中字段的控件，但也可能包含未绑定控件，如标识字段内容的标签的是（　　）。

    A. 窗体页眉和页脚　　　　　　　　B. 主体

    C. 页面页眉和页脚　　　　　　　　D. 都显示

25. 窗体的 5 个组成部分中，用于显示窗体的使用说明、命令按钮或接受输入的未绑定控件，显示在窗体视图中窗体的底部和打印页的尾部的是（　　）。

    A. 窗体页眉　　　B. 窗体页脚　　　C. 页面页眉　　　　　D. 页面页脚

26. 记录放在窗体中的（　　）节。

    A. 窗体页眉和页脚　　　　　　　　B. 主体

    C. 页面页眉和页脚　　　　　　　　D. 以上都可以

27. 在窗体的 5 个组成部分中，用于在窗体或报表中每页的底部显示页汇总、日期或页码的是（　　）。

    A. 窗体页眉　　　B. 窗体页脚　　　C. 页面页眉　　　　　D. 页面页脚

28. 如果用户想要改变窗体的结构，窗体内所显示的内容或窗体显示的大小，那么应该打开窗体的（　　）。

    A. 窗体视图　　　B. 数据表视图　　　C. 设计视图　　　　　D. 运行视图

29. （　　）是用来显示一组有限选项集合的控件。

    A. 标签　　　　　B. 文本框　　　　C. 选项组　　　　　　D. 复选框

30. （　　）是窗体中显示数据，执行操作或装饰窗体的对象。

A. 记录　　　　　　B. 模块　　　　　　C. 控件　　　　　　　　D. 表

31. 下列窗体中不可以自动创建的是（　　　）。

A. 纵栏式窗体　　　　　　　　　　B. 表格式窗体

C. 图表窗体　　　　　　　　　　　D. 数据表窗体

32. 图表式窗体中的图表对象是通过（　　　）程序创建的。

A. Microsoft Word　　　　　　　　B. Microsoft Graph

C. Microsoft Excel　　　　　　　　D. Photoshop

33. 图表式窗体中出现的字段不包括（　　　）。

A. 系列字段　　　　B. 数据字段　　　　C. 筛选字段　　　　　　D. 类别字段

34. 编辑数据透视表对象时，是在（　　　）中读取 Access 数据，对数据进行更新的。

A. Microsoft Word　　　　　　　　B. Microsoft PowerPoint

C. Microsoft Graph　　　　　　　　D. Microsoft Excel

35. 打开窗体后，通过工具栏上的"视图"按钮可以切换的视图不包括（　　　）。

A. 窗体视图　　　　B. SQL 视图　　　　C. 设计视图　　　　　　D. 数据表视图

36. 窗体由不同种类的对象组成，每一个对象包括窗体都有自己独特的（　　　）窗口。

A. 工具箱　　　　　B. 工具栏　　　　　C. 属性　　　　　　　　D. 字段列表

37. 为窗体指定数据来源后，在窗体设计视图窗口中，由（　　　）取出数据源的字段。

A. 工具箱　　　　　B. 自动格式　　　　C. 属性表　　　　　　　D. 字段列表

38. 下列说法中，正确的是（　　　）。

A. 页眉页脚可以不同时出现

B. 创建图表式窗体时，如果在"轴"和"系列"区域都指定了字段，则必须选择 Sum、Avg、Min、Max、Count 函数之一汇总数据，或去掉"轴"或"系列"区域任一字段

C. 关闭窗体的页眉和页脚后，位于这些节上的控件只是暂时不显示

D. 使用窗体向导不可以创建主－子窗体

39. （　　　）不能建立数据透视表。

A. 窗体　　　　　　B. 报表　　　　　　C. 查询　　　　　　　　D. 数据表

40. 在主－子窗体中，子窗体还可以包含（　　　）个子窗体。

A. 0　　　　　　　　B. 1　　　　　　　　C. 2　　　　　　　　　D. 3

41. 在图表式窗体中，若要显示一组数据的记录个数，应该用（　　　）函数。

A. Min　　　　　　　B. Avg　　　　　　　C. Sum　　　　　　　D. Count

42. 在数据透视表中，筛选字段的位置是（　　　）。

A. 页区域　　　　　B. 列区域　　　　　C. 数据区域　　　　　　D. 行区域

43. 窗体属性中的导航按钮属性设成"否"，则（　　　）。

A. 不显示水平滚动条　　　　　　　B. 不显示记录选定器

C. 不显示窗体底部的记录操作栏　　　D. 不显示分割线

44. 若要求在一个记录的最后一个控件按下 Tab 键后，光标会移至下一个记录的第 1 个文本框，则应在窗体属性中设置（　　）属性。

　　　A. 记录锁定　　　B. 记录选定器　　　C. 滚动条　　　　　　　D. 循环

45. 下面的工具中，不能创建具有开与关、真与假或是与否值的控件的是（　　）。

　　　A. 复选框　　　　B. 选项按钮　　　C. 选项组　　　　　　　　D. 切换按钮

46. 若要进行页面的切换，用户只需单击（　　）上的标签即可。

　　　A. 文本框　　　　B. 列表框　　　　C. 选项卡　　　　　　　　D. 标签控件

47. （　　）代表一个或一组操作。

　　　A. 标签　　　　　B. 命令按钮　　　C. 文本框　　　　　　　　D. 组合框

48. 列表框和组合框的数据来源包括（　　）。

（1）表或查询的字段　　（2）表或查询的字段值

（3）用户输入或更新的数据　　　（4）使用 SQL 命令执行的结果

（5）显示 VBA 传回的内容值

　　　A. （1）（2）（3）　　　　　　　　B. （2）（3）（4）

　　　C. （1）（2）（3）（4）　　　　　　D. （1）（2）（3）（4）（5）

49. 如果不允许编辑文本框中的数据，则需要设置文本框中的（　　）属性。

　　　A. 何时显示　　　B. 可用　　　　　C. 可见　　　　　　　　　D. 锁定

50. 下列说法中，错误的是（　　）。

　　　A. 在设计视图下可以添加、删除窗体的页眉、页脚和主体节，或者调整其大小，也可以设置节属性

　　　B. 记录源可以更改窗体所基于的表或查询

　　　C. 可以添加计算控件以显示数据源中没有的字段值

　　　D. 从字段列表中添加控件时，Access 会根据字段类型来选择控件的类型

二、问答题

1. 什么是窗体？简述窗体的作用。

2. 说明窗体的结构。

3. 简述窗体的分类和作用。

4. Access 中的窗体共有几种视图？

5. 什么是"控件"？窗体的常用控件有哪些？

6. 创建窗体有哪两种方式，如何创建窗体才能达到满意的效果？

7. 在创建主/子窗体、基于多表创建窗体时应注意哪些问题？

8. 标签控件与文本框控件的区别是什么？

9. 在选项组控件中可以由哪些控件组成？

10. 简述文本框的作用与分类。

项目 5　创建与使用报表

（1）认识报表基本概念与功能；

（2）掌握创建报表的各种方法与技巧，会创建各种类型的报表；

（3）掌握报表的预览、设置与打印方法。

任务5.1　认识报表

5.1.1　报表的功能

信息管理的最终目的是向用户提供信息，提供信息的方式有两种：一是联机检索，包括查询和窗体；二是生成报表，将数据综合整理并将整理结果按一定的表格格式打印输出，以供在 Microsoft Access 数据库中查看、格式化和汇总信息。

报表是数据库中数据信息和文档信息输出的一种形式，它可以将数据库中的数据信息和文档信息以多种形式通过屏幕显示或通过打印机打印出来。

报表就是用表格、图表等格式来动态显示数据。可以用公式表示为："报表 = 多样的格式 + 动态的数据"。在没有计算机以前，人们利用纸和笔来记录数据，比如民间常常说的豆腐账，就是卖豆腐的每天将自己卖出的豆腐记在一个本子上，然后每月都要汇总算算。这种情况下，报表数据和报表格式是紧密结合在一起的，都在同一个本子上。数据也只能有一种几乎只有记账的人才能理解的表现形式，且这种形式难于修改。

当计算机出现之后，人们利用计算机处理数据和界面设计的功能来生成、展示报表。计算机上的报表的主要特点是数据动态化，格式多样化，并且实现报表数据和报表格式的完全分离，用户可以只修改数据，或者只修改格式。

报表和窗体既类同又有区别。相同点：两者的"设计视图"外观相似；添加控件的方法、修改控件的属性等相同。不同点：窗体主要用于制作用户与系统交互的界面；而报表主要用于数据库数据的打印输出。

与其他的打印数据方法相比，报表具有以下两个优点。

（1）不仅可以执行简单的数据浏览和打印功能，还可以对大量原始数据进行比较、汇总和小计。

（2）可生成清单、订单及其他所需的输出内容，从而可以方便有效地处理事务。

具体来说，报表的功能包括以下内容：

（1）可以制成各种丰富的格式，使用户的报表更易于阅读和理解。

（2）分组组织数据，进行数据汇总。

（3）可以利用图表和图形来帮助说明数据的含义。

（4）打印输出标签、发票、订单和信封等多种样式。

（5）可以进行计数、求平均、求和等统计计算。

（6）通过页眉和页脚，可以在每页的顶部和底部打印标识信息。

5.1.2 报表结构

报表是按节来设计的，报表主要由5个基本节组成，包括报表页眉、页面页眉、主体、页面页脚、报表页脚，如图5-1所示。

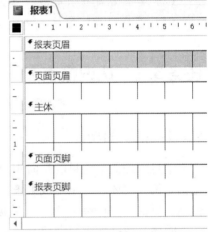

（1）报表页眉。位于报表的开始处，即报表的第一页打印一次。用来显示报表的标题、图形或说明性文字，每份报表只有一个报表页眉。报表页眉位于页面页眉之前。在报表页眉中放置使用"总和"聚合函数的计算控件时，将计算整个报表的总和。

（2）页面页眉。位于每页的顶部，即页面页眉中的文字或控件一般输出显示在每页的顶端。通常，它是用来显示数据的列标题。如果报表页眉和页面页眉共同存在于第1页，则页面页眉数据会打印在报表页眉的数据下。

图5-1　"报表"结构

（3）主体。用于放置组成报表主体的控件，对记录源中的每个行显示一次，是报表显示数据的主要区域。根据主体节内字段数据的显示位置，报表又划分为多种类型。

（4）页面页脚。一般包含页码或控制项的合计内容，数据显示安排在文本框和其他的一些类型控件中。

（5）报表页脚。该节区一般是在所有的主体和组页脚输出完成后才会打印在报表的最后。通过在报表页脚区域安排文本框或其他一些类型控件，可以显示整个报表的计算汇总或其他的统计数字信息。

（6）组页眉和组页脚。根据需要，在报表设计5个基本的"节"区域的基础上，还可以使用"排序与分组"属性来设置"组页眉/组页脚"区域，以实现报表的分组输出和分组统计。组页眉节主要安排文本框或其他类型控件显示分组字段等数据信息。组页脚节内主要安排文本框或其他类型控件显示分组统计数据。打印输出时，其数据显示在每组结束位置。在实际操作中，组页眉和组页脚可以根据需要单独设置使用。可以从"视图"菜单中选择"排序与分组"选项进行设置。

创建新的报表时，空的报表默认包含页面页眉、页面页脚和主体。可以通过选择"视图"菜单下的相应命令来打开或关闭页面页眉/页脚和报表页眉/页脚。

5.1.3　报表的视图

编辑报表时可以在四种窗口之间进行切换，如图 5 - 2 所示，它们分别是报表视图、打印预览、布局视图和设计视图。

1）报表视图

显示报表的实际效果，但不分页。

2）打印预览

用于测试报表对象打印效果的窗口，其中打印预览内容与实际打印结果完全一致。通过"打印预览"视图不仅可以观察打印效果，还可以检查打印输出的全部数据，在"预览视图"下可以应用放大镜来放大或缩小版面。

3）布局视图

显示报表的实际效果，可直接进行修改。在布局视图中，每个控件的窗体上显示实际数据，这使它可以用于设置控件的大小，或执行的任务。

图 5 - 2　"报表"视图

使用布局视图快速地更改设计：

（1）同时调整大小的控件或一列中的标签。选择单个控件或标签，然后再将其拖动到所需的大小。

（2）更改字体、字体颜色或文本对齐方式。选择一个标签，单击格式选项卡，并使用可用的命令。

（3）同时设置多个标签的格式。按住 Ctrl 键并选择多个标签，然后应用所需的格式。

4）设计视图

设计视图显示了窗体结构的详细视图，它是报表的工作视图，用于设计报表对象的结构、布局、数据的分组与汇总特性。

使用设计视图工作时，执行某些任务更加简单，例如：

（1）向窗体添加许多类型的控件，例如标签、图像、线条和矩形。

（2）在文本框中编辑文本框控件来源，而不使用属性表。

（3）调整窗体节（例如窗体页眉或主体节）的大小。

（4）更改某些无法在布局视图中更改的窗体属性（例如"默认视图"或"允许窗体视图"）。

5.1.4　报表的类型

报表的形式多样，除了常见的表格式报表外，还有纵栏式报表、图表报表和标签报表。

1）表格式报表

表格式报表是以整齐的行、列形式显示记录数据，通常一行显示一条记录，一页显示多行记录。这种报表数据的字段标题信息不是在每页的主体节内显示，而是在页面页眉显示。

2）纵栏式报表

纵栏式报表（也称为窗体报表）一般是在一页的主体节内以垂直方式显示一条或多条记录。纵栏式报表数据的字段标题与字段数据一起在每页的主体节区内显示。

3）图表报表

图表报表是指包含图表显示的报表类型。报表中使用图表，可以更直观地表现数据之间的关系。不仅美化了报表，而且可使结果一目了然。

4）标签报表

标签报表是一种特殊类型的报表。在实际应用中，可以用标签报表做标签、名片和各种各样的通知、传单、体育信封等。

在上述各种类型报表的设计过程中，根据需要可以在报表页中显示页码、报表日期甚至使用直线或方框等来分隔数据。此外，报表设计可以同窗体设计一样设置颜色和阴影等外观属性。

任务 5.2　创建报表

创建报表与创建窗体非常类似。报表和窗体都是使用控件来组织和显示数据的。

报表工具位于功能区的"创建"选项卡上的"报表"组中，如图 5-3 所示。

表 5-1 所示为报表工具选项。

图 5-3　"报表"工具

表 5-1　报表工具选项

工　具	说　明
报表	创建简单的表格式报表，其中包含用户在导航窗格中选择的记录源中的所有字段
报表设计	在设计视图中打开一个空报表，可在该报表中添加所需字段和控件
空报表	在布局视图中打开一个空报表，并显示"字段列表"，可以在其中将字段添加到报表
报表向导	显示一个多步骤向导，允许指定字段、分组/排序级别和布局选项
标签	显示一个向导，允许选择标准或自定义的标签大小、显示字段以及这些字段采用的排序方式

5.2.1　使用"报表"工具创建报表

使用"报表"工具创建报表是在 Access 中从现有表或查询创建报表。

使用"报表"工具是创建报表最简单的方法。在"导航"窗格中，单击包含报表数据的表或查询，然后在"创建"选项卡上单击"报表"组中的"报表"按钮，Access 将创建报表，并以"布局"视图显示该报表，可以根据需要做出设计更改，例如调整文本框的大小以适合数据。

【例5-1】利用"报表"工具，创建名为"学生成绩表"报表。

具体步骤如下。

（1）打开"学生管理"数据库。

（2）在"导航"窗格中，单击"成绩表"，然后在"创建"选项卡上选择"报表"组中的"报表"，如图5-4所示。

图5-4 "报表"组中的"报表工具"

（3）单击"报表"，Access创建"成绩表"表格式报表，并以"布局视图"显示该报表。

（4）适当调整布局，并将默认的"成绩表"标题改写为"学生成绩表"，单击"保存"按钮，在弹出的"另存为"对话框中填写报表名称。

（5）单击"报表布局工具"中的"设计"按钮，选择"视图"中的"报表视图"，最后创建的报表如图5-5所示。

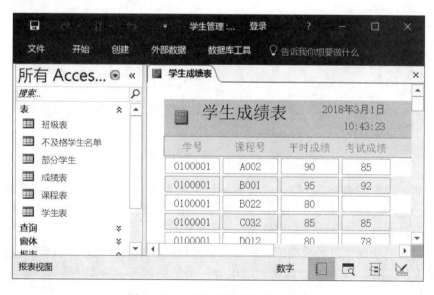

图5-5 "学生成绩表"报表视图

使用"报表"工具创建报表的优点和缺点都非常明显。优点是操作简单且快捷；缺点是新报表包含了指定的数据来源（表或查询）中的所有字段和记录，用户不能做出选择。

5.2.2 使用"空白报表"工具创建报表

使用"空白报表"工具创建的是不带控件或预设格式的元素的报表。

其方法是：在"创建"选项卡上单击"报表"组中的"空白报表"，Access 在"布局"视图中打开一个空白报表，并显示"字段列表"窗格，然后通过"字段列表"向空白报表中添加字段，或使用"报表布局工具"选项卡上的"控件"组中的工具可以向报表添加徽标、标题、页码或日期和时间等控件。

【例5-2】利用"空白报表"工具，创建名为"学生部分信息"报表，用于显示学生的"学号""姓名""出生年月日""家庭所在地"信息。

具体步骤如下。

（1）打开"学生管理"数据库。

（2）在"创建"选项卡上的"报表"组中单击"空白报表"，打开名为"报表1"的空白报表，并以"布局视图"显示该报表。如图5-6所示。

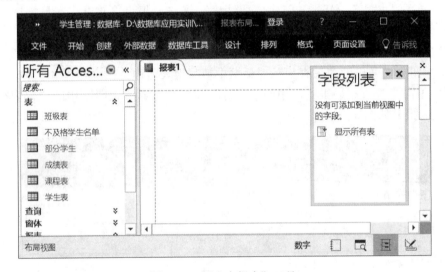

图5-6 "空白报表"工具

（3）打开"字段列表"。打开"报表设计"视图后，一般系统会自动弹出"字段列表"。如果没有弹出，单击"设计"选项卡，在"工具"组中，单击"添加所有字段"按钮，就能显示或取消"字段列表"窗口。

（4）打开要添加字段的数据源。单击"字段列表"中的"显示所有表"，打开可编辑的数据表，如图5-7所示，单击"学生表"旁边的加号（+），显示"学生表"所有字段，如图5-8所示。

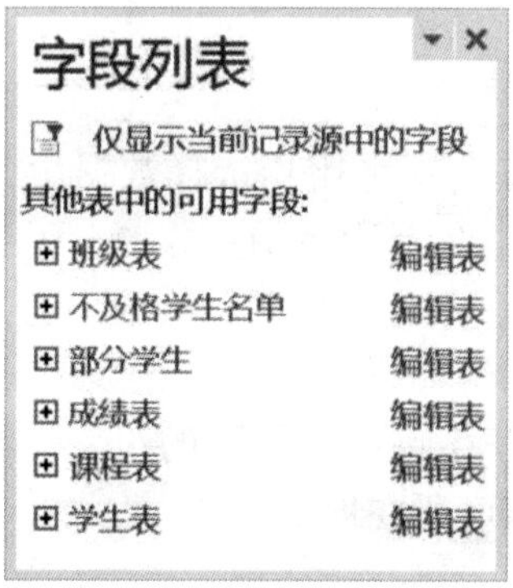

图 5-7 可编辑的字段列表 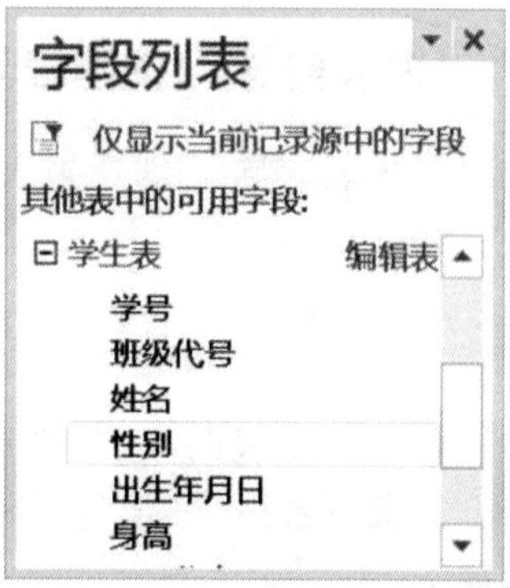 图 5-8 学生表的字段列表

（5）添加字段。若要向报表中添加一个字段，双击该字段，或者将其拖动到报表上。若要一次添加多个字段，在按住 Ctrl 键的同时单击所需的多个字段，然后将它们同时拖动到报表上。本例按住 Ctrl 键，选择"学号""姓名""出生年月日""家庭所在地"，将其一起拖到"空白报表"中。

注意："字段列表"窗格中表的顺序可能会有变化，具体取决于当前选择了报表的哪个部分。如果不能向报表中添加字段，请尝试选择报表的其他部分，然后再次尝试添加字段。

（6）适当调整布局，单击"保存"按钮，在弹出的"另存为"对话框中填写报表名称。

（7）单击"报表布局工具"中的"设计"按钮，选择"视图"中的"打印预览"，最后创建的报表如图 5-9 所示。

学号	姓名	生日	家庭所在地
0100001	冯东梅	2000年12月26日	北京
0100002	章蕾	1999年2月18日	上海
0100003	顾晓兰	1998年10月21日	天津
0100004	王蓉梅	1999年12月22日	重庆
0100005	邹忠芳	2000年1月1日	北京
0100006	李道兰	2000年12月12日	上海
0100007	闻维祥	1999年2月24日	天津
0100008	黎念真	1999年8月19日	重庆
0100009	钟开才	1998年8月8日	广东
0100011	赵丹	1998年6月28日	北京
0100012	王小刚	1998年10月12日	北京
0100013	雷典	2001年2月12日	上海
0100014	宣涛	2000年6月29日	北京

图 5-9 "学生部分信息"报表

5.2.3 使用"报表向导"创建报表

Access使用"报表向导"创建报表时，向导会提示用户选择数据源、字段、版面及所需的格式，并根据用户的选择来创建报表。在向导提示的步骤中，用户可以从多个数据源中选择字段，可以设置数据的排序和分组，产生各种汇总数据，还可以生成带子报表的报表。

【例5-3】利用"报表向导"，创建名为"学生班级信息"的报表，包含的字段为"学号""姓名""班级名称""出生年月日""家庭所在地"。

操作步骤如下。

（1）打开"学生管理"数据库。

（2）在"创建"选项卡上的"报表"组中，单击"报表向导"，弹出"报表向导"对话框，如图5-10所示。

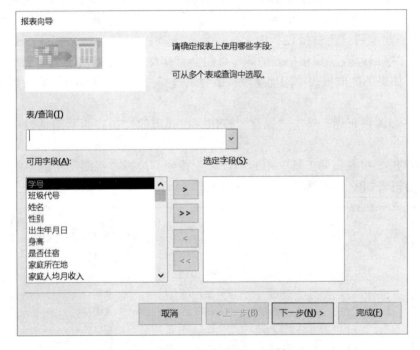

图5-10　"报表向导"对话框

（3）选定字段。在"报表向导"对话框中的"表/查询"下拉列表框中选择"学生表"，借助对话框中的四个移动按钮或双击要选定的字段，将下方的"可用字段"列表框中的"学号""姓名"移动到右边的"选定字段"列表框中，然后在"表/查询"下拉列表框中选择"班级表"，将"班级名称"移动到右边的"选定字段"列表框中，最后在"表/查询"下拉列表框中选择"学生表"，将"出生年月日""家庭所在地"字段依次移动到右边的"选定字段"列表框中。如图5-11所示，单击"下一步"按钮，进入下一个对话框。

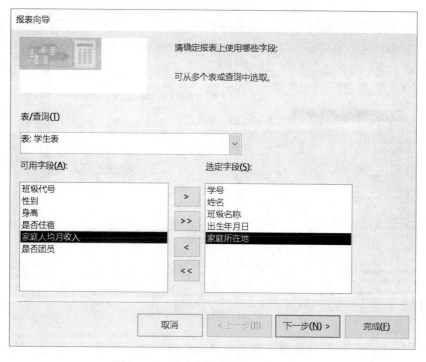

图 5 – 11　"确定报表数据源"对话框

（4）确定查看数据方式。这一步要做的是为报表选择不同查看数据的方式，因为数据来源于两个数据表，所以向导提供了 2 种不同样式选项，本例选择"通过学生表"，如图 5 – 12 所示，单击"下一步"按钮，进入下一个对话框。

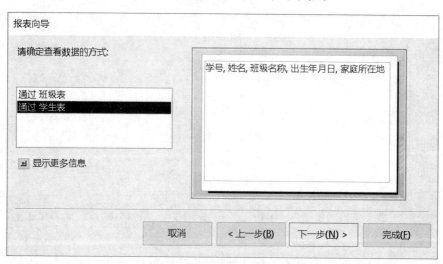

图 5 – 12　"确定查看数据方式"对话框

（5）添加分组。本例添加"学号"分组，如图 5 – 13 所示，单击"下一步"按钮，进入下一个对话框。

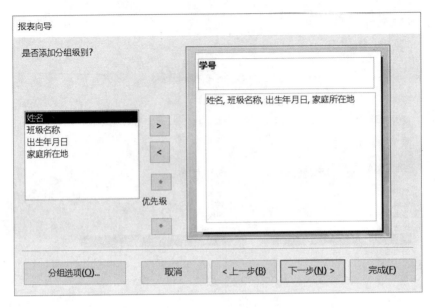

图 5 – 13　"添加分组"对话框

（6）添加排序。按学号分组，事实上已经按学号进行了排序，此处不需要再增加排序，如图 5 – 14 所示。

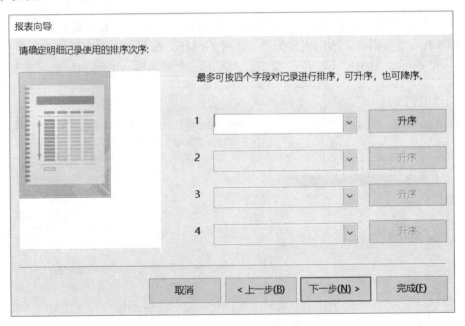

图 5 – 14　"添加排序"对话框

（7）确定报表布局。接下来的对话框为用户提示有关报表布局的选择。这里"布局"选择"递阶"，"方向"选择"纵向"，如图 5 – 15 所示，然后单击"下一步"按钮，进入下一个对话框。

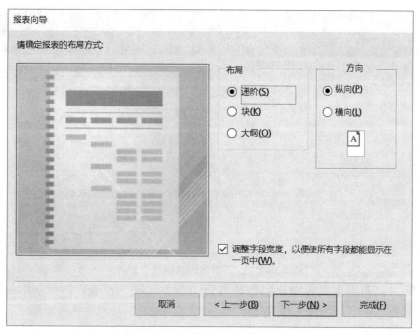

图 5 – 15　"确定报表布局"对话框

（8）设定报表标题。最后一个对话框用于设定报表标题。在文本框中输入"学生班级信息"报表名称，并且选择"预览报表"，如图 5 – 16 所示。

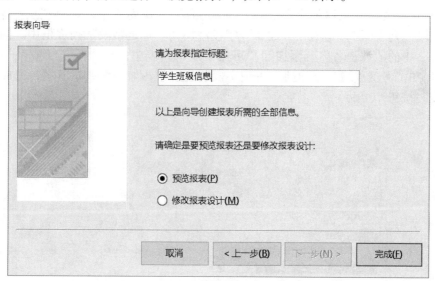

图 5 – 16　"设定报表标题"对话框

（9）完成报表创建。在对话框的下部关于是预览报表还是修改报表设计的询问中，可以根据实际情况做出选择。如果选择"预览报表"，单击"完成"按钮，即弹出"学生班级信息"报表，如图 5 – 17 所示。

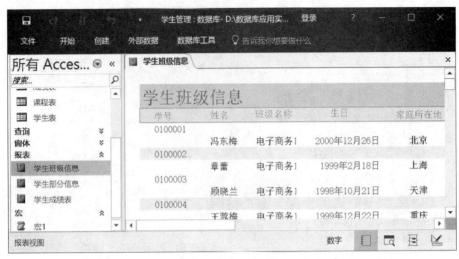

图 5 – 17　"学生班级信息"报表

【例 5 – 4】利用"报表向导"创建名为"学生成绩"报表，显示学生的学号、姓名、课程名称、平时成绩和考试成绩。

操作步骤如下。

（1）打开"学生管理"数据库。

（2）在"创建"选项卡上的"报表"组中，单击"报表向导"，弹出"报表向导"对话框。

（3）选择数据源与添加字段。在"表/查询"下拉列表中，选择"学生表"，把"可用字段"列表框中"学号""姓名"字段添加到"选定字段"列表框中。同样，把"课程表"中的"课程名称"添加到"可用字段"列表中，再选择"成绩表"把"平时成绩"和"考试成绩"添加到"可用字段"列表中，如图 5 – 18 所示，完成后单击"下一步"按钮。

图 5 – 18　"确定数据源"对话框

（4）确定查看数据的方式。当选定字段来自多个数据源时，"报表向导"才会出现这样的步骤。如果数据源之间是一对多的关系，一般选择从"一"方的表（也就是主表）来查看数据；如果当前报表中的两个被选择的表是多对多的关系，可以选择从任何一个"多"方的表查看数据，这里根据题意选择从"通过学生表"查看数据，如图5-19所示，完成后单击"下一步"按钮。

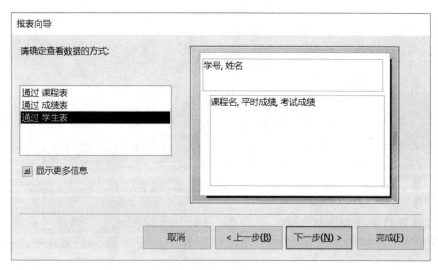

图5-19　"确定查看数据方式"对话框

（5）确定是否添加分组字段。在此例中的报表由于输出数据来自多个数据源，已经选择了查看数据的方式，实际是确立了一种分组形式，所以此例可以不需再做选择。直接单击"下一步"按钮。

（6）确定数据的排序方式。最多可以按4个字段对记录进行排序。注意此排序是在分组前提下的排序，因此可选的字段只有课程名称和考试成绩。这里选择按课程名进行排序，完成后单击"下一步"按钮。

（7）确定报表的布局方式。这里选择"递阶"方式和"纵向"方向，完成后单击"下一步"按钮。

（8）为报表指定标题。这里指定报表的标题为"学生成绩表"，选择"预览报表"，单击"完成"按钮。新建报表的打印预览效果如图5-20所示。

【例5-5】利用"报表向导"创建名为"各班各科考试成绩平均值"的报表，显示各班各科考试成绩平均分和各班学生的考试成绩的总平均分。

操作步骤如下。

（1）打开"学生管理"数据库。

（2）在"创建"选项卡上的"报表"组中，单击"报表向导"，弹出"报表向导"对话框。

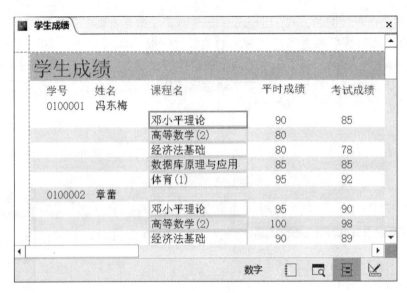

图 5 – 20　"学生成绩表"报表

（3）选择数据源与添加字段。在"表/查询"下拉列表中，选择"班级表"，把"可用字段"列表框中"班级名称"字段添加到"选定字段"列表框中。同样，把"课程表"中的"课程名称"添加到"可用字段"列表中，再选择"成绩表"把"考试成绩"添加到"可用字段"列表中。如图 5 – 21 所示，完成后单击"下一步"按钮。

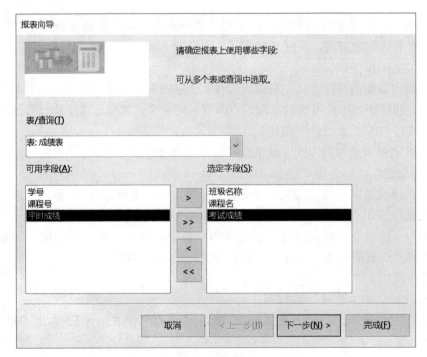

图 5 – 21　"确定数据源"对话框

（4）确定查看数据的方式。根据题意选择从"通过班级表"查看数据，如图 5 – 22 所示，完成后单击"下一步"按钮。

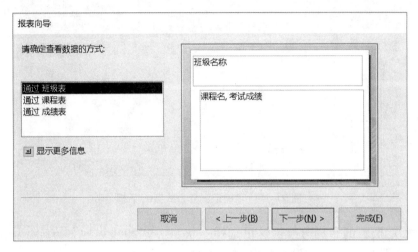

图 5 – 22　"确定查看数据方式"对话框

（5）确定是否添加分组字段。根据题意添加"课程名"分组，如图 5 – 23 所示，单击"下一步"按钮。

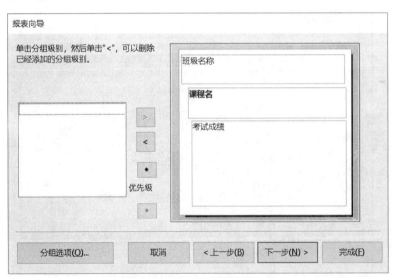

图 5 – 23　"添加分组"对话框

（6）确定数据的排序方式。根据题意，打开"汇总选项"窗口，选择"考试成绩"平均值选项，选择"仅汇总"，如图 5 – 24 所示，完成后单击"确定"按钮，然后单击"下一步"按钮。

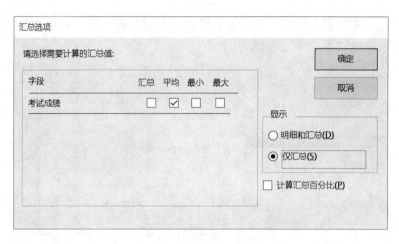

图 5 - 24　"确定汇总方式"对话框

（7）确定报表的布局方式。这里选择"块"方式和"纵向"方向，完成后单击"下一步"按钮。

（8）确定所用样式。本例选择"正式"样式，完成后单击"下一步"按钮。

（9）为报表指定标题，这里指定报表的标题为"各班各科考试成绩平均值"，选择"预览报表"，单击"完成"按钮。新建报表的打印预览效果如图 5 - 25 所示。

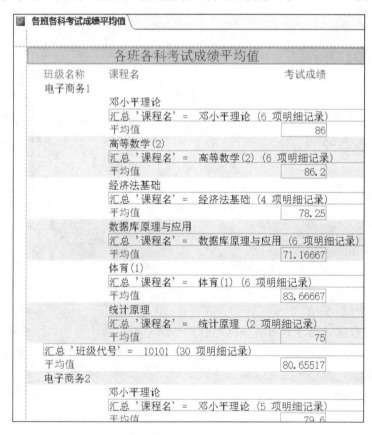

图 5 - 25　"各班各科考试成绩平均值"报表

5.2.4 使用"标签"工具创建标签式报表

标签是 Access 提供的一个非常实用的功能，利用它可将数据库中的数据加载到控件上，按照定义好的标签的格式打印标签。创建标签使用"标签"工具。"标签"工具的功能十分强大，不但支持标准型号的标签，也可以自定义尺寸制作标签。

【例5-6】为"学生表"中的每个同学制作一个青年志愿者的标牌，名为"青年志愿者标牌"，包括如下项目：序号（用学号表示）、姓名、性别、出生年月日、志愿部门（用班级代号表示）。

操作步骤如下。

（1）打开"学生管理"数据库。

（2）在"导航"窗格中，单击"学生表"，然后在"创建"选项卡上，单击"报表"组中的"标签"。

（3）选择标签型号。本例选择系统默认的第一种形式，型号 C2166。横标签号 2 表示横向打印的标签个数是 2 个。如图 5-26 所示，完成单击"下一步"按钮。

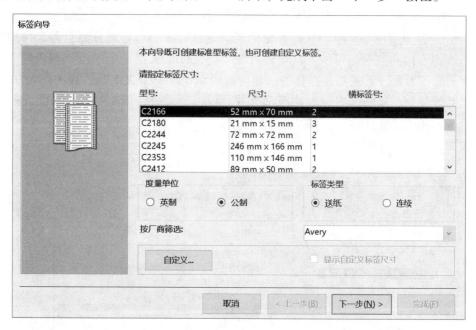

图5-26 "标签向导"——标签型号

（4）选择标签字体和大小。本例设置标签格式属性如下。

字体：楷体

字号：12

文本粗细：正常

文本颜色：黑

倾斜、下划线：无

如图5-27所示。完成后单击"下一步"按钮。

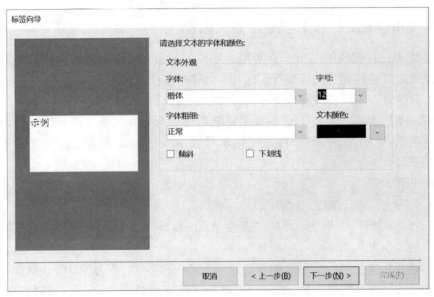

图 5 - 27　"标签向导"——文本字体

（5）设计原型标签。单击鼠标左键使光标定位在原型标签的任意行首，再用空格键定位光标横向的位置。可以在其中输入文本，也可以从"可用字段"列表框中选择所需字段，不管哪种形式都是在标签的相应位置创建了一个文本框控件。在此方式下，回车换行、复制、粘贴这些编辑功能都有效。根据题意设计原型标签。如图 5 - 28 所示，完成后单击"下一步"按钮。

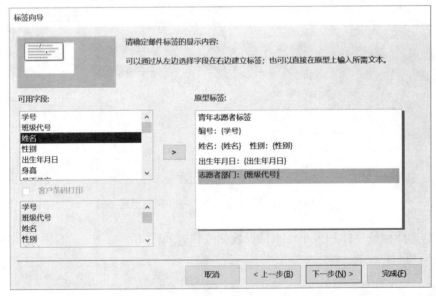

图 5 - 28　"标签向导"——标签原型

（6）选择排序字段。本例选择按"学号"排序。完成后单击"下一步"按钮。

（7）指定标签名称。本例指定标签名称为"青年志愿者标牌"。完成后单击"完成”按钮，可见如图 5 – 29 所示的打印预览效果。

青年志愿者标签	青年志愿者标签
编号：0100001	编号：0100002
姓名：冯东梅　　性别：女	姓名：章蕾　　性别：女
出生年月日：2000/12/26	出生年月日：1999/2/18
志愿者部门：10101	志愿者部门：10101
青年志愿者标签	青年志愿者标签
编号：0100003	编号：0100004
姓名：顾晓兰　　性别：女	姓名：王蓉梅　　性别：女
出生年月日：1998/10/21	出生年月日：1999/12/22
志愿者部门：10101	志愿者部门：10101

图 5 – 29　"标签向导"——标签报表预览效果

5.2.5　使用"设计视图"工具创建报表

利用"空白表"或者"报表向导"建立的报表难免有不尽人意的地方，而在设计视图中可以创建新的报表，也可以修改已有报表的设计。

【例 5 – 7】以"学生表"为数据记录源，利用设计视图创建一张新的报表。

操作步骤如下。

（1）打开"学生管理"数据库。

（2）打开设计视图。在"创建"选项卡上的"报表"组中，单击"设计视图"，打开报表"设计视图"，如图 5 – 30 所示。

图 5 – 30　报表设计视图

225

（3）打开报表属性。在"报表设计工具"的"设计"选项卡中，单击"工具"组中的"属性表"，弹出属性窗口，从属性窗口的下拉式按钮中选择"报表"，打开"报表"的属性窗口，如图5-31所示。

（4）选择数据源。在"报表"的属性窗口中选择"数据"选项卡，在"记录源"下拉式按钮中选择"学生表"数据源，如图5-32所示。

图5-31 报表属性

图5-32 记录源中添加学生表

（5）单击"设计"组中的"添加现有字段"，弹出"字段列表"，如图5-33所示。

图5-33 打开字段列表的报表设计视图

（6）添加控件并编辑报表。把"学生表"中的字段拖至报表的主体部分，并根据需要设计页眉页脚等部分，如图 5-34 所示。

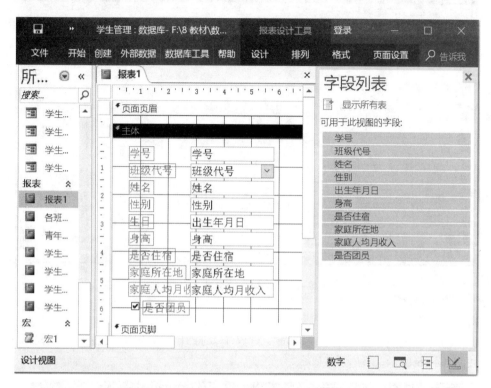

图 5-34　打开字段列表的报表设计视图

（7）保存并指定报表标题，完成报表设计。

5.2.6　在报表中添加计算控件

报表设计过程中，除在版面上布置绑定控件直接显示字段数据外，还经常要进行各种运算并将结果显示出来。例如，报表设计中页码的输出、分组统计数据的输出等均是通过设置绑定控件的控件源为计算表达式形式而实现的，这些控件就称为"计算控件"。

计算控件的控件源是计算表达式，当表达式的值发生变化时，会重新计算结果并输出显示。文本框是最常用的计算控件。

【例 5-8】在"学生成绩表"报表设计中添加一个总评成绩字段，如图 5-35 所示。

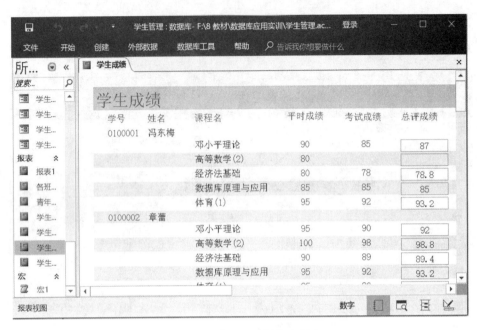

图 5 – 35 【例 5 – 8】报表样张

操作步骤如下。

（1）在"数据库"窗口的"报表"对象中，打开"学生成绩表"报表的设计视图，如图 5 – 36 所示。

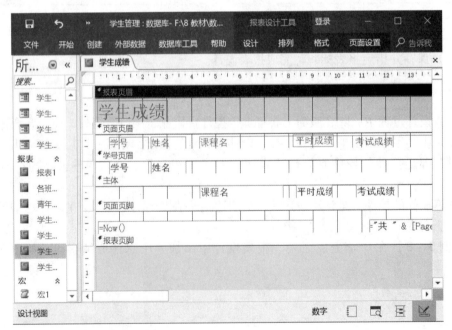

图 5 – 36 学生成绩表设计视图

（2）在"报表设计工具"的"设计"选项卡中，单击"控件"组中的"文本框"，在报表的"主体"节中"考试成绩"字段的右侧添加一个未绑定的文本框，如图 5-37 所示。

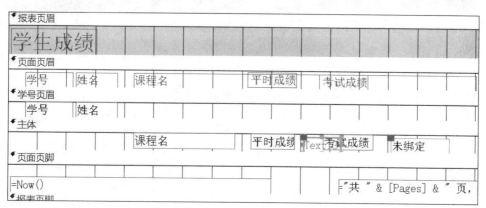

图 5-37　添加文本框

（3）选定未绑定文本框的关联标签（标签中的文字为 Text16），选择"编辑 \ 剪切"。

（4）单击"页面页眉"，再选择"编辑 \ 复制"，关联标签已经复制到"页面页眉"的左上角，将其移到"考试成绩"标签的右侧，并将标签中的文字改为"总评成绩"，如图 5-38 所示。

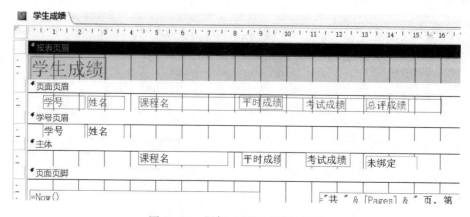

图 5-38　添加"总评成绩"标签

（5）调整文本框和"总评成绩"标签的大小和位置，使其与左侧控件一致。

（6）选定未绑定的文本框，打开它的"属性"窗口，在其"数据"选项卡中的"控件来源"栏输入：=［平时成绩］*0.4+［考试成绩］*0.6，如图 5-39 所示，关闭属性窗口。最后报表设计视图如图 5-40 所示。

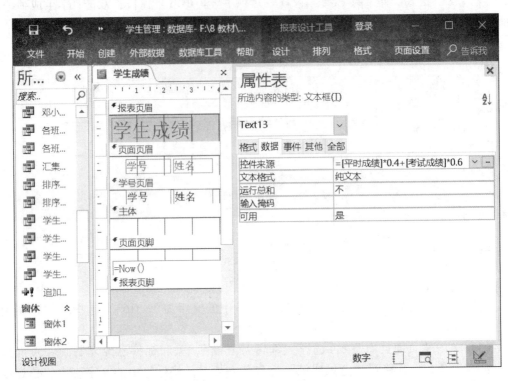

图 5-39　在控件来源中输入表达式

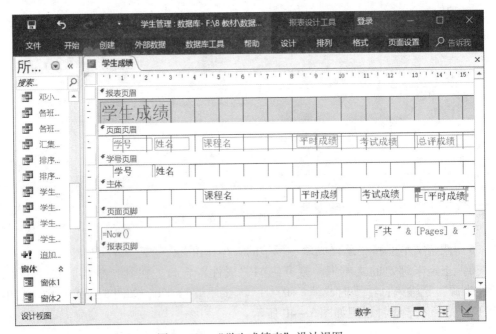

图 5-40　"学生成绩表"设计视图

（7）保存并退出报表设计视图，然后，在“报表对象”窗口，双击“学生成绩表”报表，可以看到报表运行的预览效果，如图 5－41 所示。

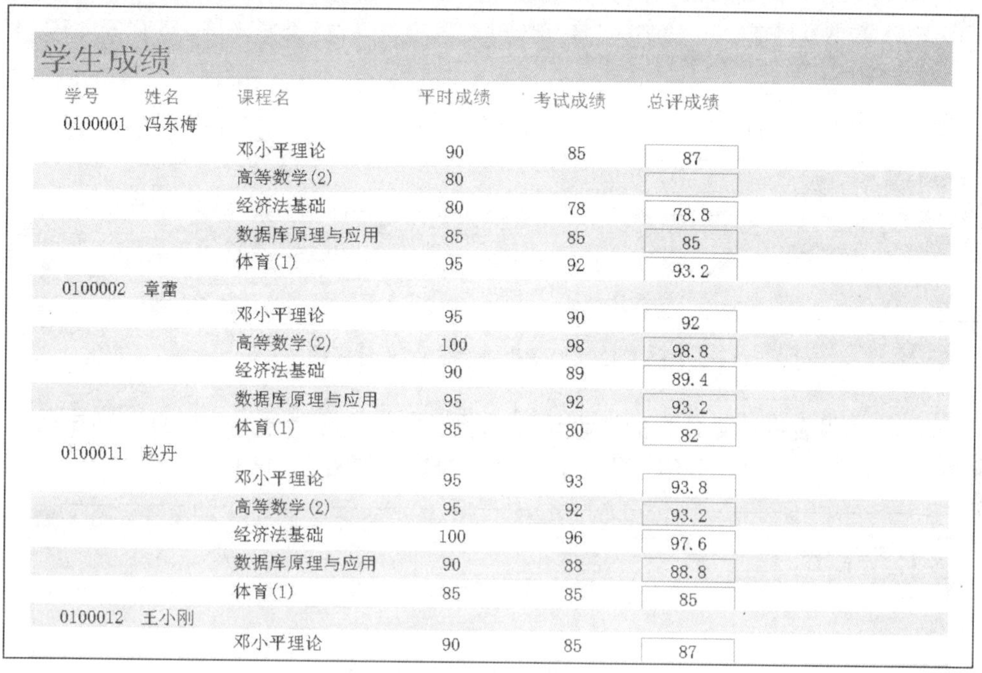

学生成绩

学号	姓名	课程名	平时成绩	考试成绩	总评成绩
0100001	冯东梅				
		邓小平理论	90	85	87
		高等数学(2)	80		
		经济法基础	80	78	78.8
		数据库原理与应用	85	85	85
		体育(1)	95	92	93.2
0100002	章蕾				
		邓小平理论	95	90	92
		高等数学(2)	100	98	98.8
		经济法基础	90	89	89.4
		数据库原理与应用	95	92	93.2
		体育(1)	85	80	82
0100011	赵丹				
		邓小平理论	95	93	93.8
		高等数学(2)	95	92	93.2
		经济法基础	100	96	97.6
		数据库原理与应用	90	88	88.8
		体育(1)	85	85	85
0100012	王小刚				
		邓小平理论	90	85	87

图 5－41　学生成绩报表

5.2.7　报表排序和分组

缺省情况下，报表中的记录是按照自然顺序，即数据输入的先后顺序排列显示的。在实际应用过程中，经常需要按照某个指定的顺序排列记录数据，例如按照年龄从小到大排列等，称为报表“排序”操作。此外，报表设计时还经常需要就某个字段按照其值的相等与否划分成组来进行一些统计操作并输出统计信息，这就是报表的“分组”操作。

1. 记录排序

使用“报表向导”创建报表时，操作到如图 5－14 所示步骤时，会提示设置报表中的记录排序，这时最多可以对 4 个字段进行排序，且排序依据只能是字段，不能是表达式。实际上，一个报表最多可以安排 10 个字段或字段表达式进行排序。

【例 5－9】 将“学生表”报表设计中按照“性别”和“身高”升序排序输出。

具体操作过程如下。

（1）在“数据库”窗口的“报表”对象中，复制“学生表”报表，并命名为“学生表_排序”。

（2）打开“学生表_排序”报表的设计视图，如图 5－42 所示。

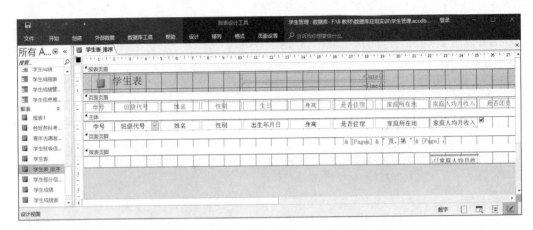

图 5-42　"学生表_排序"设计视图

（3）在"报表设计工具"的"设计"选项卡中，单击"分组和汇总"组中的"分组和排序"按钮，弹出"分组、排序和汇总"窗口，如图 5-43 所示。

图 5-43　"分组、排序和汇总"设计视图

（4）在"分组、排序和汇总"窗口中，单击"添加排序"，弹出"选择字段"对话框，如图 5-44 所示。

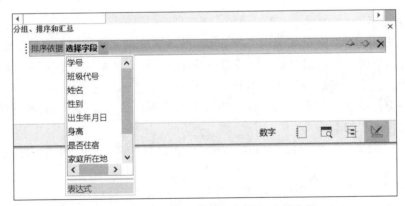

图 5-44　"分组、排序和汇总"选择字段

（5）选择"性别"字段，并设置"排序次序"列的值为"升序"，设置结果如图 5

-45 所示。

图 5-45　选择性别排序

（5）在"分组、排序和汇总"窗口中，再次单击"添加排序"，在弹出"选择字段"对话框，选择"身高"，并设置"排序次序"列的值为"升序"，设置结果如图 5-46 所示。在报表中设置多个排序字段时，先按第一排序字段值排列，如第一排序字段值相同，再按第二排序字段值去排列，依此类推。

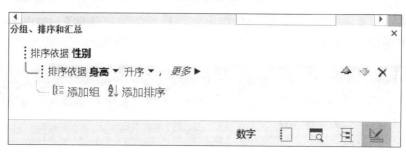

图 5-46　选择身高排序

（6）单击工具栏上的"打印预览"按钮，对上述排序数据进行预览，如图 5-47 所示，最后保存报表。

学生表							2018年6月5日 18:02:26	
学号	班级代号	姓名	性别	生日	身高	是否住宿	家
0100113	10111	文来党	男	1999年2月18日	153	是	
0100027	10101	张小天	男	2000年2月2日	155	否	
0100115	10111	欧阳鹏	男	2000年12月12日	161	是	
0100118	10111	王学军	男	1999年1月12日	164	是	
0100040	10101	徐进	男	1994年10月19日	165	是	
0100009	10101	钟开才	男	1998年8月8日	165	否	
0100052	10102	施先寇	男	1999年9月8日	167	否	
0100094	10111	马洪儒	男	1998年9月12日	167	是	
0100022	10101	张正宏	男	1999年3月3日	168	是	
0100074	10102	洪振林	男	2000年9月12日	168	否	
0100023	10101	田咸春	男	1999年12月26日	169	是	
0100110	10111	文斌	男	1998年7月8日	169	是	
0100005	10101	邹忠芳	男	2000年1月1日	171	否	

图 5-47　"学生表_排序"报表

2. 记录分组

分组是指报表设计时按选定的某个（或几个）字段值是否相等而将记录划分成组的过程。操作时，先要选定分组字段，将字段值相等的记录归为同一组，字段值不等的记录归为不同组。通过分组可以实现同组数据的汇总和输出，增强了报表的可读性。一个报表中最多可以对 10 个字段或表达式进行分组。

【例 5 - 10】将"学生表"报表按"家庭所在地"分组，并在组页面处显示分组地名和人数。

具体操作过程如下。

（1）在"数据库"窗口的"报表"对象中，复制"学生表"报表，并命名为"学生表_分组"。

（2）打开"学生表_分组"报表的设计视图，在"报表设计工具"的"设计"选项卡中，单击"分组和汇总"组中的"分组和排序"按钮，弹出"分组、排序和汇总"窗口。

（3）设置分组字段。在"分组、排序和汇总"窗口中，单击"添加分组"，并选择分组字段为"家庭所在地"，设置"排序次序"列的值为"降序"，如图 5 - 48 所示，报表视图中增加了"家庭所在地"页眉。

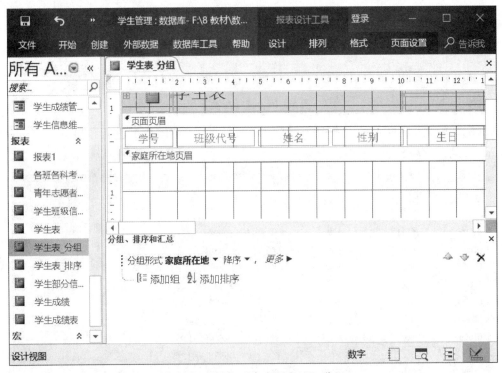

图 5 - 48　添加"家庭所在地"分组

（4）在"家庭所在地"页眉处，添加地名。在"报表设计工具"的"设计"选项卡中，单击"工具"组中的"添加现有字段"按钮，打开"字段列表"窗口，从"字段列表"中拖放"家庭所在地"字段到"家庭所在地"页眉处，并将关联标签文字修改为"家庭所在地:"，如图 5 - 49 所示。

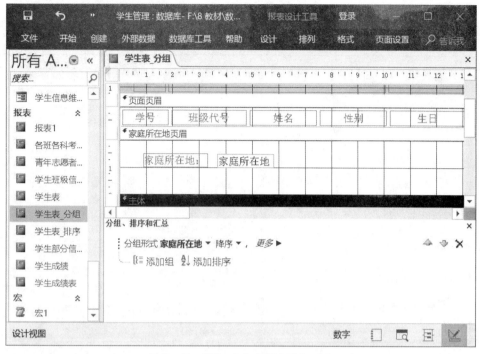

图 5 – 49　添加"家庭所在地"地名

（5）在"家庭所在地"页眉处，添加分组人数。在"报表设计工具"的"设计"选项卡中，单击"控件"组中的"文本框"按钮，然后，在"家庭所在地"页眉的地名右侧，添加一个非绑定的文本框，并在其"属性"窗口的"数据"选项卡中"控件来源"栏输入：＝Count（[学号]），并将其关联的标签文字修改为"人数:"。关闭属性窗口。最后报表设计视图如图 5 – 50 所示。

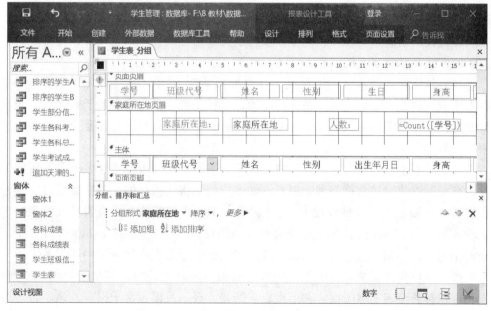

图 5 – 50　添加"人数"文本框

（6）单击工具栏上的"打印预览"按钮，对上述排序数据进行预览，如图 5 – 51 所示；最后保存报表。

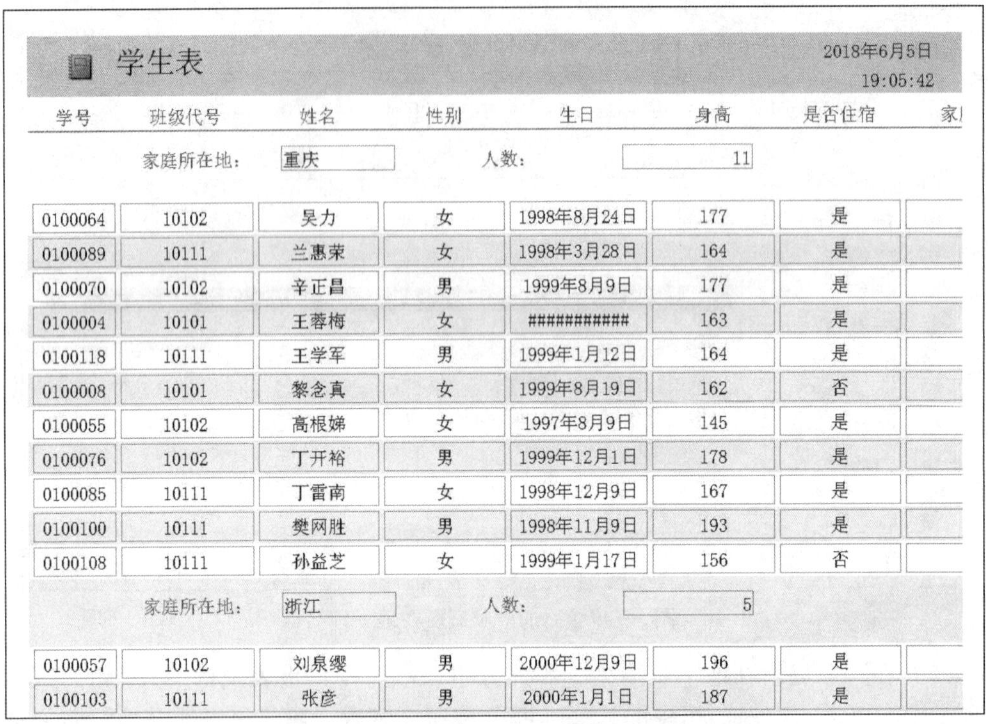

学生表					2018年6月5日 19:05:42		
学号	班级代号	姓名	性别	生日	身高	是否住宿	家
家庭所在地：	重庆		人数：		11		
0100064	10102	吴力	女	1998年8月24日	177	是	
0100089	10111	兰惠荣	女	1998年3月28日	164	是	
0100070	10102	辛正昌	男	1999年8月9日	177	是	
0100004	10101	王蓉梅	女	###########	163	是	
0100118	10111	王学军	男	1999年1月12日	164	是	
0100008	10101	黎念真	女	1999年8月19日	162	否	
0100055	10102	高根娣	女	1997年8月9日	145	是	
0100076	10102	丁开裕	男	1999年12月1日	178	是	
0100085	10111	丁雷南	女	1998年12月9日	167	是	
0100100	10111	樊网胜	男	1998年11月9日	193	是	
0100108	10111	孙益芝	女	1999年1月17日	156	否	
家庭所在地：	浙江		人数：		5		
0100057	10102	刘泉缨	男	2000年12月9日	196	男	
0100103	10111	张彦	男	2000年1月1日	187	是	

图 5 – 51　"学生表_分组"报表

5.2.8　创建主/子报表

在处理关系数据（其中相关数据存储在不同表中）时，通常需要查看同一报表中多个表或查询的信息。Access 中的子报表可以完成这样的任务，它允许以符合逻辑、易于阅读的方式显示报表上的信息。

子报表是插在其他报表中的报表。在合并报表时，两个报表的一个必须作为主报表，主报表可以是绑定的也可以是非绑定的，也就是说，报表可以基于数据表、查询或 SQL 语句，也可以不基于其他数据对象。非绑定的主报表可作为容纳要合并的无关联子报表的"容器"。

主报表所基于的表具有主键，子窗体或子报表所基于的表包含与主键名称相同的字段且拥有相同或兼容的数据类型。例如，如果作为主报表基础的表的主键是自动编号字段，且其"字段大小"属性设置为"长整型"，则作为子窗体或子报表基础的表中的对应字段必须是数字字段，且其"字段大小"属性设置为"长整型"。如果选择一个或多个查询作为子窗体或子报表的记录源，这些查询中的基础表必须满足相同的条件。

主报表可以包含子报表，也可以包含子窗体，而且能够包含多个子报表和子窗体。主报表可以包含至多七级子窗体和子报表。例如，报表可以包含子报表，该子报表可以包含子窗体或子报表，以此类推，最多可以包含七级。

在创建子报表之前，首先要确保主报表和子报表之间已经建立了正确的联系，这样才能保证子报表中记录与主报表中的记录之间有正确的对应关系。

【例5-11】在"学生部分信息表"主报表中增添"成绩表信息"子报表。

具体操作过程如下。

（1）在"数据库"窗口的"报表"对象中，复制"学生部分表"报表，并命名为"学生成绩信息报表"。

（2）在导航窗格中，右键单击"学生成绩信息报表"，然后单击"设计视图"，适当调整其控件布局，在主体节下部为子报表的插入预留出一定的空间，如图5-52所示。

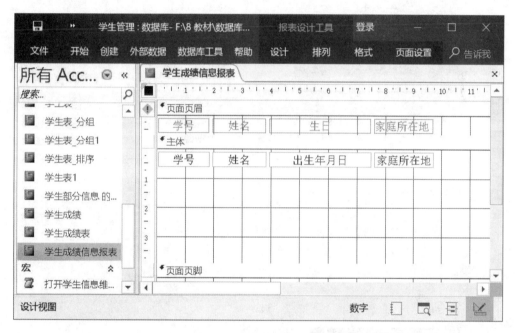

图5-52 学生成绩信息报表设计视图

（3）添加"子窗体/子报表"控件。在"设计"选项卡上的"控件"组中，单击"子窗体/子报表"控件，在子报表的预留插入区选择一插入点单击，这时屏幕显示"子报表向导"对话框，在该对话框中需要选择子报表的"数据来源"，如果选择"使用现有的表和查询"选项，创建基于表和查询的子报表；如果选择"使用现有的报表和窗体"选项，创建基于报表和窗体的子报表。这里选择"使用现有的表和查询"选项，如图5-53所示，单击"下一步"按钮。

（4）确定子报表包含的字段。在此选择子报表的数据源表或查询，再选定子报表中包含的字段，可以从一个或多个表或查询中选择字段。本例在"表/查询"下拉列表中，选择"表：成绩表"，把"可用字段"列表框中"课程号""平时成绩""考试成绩"字段添加到"选定字段"列表框中，如图5-54所示。完成后，单击"下一步"按钮。

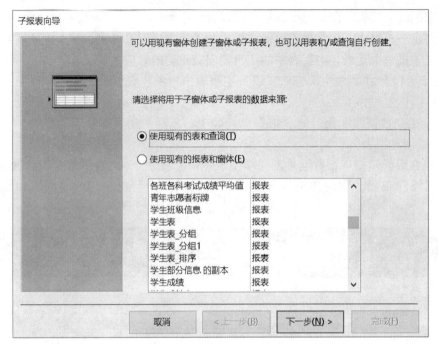

图 5－53　确定子报表数据源

图 5－54　确定子报表字段

　　（5）确定主报表与子报表的链接字段。可以从列表中选，也可以用户自定义。这里，选取"从列表中选择"选项，并在下面列表项中选择"对〈SQL 语句〉中的每个记录用学号显示成绩表"项，如图 5－55 所示，单击"下一步"按钮。

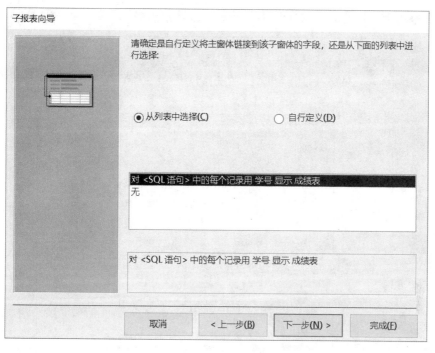

图 5 – 55　确定主报表与子报表的链接字段

（6）这时屏幕显示"子报表向导"最后一个对话框，在此为子报表指定名称。这里，命名子报表为"成绩子报表"，单击"完成"按钮。最后的报表设计视图如图 5 – 56 所示。

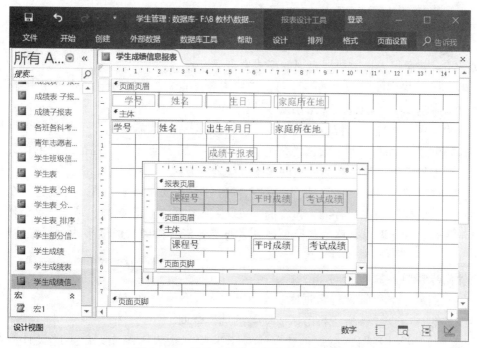

图 5 – 56　学生成绩信息子报表设计视图

（7）单击工具栏上的"打印预览"按钮，预览报表显示，如图 5 - 57 所示。

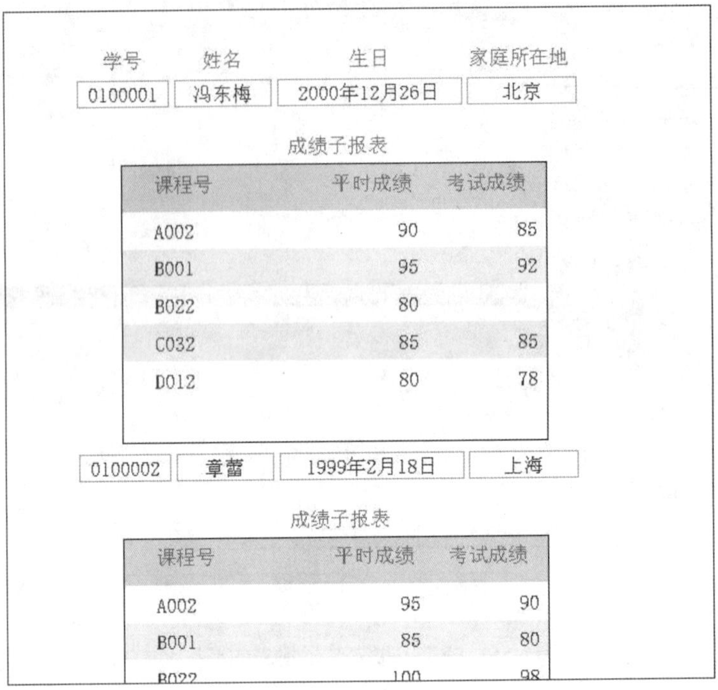

学号	姓名	生日	家庭所在地
0100001	冯东梅	2000年12月26日	北京

成绩子报表

课程号	平时成绩	考试成绩
A002	90	85
B001	95	92
B022	80	
C032	85	85
D012	80	78

0100002	章蓄	1999年2月18日	上海

成绩子报表

课程号	平时成绩	考试成绩
A002	95	90
B001	85	80
B022	100	98

图 5 - 57　学生成绩信息子报表

5.2.9　使用"图表向导"创建图表式报表

图表报表是 Access 特有的一种图表格式的报表，它用图表的形式表现数据库中的数据，相对普通报表来说数据表现的形式更直观。

用 Access 提供的"图表向导"可以创建图表报表。"图表向导"的功能十分强大，它提供了多达 20 种的图表形式供用户选择。

应用"图表向导"只能处理单一数据源的数据，如果需要从多个数据源中获取数据，须先创建一个基于多个数据源的查询，再在"图表向导"中选择此查询作为数据源创建图表报表。下面以实例说明创建图表报表的方法。

【例 5 - 12】创建一个图表报表，显示各班各科考试成绩平均值。先创建一个"各班各科考试成绩"的选择查询，包含的字段为班级名称、课程名称、考试成绩，然后创建显示班级名称、课程名称、考试平均成绩的"各班各科考试成绩平均分三维柱形图"报表。

操作步骤如下。

（1）打开"学生管理"数据库。

（2）创建一个"各班各科考试成绩"的选择查询。

（3）打开设计视图。在"创建"选项卡上的"报表"组中，单击"设计视图"，打开报表"设计视图"。

（4）在"设计"选项卡上的"控件"组中，单击右下角的向下箭头来打开"控件"库，在出现的菜单中，确保选中"使用控件向导"。

（5）单击工具箱中的"图表"控件，在"设计视图"的"主体"区选择一插入点单击，这时屏幕弹出"图表向导"对话框，选择用于创建图表的数据源，如图 5 – 58 所示，然后单击"下一步"按钮。

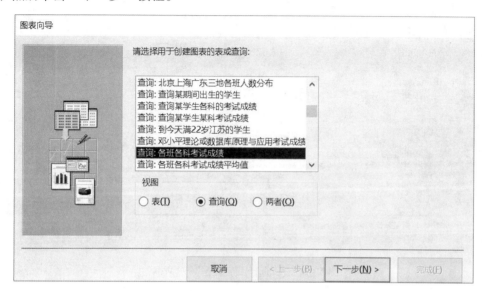

图 5 – 58　"选择图表向导"对话框

（6）选择用于图表的字段，如图 5 – 59 所示，完成后单击"下一步"按钮。

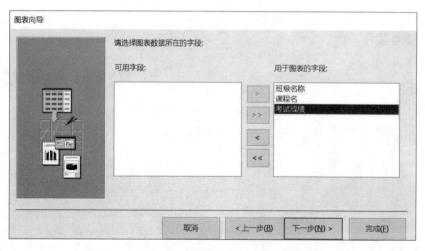

图 5 – 59　"选择图表所在字段"对话框

（7）选择图表类型，本例选择三维柱形图，如图 5 – 60 所示，完成后单击"下一步"按钮。

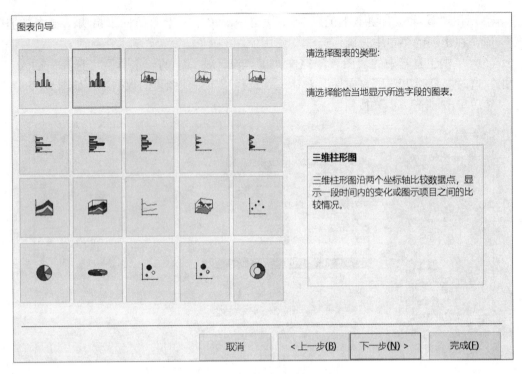

图 5 - 60   "选择图表类型"对话框

（8）指定图表的布局方式，将字段按钮分别拖动到对话框左侧的示例图表中，如图 5 - 61 所示。

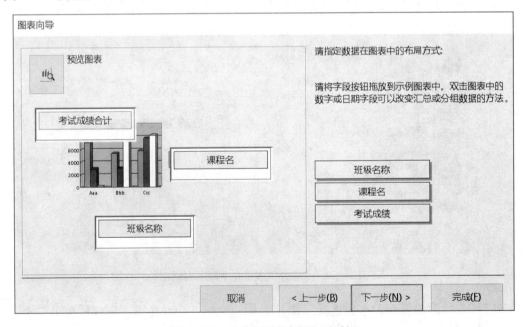

图 5 - 61   "确定图表布局"对话框

双击"考试成绩合计"按钮弹出"汇总"对话框，如图 5 - 62 所示，选择其中"平均值"选项。

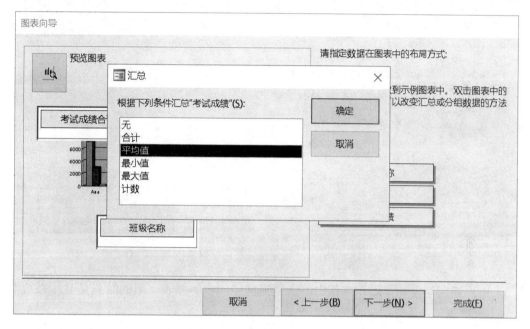

图 5 - 62   "选择图表所在字段"对话框

最后的布局视图如图 5 - 63 所示，完成后单击"下一步"按钮。

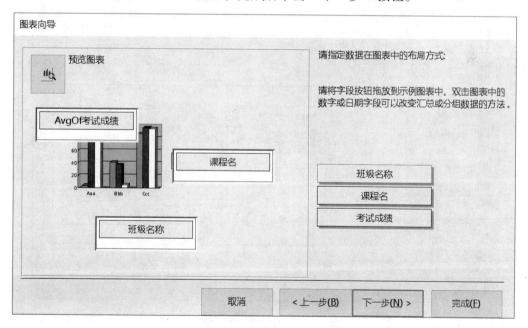

图 5 - 63   "确定图表布局"对话框

（9）指定图表标题。本例指定标题为"各班各科考试平均分图表"，同时还确定是否显示示例，本例选择"是"，如图 5 - 64 所示，完成后单击"完成"按钮。

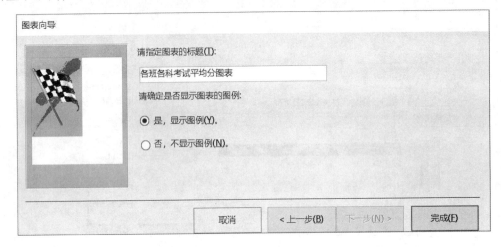

图 5 - 64   "确定图表布局"对话框

（10）返回至设计视图，在其中可以看到已经创建的图表，但此时只是显示系统默认的示例图表，并不是所创建的真实图表，如图 5 - 65 所示。

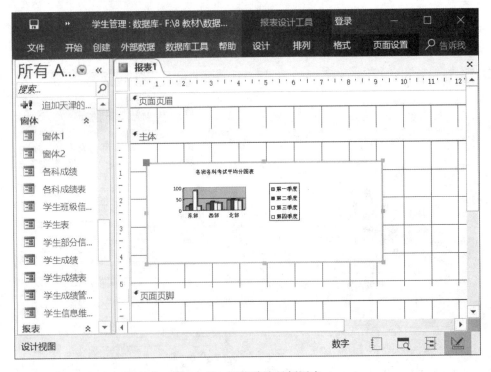

图 5 - 65   系统默认示例图表

（11）切换至报表视图，可以看到本例的真实图表，如图 5 - 66 所示。

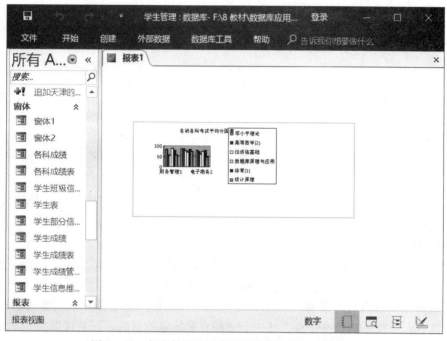

图 5 - 66　各班各科考试成绩平均分三维柱形图报表

（12）通常情况下，显示的图表不如预期的完美，这是由于图表的显示范围过小，使得有些数据无法显示。此时可单击面板上的"修改报表或图表设计"单选按钮，在设计视图中对图表的显示范围进行扩大或进行其他修改。单击系统的默认选项"打开报表并在其上显示图表"，再单击"完成"按钮后，可见到生成的图表报表效果，如图 5 - 67 所示。

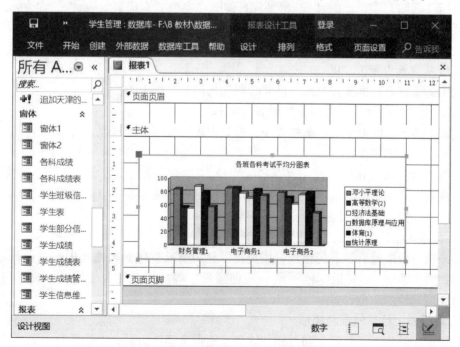

图 5 - 67　各班各科考试成绩平均分三维柱形图报表扩大效果

任务 5.3　报表的打印

报表是专门为打印而设计的特殊窗体，Access 使用报表对象来实现格式数据打印，将数据库中的表、查询的数据进行组合形式报表，还可以在报表中添加多级汇总、统计比较、图片和图表等。

5.3.1　报表的美化

在打印前，可以对报表进行美化，在报表的"设计"视图中可以对已经创建的报表进行编辑和修改，提高易读性。

1. 设置报表格式

Access 中提供了 6 种预定义报表格式，通过使用这些自动套用格式，可以一次性更改报表中所有文本的字体、字号及线条粗细等外观属性。

2. 使用节修改报表的布局

报表中的内容是以节划分的。每一个节都有其特定的目的，而且按照一定的顺序打印在页面及报表上。

在"设计"视图中，节代表各个不同的带区，每一节只能被指定一次。在打印报表中，某些节可以被指定很多次，可以通过放置控件来确定在节中显示内容的位置。

通过对属性值相等的记录进行分组，可以进行一些计算或简化报表使其易于阅读。

1）添加或删除报表页眉、页脚和页面页眉、页脚

选择"视图"菜单上的"报表页眉/页脚"命令或"页面页眉/页脚"命令来操作。

页眉和页脚只能作为一对同时添加。如果不需要页眉或页脚，可以将不要的节的"可见性"属性设为"否"，或者删除该节的所有控件，然后将其大小设置为"0"或将其"高度"属性设置为"0"。

如果删除页眉和页脚，Access 将同时删除页眉、页脚中的控件。

2）改变报表的页眉、页脚或其他节的大小

报表上各个节的大小可以单独改变。但是报表只有唯一的宽度，改变一个节的宽度将改变整个报表的宽度。

可以将鼠标放在节的底边（改变高度）或右边（改变宽度）上，上下拖动鼠标改变节的高度，或左右拖动鼠标改变节的宽度。也可以将鼠标放在节的右下角上，然后沿对角线的方向拖动鼠标，同时改变高度和宽度。

3）为报表中的节或控件创建自定义颜色

如果调色板中没有需要的颜色，用户可以利用节或控件的属性表中的"前景颜色"（对控件中的文本）、"背景颜色"或"边框颜色"等属性并配合使用"颜色"对话框来进行相应属性的颜色设置。

3. 在报表上绘制线条和矩形

在报表设计中，经常还会通过添加线条或矩形来修饰版面，以达到一个更好的显示

效果。

1）在报表上绘制线条

具体操作步骤如下。

（1）在"设计"视图中打开报表。

（2）单击工具箱中的"线条"工具。

（3）单击报表的任意处可以创建默认大小的线条，或通过单击并拖动的方式可以创建自定义大小的线条。

如果要微调线条的长度或角度，可以单击线条，然后同时按下 Shift 键和方向键中的任意一个。如果要微调线条的位置，则同时按下 Ctrl 键和方向键中的一个。

利用"格式"工具栏中的"线条/边框宽度"按钮和"属性"按钮，可以分别更改线条样式（实线、虚线和点画线）和边框样式。

2）在报表上绘制矩形

具体操作步骤如下。

（1）在"设计"视图中打开报表，单击工具箱中的"矩形"工具。

（2）单击报表或报表的任意处可以创建默认大小的矩形，或通过单击并拖动的方式创建自定义大小的矩形。

利用"格式"工具栏中的"线条/边框宽度"按钮和"属性"按钮，可以分别更改线条样式（实线、虚线和点画线）和边框样式。

4. 添加背景图案

报表的背景可以添加图片以增强现实效果。具体操作如下。

（1）使用"设计"视图打开报表，通过报表选择器，打开报表"属性"报表。

（2）在"格式"卡片中选择"图片"属性进行背景图片的设置。

（3）设置背景图片其他属性：在"图片类型"属性框中选择"嵌入"或"链接"图片方式；在"图片缩放模式"属性框中选择"剪裁""拉伸"或"缩放"图片大小调整方式；在"图片对齐方式"属性框中选择图片对齐方式；在"图片频谱"属性框中选择是否平铺背景图片；在"图片出现的页"属性框中选择现实背景图片的报表页。

5. 添加日期和时间

在报表"设计"视图中给报表添加日期和时间。操作步骤如下。

（1）使用"设计"视图打开报表，"插入"菜单中选择"日期和时间"选项。

（2）在打开的"日期和时间"对话框中选择显示日期和时间及显示格式，单击"确定"按钮即可。

此外，也可以在报表上添加一个文本框，通过设置其"控件源"属性为日期或时间的计算表达式，例如"=Date（）"或"=Time（）"可显示日期或时间，该控件可安排在报表的任何节区中。

6. 添加分页符和页码

1）在报表中添加分布符

在报表中，可以在某一节中使用分页控件控制符来标志要另起一页的位置。具体操作步骤如下。

（1）在"设计"视图中打开报表。

（2）单击工具箱中的"分页符"按钮。

（3）选择报表中需要设置分页符的位置然后单击，分页符会以短虚线标志在报表的左边界上。

注意：分页符应设置在某个控件之上或之下，以免拆分了控件中的数据。如果要将报表中的每个记录或记录组都另起一页，可以通过设置组标头、组注脚或主体节的"强制分布"属性来实现。

2）在报表中添加页码

具体操作步骤如下。

（1）在"设计"视图中打开报表。

（2）单击"插入"菜单中的"页码"命令。

（3）在"页码"对话框中，根据需要选择相应的页码格式、位置和对齐方式。对齐方式有下列选项：

左——在左页边距添加文本框；

中——在左右页边距的正中添加文本框；

右——在右页边距添加文本框；

内——在左、右边距之间添加文本框，奇数页打印在左侧，而偶数页打印在右侧；

外——在左、右页边距之间添加文本框，偶数页打印在左侧，奇数页打印在右侧。

（4）如果要在第一页显示页码，选中"在第一页显示页码"复选框。

5.3.2　报表的预览和打印

1. 页面设置

完成报表设计后，如果需要打印报表，还必须对报表进行页面设置，使报表符合打印机和纸张的要求。

单击"报表设计工具"的"页面设置"选项卡，打开"页面设置"工具，如图 5 -68 所示。

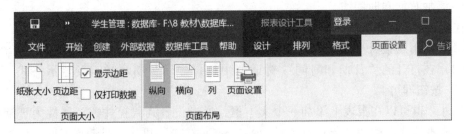

图 5 -68　"页面设置"工具

这里有"页面大小"和"页面布局"两组工具，在"页面大小"中有"纸张大小""页边距"和"仅打印数据"等设置，如果选中"仅打印数据"，则打印时不包括报表的标题和装饰性的图形控件；在"页面布局"中有"纵向""横向""列"和"页面设置"等按钮，单击"页面设置"命令，打开页面设置对话框，如图 5 - 69 所示。

这里可以设置"打印选项""页"和"列",在"页"选项卡中设置打印方向、纸张的大小和来源,并选择打印机;在"列"选项卡中设置列数、行间距和列布局。

图 5-69   "页面设置"工具

2. 预览报表

1)预览报表的页面布局

通过"版面预览"可以快速检查报表的页面布局,因为 Access 数据库只是使用基表中的数据或通过查询得到的数据来显示报表版面,这些数据只是报表上实际数据的示范。如果要审阅报表中的实际数据,可以使用"打印预览"的方法。

在报表"设计"视图中,单击工具栏中的"视图"按钮右侧的向下箭头,然后单击"版面预览"按钮。

如果选择"版面预览"按钮,对于基于参数查询的报表,用户不必输入任何参数,直接单击"确定"按钮即可,因为 Access 数据库将会忽略这些参数。

如果要在页之间切换,可以使用"打印预览"报表底部的定位按钮。如果要在当前页中移动,可以使用滚动条。

2)预览报表中的数据

在"设计"视图中预览报表的方法是在"设计"视图中,单击工具栏中的"打印预览"按钮。如果要在数据库报表中预览报表,具体操作步骤如下。

(1)在数据库窗口中,单击"报表"标签。

(2)选择需要预览的报表。

(3)单击"打印预览"按钮。

在页间切换,可以使用"打印预览"报表底部的定位按钮;页中移动,可以使用滚动条。

3. 打印报表

第一次打印报表以前，还需要检查页面边距、页面方向和其他页面设置的选项。当确定一切布局都符合要求后，打印报表的操作步骤如下。

（1）在数据库窗口中选定需要打印的报表，或在"设计视图""打印预览"或"布局预览"中打开相应的报表。

（2）单击"文件"菜单中的"打印"命令。

（3）在"打印"对话框中进行以下设置：在"打印机"中，指定打印机的型号。在"打印范围"中，指定打印所有页面或者确定打印页的范围。在"份数"中，指定复制的份数或是否需要对其进行分页。如果要在不激活对话框的情况下打印报表，可以直接单击工具栏上的"打印"按钮。

设计多列报表需要在设计视图中设置报表的宽度，使报表适合在一张纸中放置多列，然后在"页面设置"对话框的"列"选项卡下，"列数"输入"2"（即两列），"列布局"选择"先列后行"，在"边距"选项卡中对"页边距"做适当调整。

【思考题】

一、单选题

1. 关于报表和窗体，下列说法正确的是（　　　）。
    A. 报表和窗体的数据来源都是表、查询和 SQL 语句
    B. 报表和窗体都可以修改数据源的数据
    C. 报表和窗体的工具箱中的控件不一样
    D. 报表可以作为窗体的数据来源

2. 创建报表时，使用自动创建方式可以创建（　　　）。
    A. 纵栏式报表和表格式报表
    B. 标签式报表和表格式报表
    C. 纵栏式报表和标签式报表
    D. 表格式报表和图表式报表

3. 报表的视图方式不包括（　　　）。
    A. 打印预览视图　　　　　　　　B. 版面预览视图
    C. 数据表视图　　　　　　　　　D. 设计视图

4. 报表的数据来源不包括（　　　）。
    A. 表　　　　　B. 窗体　　　　　C. 查询　　　　　D. SQL 语句

5. 下列各种类型的报表中，叙述错误的是（　　　）。
    A. 纵栏式报表一般是以垂直方式在一页中的主体节区内显示一条或多条记录
    B. 表格式报表是以整齐的行、列形式显示记录数据
    C. 图表报表是包含图表显示的报表类型，可在其中设置分组字段，显示分组统

计数据

　　D. 标签是以标签的形式对报表进行打印输出

6. 报表的作用不包括（　　）。

　　A. 分组数据　　　　B. 汇总数据　　　　C. 格式化数据　　　　D. 输入数据

7. Access 的报表操作提供了（　　）种视图。

　　A. 2　　　　　　B. 3　　　　　　C. 4　　　　　　D. 5

8. "版面预览"视图显示（　　）数据。

　　A. 全部　　　　　B. 一页　　　　　C. 第 1 页　　　　D. 部分

9. 每个报表最多包含（　　）种节。

　　A. 5　　　　　　B. 6　　　　　　C. 7　　　　　　D. 8

10. 用来显示报表中本页的汇总说明的是（　　）。

　　A. 报表页眉　　　B. 主体　　　　　C. 页面页脚　　　D. 页面页眉

11. 用来显示整份报表的汇总说明的是（　　）。

　　A. 报表页脚　　　B. 主体　　　　　C. 页面页脚　　　D. 页面页眉

12. （　　）报表中记录数据的字段标题信息被安排在页面页眉节区显示。

　　A. 纵栏式　　　　B. 表格式　　　　C. 图表　　　　　D. 标签

13. 在（　　）报表中以垂直方式显示一条或多条记录。

　　A. 纵栏式　　　　B. 表格式　　　　C. 图表　　　　　D. 标签

14. Access 使用（　　）来创建页码。

　　A. 字符　　　　　B. 数值　　　　　C. 表达式　　　　D. 函数

15. 当在一个报表中列出员工的"基本工资"、"加班费"、"岗位补贴"3 项时，要计算每位员工这 3 项工资的和，只要设置新添计算控件的控件源为（　　）。

　　A. （［基本工资］＋［加班费］＋［岗位补贴］）

　　B. ［基本工资］＋［加班费］＋［岗位补贴］

　　C. ＝（［基本工资］＋［加班费］＋［岗位补贴］）

　　D. ＝［基本工资］＋［加班费］＋［岗位补贴］

16. 计算控件的控件源必须是以（　　）开头的计算表达式。

　　A. ＝　　　　　　B. ＜　　　　　　C. （　）　　　　D. ＞

17. 若要计算所有学生"英语"成绩的平均分，需设置控件源属性为（　　）。

　　A. ＝Sum（［英语］）　　　　　　　B. ＝Avg（［英语］）

　　C. ＝Sum［英语］　　　　　　　　D. ＝Avg［英语］

18. 在合并报表时，两个报表中的一个必须作为（　　）。

　　A. 主报表　　　　　　　　　　　　B. 绑定的主报表

　　C. 非绑定的主报表　　　　　　　　D. 以上都不是

19. 如果将报表属性的"页面页眉"属性项设置为"报表页眉不要"，则打印预览时（　　）。

　　A. 不显示报表页眉

　　B. 不显示页面页眉

C. 在报表页眉所在页不显示页面页眉

D. 不显示报表页眉，替换为页面页眉

20. 下列说法正确的是（   ）。

    A. 主－子报表的子报表页面页眉在打印和预览时都显示

    B. 主－子报表的子报表页面页眉只在打印时不显示

    C. 主－子报表的子报表页面页眉只在预览时不显示

    D. 主－子报表的子报表页面页眉在打印和预览时都不显示

21. 使用"自动报表"功能创建报表时，需在（   ）对话框中选择报表类型。

    A. 显示表　　　　B. 新建报表　　　　C. 报表向导　　　　D. 设计视图

22. 报表的种类不包括（   ）。

    A. 纵栏式报表　　　　　　　　B. 标签式报表

    C. 表格式报表　　　　　　　　D. 数据透视表式报表

23. 如果需要制作一个公司员工的名片，应该使用（   ）。

    A. 标签式报表　　　　　　　　B. 图表式报表

    C. 图表报表　　　　　　　　　D. 表格式报表

24. 下列报表中不可以通过报表向导创建的是（   ）。

    A. 纵栏式报表　　　　　　　　B. 主－子报表

    C. 标签报表　　　　　　　　　D. 表格式报表

25. 标签控件通常通过（   ）向报表中添加。

    A. 工具箱　　　　B. 工具栏　　　　C. 属性表　　　　D. 字段列表

26. 报表"设计视图"下的（   ）按钮是窗体设计视图下的工具栏中没有的。

    A. 代码　　　　　B. 字段列表　　　C. 工具箱　　　　D. 排序与分组

27. （   ）不能建立数据透视表。

    A. 窗体　　　　　B. 报表　　　　　C. 查询　　　　　D. 数据表

28. 图表式报表中的图表对象是通过（   ）程序创建的。

    A. Microsoft Word　　　　　　B. Microsoft Excel

    C. Microsoft Graph　　　　　　D. Photoshop

29. 在利用图表向导创建图表的过程中，所允许的最多字段数为（   ）。

    A. 3 个　　　　　B. 4 个　　　　　C. 5 个　　　　　D. 6 个

30. 创建图表式报表中，添加的字段不包括（   ）。

    A. 系列字段　　　B. 数据字段　　　C. 筛选字段　　　D. 类别字段

31. 在图表式报表中，若要显示一组数据的记录个数，应该用（   ）函数。

    A. Count　　　　　B. Sum　　　　　C. Avg　　　　　D. Min

32. 报表由不同种类的对象组成，每个对象包括报表都有自己独特的（   ）窗口。

    A. 属性　　　　　B. 字段列表　　　C. 工具箱　　　　D. 工具栏

33. 为报表指定数据来源后，在报表设计窗口中，由（   ）取出数据源的字段。

    A. 属性表　　　　B. 自动格式　　　C. 字段列表　　　D. 工具箱

34. 预览主－子报表时，子报表页面页眉中的标签是（   ）。

    A. 每页都显示一次

    B. 每个子报表只在第一页显示一次

    C. 每个子报表每页都显示

    D. 不显示

35. 将大量数据按不同的类型分别集中在一起，称为将数据（   ）。

    A. 合计   B. 分组   C. 筛选   D. 排序

36. 某报表中每个班级都有多条记录，如果要使用班级字段（文本型）对记录分类，班级号为 0440018，0440019，0440020⋯⋯，则组间距应设为（   ）。

    A. 4   B. 5   C. 6   D. 7

37. 若要使打印出的报表每页显示 3 列记录，则应该在（   ）中设置。

    A. 属性表   B. 工具箱   C. 排序与分组   D. 页面设置

38. 在 Access 的报表中最多可以设置（   ）级分组。

    A. 3   B. 5   C. 6   D. 10

39. 若在已有报表中创建子报表，需单击工具箱中的（   ）按钮。

    A. 子报表/子窗体   B. 子报表

    C. 子窗体   D. 控件向导

40. 多列报表最常用的报表形式是（   ）。

    A. 数据表报表   B. 图表报表

    C. 标签报表   D. 视图报表

41. 在"设计"视图中双击报表选择器打开（   ）对话框。

    A. 新建报表   B. 空白报表   C. 属性   D. 报表

42. 在报表设计视图中，区段被表示成带状形式，称为（   ）。

    A. 页   B. 节   C. 区   D. 面

43. 在报表设计区中，主要用在封面的是（   ）。

    A. 组页脚节   B. 主体节   C. 报表页眉节   D. 页面页眉节

44. 使用（   ）创建报表，可以完成大部分报表设计基本操作，加快了创建报表的过程。

    A. 版面视图功能   B. 设计视图功能

    C. 自动报表功能   D. 向导功能

45. 若用户对使用向导生成的图表不满意，可以在（   ）视图中对其进行进一步的修改和完善。

    A. 设计   B. 表格   C. 图表   D. 标签

二、问答题

1. 什么是报表？报表和窗体有何不同？

2. 报表的主要功能有哪些？

3. Access 的报表分为哪几种类型？它们各自的特征是什么？

4. Access 报表的结构是什么？都由哪几部分组成？

5. 报表页眉与页面页眉的区别是什么？

6. 在报表中计算汇总信息的常用方法有哪些？每个方法的特点是什么？

7. 哪些控件可以创建计算字段？创建计算字段的方法有哪些？

8. 标签报表有什么作用？如何创建标签式报表？

9. 如何创建分组报表？

10. 报表的版面预览和打印预览有何不同？

项目 6 创建与使用宏和模块

【教学目标】

（1）掌握宏的概念和功能；

（2）掌握宏的建立和应用；

（3）了解模块的概念、结构和作用；

（4）基本掌握创建模块的基本方法。

任务6.1 认识宏

6.1.1 宏的概念

前面介绍的数据库对象都具有强大的功能。如果将这些数据库对象的功能组合在一起，就可以担负起数据库中的各项数据管理工作了。但是，由于这些数据库对象都是彼此独立的，并且不能相互驱动，因此仅靠这些数据库对象构造数据库将难以形成一体的应用系统。要使 Access 的众多数据库对象成为一个整体，以一个应用程序的面貌展示给用户，就必须借助于代码类型的数据库对象。宏对象便是此类数据库对象中的一种。

1. 宏

宏是一个或多个操作的集合，其中每个操作执行特定的功能。宏是一种特殊的代码，它没有控制转移功能，也不能直接操纵变量，但它能够将各对象有机地组织起来，按照某个顺序执行操作的步骤，完成一系列操作动作。如果用户频繁地重复同一系列操作，就可以创建宏来执行这些操作。

宏由宏名、条件、操作和操作参数四部分组成。其中，宏名就是宏的名称；条件用来限制宏操作执行，只有当满足条件时才执行相应的操作；操作用来定义或选择要执行的宏操作；操作参数就是为宏操作设定的必需的参数。

2. 宏组

宏组是多个基本宏的集合。通常情况下，在 Access 中，一共有五十多种基本宏操作，这些基本操作还可以组合成很多其他的"宏组"操作。在使用中，一般很少单独使用某个基本宏命令，常常是将这些命令排成一组，按照顺序执行，以完成一种特定任务。这些命令可以通过窗体中控件的某个事件操作来实现，或在数据库的运行过程中自动来实现。

宏是宏操作的集合，有宏名。宏组是宏的集合，有宏组名。简单宏组包含一个或多个宏操作，没有宏名；复杂宏组包含一个或多个宏（必须有宏名），这些宏分别包含一个或多个宏操作。可以通过引用宏组中的"宏名"（宏组名·宏名）执行宏组中的宏。执行宏组中的宏时，Access系统将按顺序执行"宏名"列中的宏所设置的操作以及紧跟在后面的"宏名"列为空的操作。

3. 条件宏

在一定的条件下才执行的宏操作，称为条件宏。

条件是一个运算结果为TRUE/FALSE或"是/否"的逻辑表达式。宏将根据条件结果的真或假而沿着不同的路径进行。

运行宏时，Access将求出第一个条件表达式的结果。如果这个条件的结果为真，Access就会执行此行所设置的操作，以及紧接着此操作且在"条件"列内前加省略号"…"的所有操作；然后，Access将执行宏中所有其他"条件"列为空的操作，直到到达另一个表达式、宏名或宏的结尾为止；如果条件的结果为假，Access则会忽略相应的操作，以及紧接着此操作且在"条件"字段内前加省略号"…"的操作，并且移到下一个其他条件或"条件"列为空的操作行。

6.1.2　宏的功能

宏对象实际上是一个容器对象，其间包含着一个操作序列以及操作参数和操作执行的条件，因此，可以使用宏来作为处理某一事件的方法。宏对象的作用就是为某一些简单的事件响应提供事件处理方法。

宏的具体功能如下：

◆ 显示和隐藏工具栏。

◆ 打开和关闭表、查询、窗体和报表。

◆ 执行报表的预览和打印操作以及报表中数据的发送。

◆ 设置窗体或报表中控件的值。

◆ 设置Access工作区中任意窗口的大小，并执行窗口移动、缩小、放大和保存等操作。

◆ 执行查询操作，以及数据的过滤、查找。

◆ 为数据库设置一系列的操作，简化工作。

6.1.3　宏的设计窗口

Access为宏的设计提供了非常方便的可视化环境，在"创建"选项卡上的"宏与代码"组中，单击"宏"，即可打开宏的设计视图，如图6-1所示。

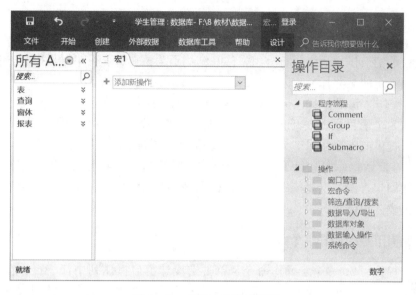

图 6 - 1　"宏"的设计视图

宏设计视图的工作区主要包括"宏生成器"窗格和"操作目录"窗格,主要用于添加和编辑宏操作。

"宏生成器"窗格中只有一个"添加新操作"列表框,用户可以直接在其中输入宏的操作命令,从而完成添加操作,也可以单击其右侧的下拉式按钮,在弹出的下拉式列表中选择宏操作命令,如图 6 - 2 所示。

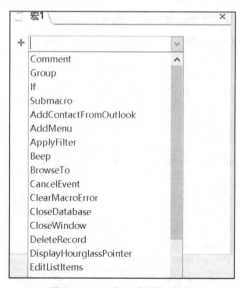

图 6 - 2　"宏生成器"窗格

图 6 - 3　"操作目录"窗格

"操作目录"窗格以树型结构分别列出了"程序流程""操作"和"在此数据库中"三个主目录,每个主目录下方还有相应的子目录,如图 6 - 3 所示。

（1）"程序流程"目录。包括 Comment（注释）、Group（组）、If（条件）和 Submacro（子宏）4 个程序块。其中，"注释"是对宏的整体或一部分进行说明；"组"可以根据目的把宏操作命令进行分组，使其结构更为清晰；"条件"是指定在执行宏操作之前必须满足的某些标准或限制；"子宏"可以用于创建宏组。

（2）"操作"目录。Access 针对宏操作命令的功能将其分为 8 类，对应"操作"目录下包含的 8 个子目录。展开各子目录，即可添加该类别下的宏操作。注意，"操作"目录中的所提供的宏操作与"宏生成器"窗格中提供的宏操作是完全一致的。

（3）"在此数据库中"目录。在该目录中，系统列出了当前数据库中已经存在的宏对象，以便用户查看和重复使用。此外，根据已存在的宏的实际情况，还会列出该宏对象上层的报表、窗体等对象。

6.1.4　常用的宏操作命令

Access 提供了 50 多个宏操作命令，单击宏设计窗口操作列中任一行，在该行右侧会显示一个向下的箭头，单击这个箭头，屏幕会显示出一个列表框。该列表框中按字母顺序列出了所有的操作命令，可以在该列表框中选择需要的操作命令。

表 6-1 所示为常用的宏操作命令及其功能。

表 6-1　常用的宏操作命令及其功能

宏操作命名	功　能
AddMenu	用于将菜单添加到自定义的菜单栏上或创建自定义快捷菜单栏
ApplyFilter	用于筛选或限制表、窗体或报表中的记录。用于报表时，只能在报表的 OnOpen 事件的嵌入宏中使用此命名
Beep	使计算机发出嘟嘟声。使用此操作可表示错误情况或重要的可视性变化
CancelEvent	取消引起宏操作的事件
CloseWindow	关闭指定的窗口，如果无指定的窗口，则关闭激活的窗口
CloseDatabase	关闭当前数据库
CopyObject	复制数据库对象
DeleteObject	删除指定对象；未指定对象时，删除"数据库"窗口中选中的对象
Echo	显示或隐藏执行过程中宏的结果
FindRecord	查找符合指定条件的第一条记录
FindNextRecord	查找符合指定条件的第一条或下一条记录
GoToControl	将焦点移到激活数据表或窗体上指定的字段或控件上
GoToPage	将焦点移到激活窗体指定页的第一个控件
GoToRecord	在表、窗体或查询结果集中的指定记录成为当前记录
MaximizeWindow	最大化激活窗口使其充满 Access 窗口

宏操作命名	功　　能
MinimizeWindow	最小化激活窗口使其成为 Access 窗口底部的标题栏
MessageBox	显示含有警告或提示消息的消息框。常用于显示验证失败消息
OnError	指定当宏出现错误时如何处理
OpenForm	在"窗体"视图、"设计"视图、"打印预览"或"数据表"视图中打开窗体
OpenQuery	在"数据表"视图、"设计"视图或"打印预览"中打开查询或交叉表查询
OpenReport	在"设计"视图或"打印预览"中打开报表，或立即打印该报表
OpenTable	在"数据表"视图、"设计"视图或"打印预览"中打开报表
PrintOut	打印激活的数据库对象
Quit Access	退出 Access 数据库系统
Requery	在激活的对象上实施指定控件的重新查询。如果未指定控件，则实施对象的重新查询。如果指定的控件不基于表或查询，则该操作将使控件重新计算
RunCode	执行 Visual Basic Function 过程
RunMacro	执行一个宏，可用该操作从其他宏中执行宏
ShowToolbar	显示或隐藏内置工具栏或自定义工具栏
StopAllMacros	终止所有正在运行的宏
StopMacro	终止当前正在运行的宏

宏操作命令包括了对数据库及数据库各个对象的操作，由这些命令组成的宏功能十分强大。

任务 6.2　宏的创建与使用

6.2.1　创建宏

创建一个宏，主要是添加需要的宏操作命令，并设置好各项操作参数。

下面介绍 3 类不同宏的创建，即操作序列宏、宏组和条件操作宏，不论哪一类，创建中都要指定宏名、添加操作命令、为命令设置参数和备注等。

1. 创建操作序列宏

由于操作序列宏中各命令的执行是按命令在宏中的先后次序，因此在建立操作序列宏时，要按照命令执行的顺序依次添加每一条命令。

【例 6－1】创建名为"打开学生信息维护系统"的宏，用宏来实现打开窗体的功能。

操作步骤如下。

（1）打开"宏"设计视图。在"创建"选项卡上的"宏与代码"组中，单击"宏"，即可打开宏的设计视图。

（2）添加"OpenForm"宏操作。单击"添加新操作"右侧的下拉式按钮，在弹出的下拉列表中选择"OpenForm"宏操作，如图6-4所示。

图6-4　选择"OpenForm"宏操作

（3）设置参数。在打开的"操作参数"编辑区中，在"窗体名称"中选择"学生信息维护系统"窗体，在"视图"中选择"窗体"，在"数据模式"中选择"只读"，在"窗口模式"中选择"普通"，如图6-5所示。

图6-5　设置"OpenForm"宏操作参数

注意，"操作参数"编辑区是用于设置当前宏操作的相关参数。宏不同，操作参数也不同。以宏"OpenForm"为例，说明如下。

①视图。设置打开窗体的视图方式。有窗体、设计、数据表、打印预览、数据透视表、数据透视图。

②数据模式。设置用户的操作权限。有增加、编辑、只读。

③窗口模式。设置窗体的显示方式。有普通、隐藏、图标、对话框。

（4）添加"Beep"宏操作。再单击"添加新操作"右侧的下拉式按钮，在弹出的下拉式列表中选择"Beep"（表示运行宏时，发出"嘟嘟"声）。

（5）添加"MaximizeWindow"宏操作。再单击"添加新操作"右侧的下拉式按钮，在弹出的下拉式列表中选择宏"MaximizeWindow"（表示运行宏时，将窗体最大化）。

通过以上步骤设置后的宏设计视图，如图 6-6 所示。

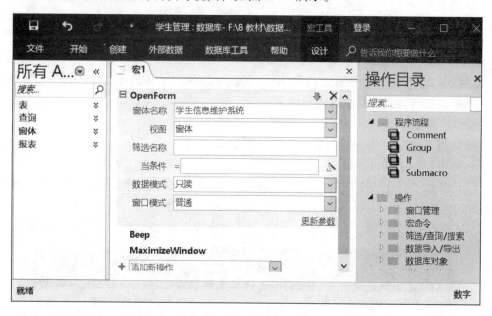

图 6-6　"打开学生信息维护系统"宏设计视图

（6）单击快速访问工具栏中的"保存"按钮，并将该宏命名为"打开学生信息维护系统"。

（7）单击"设计"选项卡"工具"组中的"运行"按钮，运行该宏并打开"学生信息维护系统"窗体，如图 6-7 所示。

2. 创建宏组

如果有许许多多的宏，可以将相关的宏定义到一个组中，称为宏组，以减少"宏"对象列表的数量，有助于更方便地对数据库进行管理。

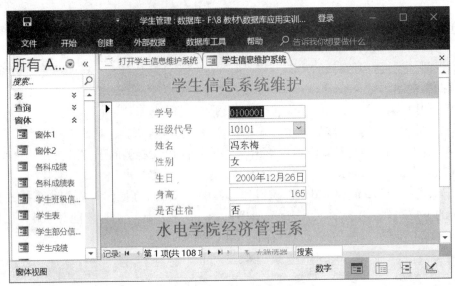

图 6 - 7　"打开学生信息维护系统"宏运行结果

【例 6 - 2】创建一个宏组，命名为"课程成绩信息"，其中包括两个宏："打开课程表"和"打开各人各科总评成绩查询"。

操作步骤如下。

（1）打开"宏"设计视图。在"创建"选项卡上的"宏与代码"组中，单击"宏"，即可打开宏的设计视图。

（2）添加"打开课程表"子宏操作。单击"添加新操作"右侧的下拉式按钮，在弹出的下拉式列表中选择"Submacro"宏操作，或双击"程序流程"中的"Submacro"（子宏）命令，打开子宏编辑窗格，在"子宏"文本框中输入"打开课程表"，如图 6 - 8 所示。

图 6 - 8　设计"打开课程表"子宏

（3）在"打开课程表"子宏中添加宏操作。在"打开课程表"子宏内部的"添加新操作"中添加"OpenTable"宏操作,并单击"表名称"右侧的下拉式列表框,在弹出的下拉式列表中选择"课程表",然后设置好相关参数,如图6-9所示。

图6-9 设置"OpenTable"宏操作参数

(4)添加"打开各人各科总评成绩查询"子宏操作。同样的方法,创建第二个子宏,将其命名为"打开各人各科总评成绩查询",然后添加"OpenQuery"宏操作,查询名称选择为"各人各科总评成绩",并设置好相关参数,如图6-10所示。

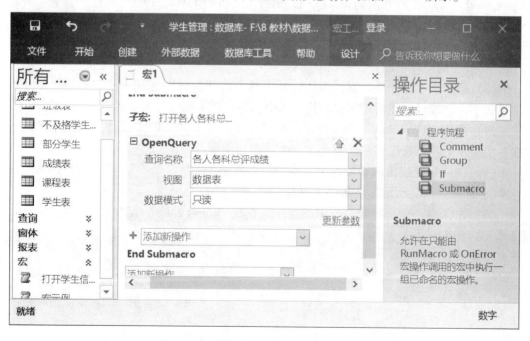

图6-10 设置"OpenQuery"宏操作参数

（5）单击快速访问工具栏中的"保存"按钮，并命名为"课程成绩信息"，完成该宏组创建。

对宏组的概念的理解需注意以下几点：

①宏组相当于一个分类的文件管理器，一个宏组中可生成或存放若干个宏。

②建立宏组可避免宏对象列表太庞大，相当于分门别类地管理宏。

③宏组中存放的若干个宏，一般不能自动连续运行，运行该宏组时，只会运行第一个子宏，除非专门指定要运行的子宏。

3. 创建条件操作宏

在某些情况下，可能希望在满足一定条件时才执行宏中的一个或多个操作，这时可以使用条件来控制宏的流程，这就是条件操作宏。创建条件操作宏时，要在操作之前加上执行的条件。条件是逻辑表达式，宏将根据条件结果的真或假而沿着不同的路径执行。

【例6-3】创建一个条件操作宏，命名为"密码验证"。功能为判断"条件宏示例"窗体（如图6-11所示）上的密码框中输入的密码是否正确（此处密码暂定为"123"），如果正确，打开"学生成绩"窗体，否则，弹出一个消息框"您的密码输入有误，请核对后重新输入！"。

图6-11　"条件宏示例"窗体

操作步骤如下。

（1）创建一个名为"密码验证"的空白宏。在"创建"选项卡上的"宏与代码"组中，单击"宏"，打开宏的设计视图，单击快速访问工具栏中的"保存"按钮，并命名为"密码验证"。

（2）打开窗体设计视图。在"创建"选项卡上的"窗体"组中，单击"窗体设计"，打开宏的设计视图。

（3）添加文本框控件。在"窗体设计工具"的"设计"选项卡的"控件"组中单击"文本框"控件，然后添加到窗体主体中，并将文本框命名为"请输入密码"。

（4）添加"密码验证"命令按钮。在"窗体设计工具"的"设计"选项卡的"控件"组中单击"按钮"控件，并添加在主体适当位置。

（5）在"命令按钮向导"的第一步中，"类别"选择"杂项"，"操作"选择"运行宏"，如图6-12所示，单击"下一步"。

（6）在"命令按钮向导"的第二步中，确定"密码验证"宏为运行宏，如图6-13所示，单击"下一步"。

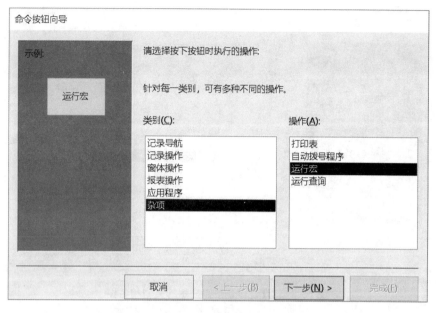

图 6 – 12　设置命令按钮执行的操作

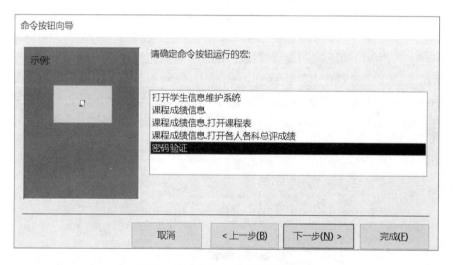

图 6 – 13　确定命令按钮运行的宏

（7）在"命令按钮向导"的第三步中，确定"命令按钮"显示的类型为"文本"，名称为"密码验证"，如图 6 – 14 所示，单击"下一步"。

（8）在"命令按钮向导"的第四步中，指定按钮的名称，可以选择默认，单击"完成"。

（9）添加"退出"命令按钮。与上述添加"密码验证"同样的方法，在"命令按钮向导"的第一步中，"类别"选择"窗体操作"，"操作"选择"关闭窗体"，在"命令按钮向导"的第二步中，确定"命令按钮"显示的类型为"文本"，名称为"退出"，然后单击"完成"。

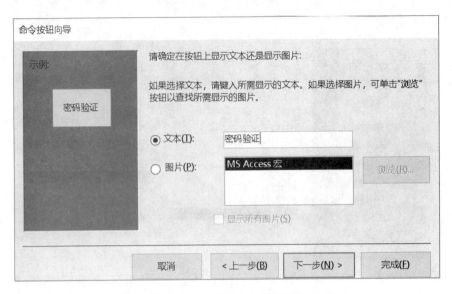

图 6–14　设置命令按钮显示的类型和名称

（10）单击快速访问工具栏中的"保存"按钮，并命名为"条件宏示例"，完成窗体设计。

下面进一步完成"密码验证"的设计。

（11）打开"密码验证"的设计视图，单击"添加新操作"右侧的下拉式按钮，在弹出的下拉式列表中选择"If"宏操作，或双击"程序流程"中的"If"命令，打开"If"条件宏编辑窗格，在"If条件表达式"文本框中输入"forms!"，系统会弹出要打开窗体的下拉式列表，从该下拉式列表中选择"条件宏示例"窗体，如图 6–15 所示。

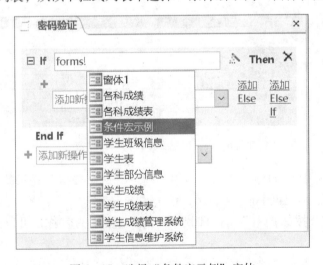

图 6–15　选择"条件宏示例"窗体

（12）在"If条件表达式"文本框中输入"forms!［条件宏示例］"后面接着输入"!"，系统会弹出要打开窗体的下拉式列表，从该下拉式列表中选择"请输入密码"控件，如图 6 – 16 所示。

图 6 – 16 选择 "请输入密码" 控件

（13）在 "If 条件表达式" 文本框中输入 "forms! ［条件宏示例］! ［请输入密码］"，后面接着输入 " ="123""，完成 "If 条件表达式" 文本框输入，如图 6 – 17 所示。

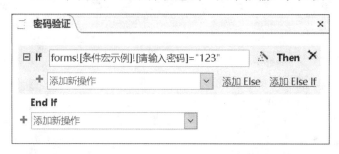

图 6 – 17 设置条件表达式

（14）在 "If" 条件语句内部的 "添加新操作" 中添加 "OpenForm" 宏操作，并单击 "窗体名称" 右侧的下拉式列表框，在弹出的下拉列表中选择 "学生成绩" 窗体，然后设置好相关参数，如图 6 – 18 所示。

图 6 – 18 设置 "OpenForm" 宏操作

（15）在"If"条件语句内部的"添加新操作"中再添加"StopMacro"宏操作，如果密码正确，打开"学生成绩"窗体，并停止宏运行。

（16）在"If"条件语句下部的"添加新操作"中添加"MessageBox"宏操作，并在"消息"文本框中输入"您的密码输入有误，请核对后重新输入！"，如果密码不正确，则提示该信息。最后的"密码验证"宏设计视图如图6-19所示。

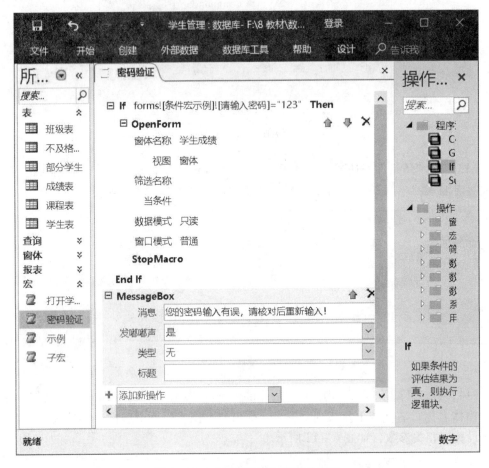

图6-19　"密码验证"宏设计视图

（17）单击快速访问工具栏中的"保存"按钮，完成"密码验证"宏设计。

（18）运行"条件宏示例"窗体，输入正确密码，就可以打开"学生成绩"窗体。

6.2.2　调试宏

宏的调试是创建宏后必须进行的一项工作，尤其是对于由多个操作组成的复杂的宏，更是需要反复地调试，以观察宏的流程和每一个操作的结果。这样也可以保证在数据库运行时不会因为宏的问题造成错误。

通过单步执行某个宏，可以观察该宏的流程以及每个操作的结果，并隔离任何导致发生错误或产生不想要的结果的操作。

单步执行调试宏的操作步骤如下。

（1）打开要调试宏的设计视图。右键单击"导航窗格"中的宏，然后在弹出的快捷菜单中选择"设计视图"命令。

（2）设置单步执行状态。在"宏工具"的"设计"选项卡的"工具"组中，单击"单步"按钮，使其呈现选中状态，表示当前为"单步"运行状态，如图6-20所示。

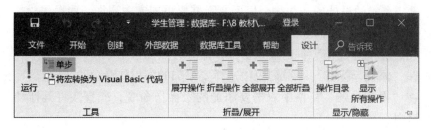

图6-20　单步执行状态

（3）打开"单步执行宏"对话框。在设置好单步执行状态下，再在"设计"选项卡上的"工具"组中单击"运行"按钮，系统弹出"单步执行宏"对话框，如图6-21所示。

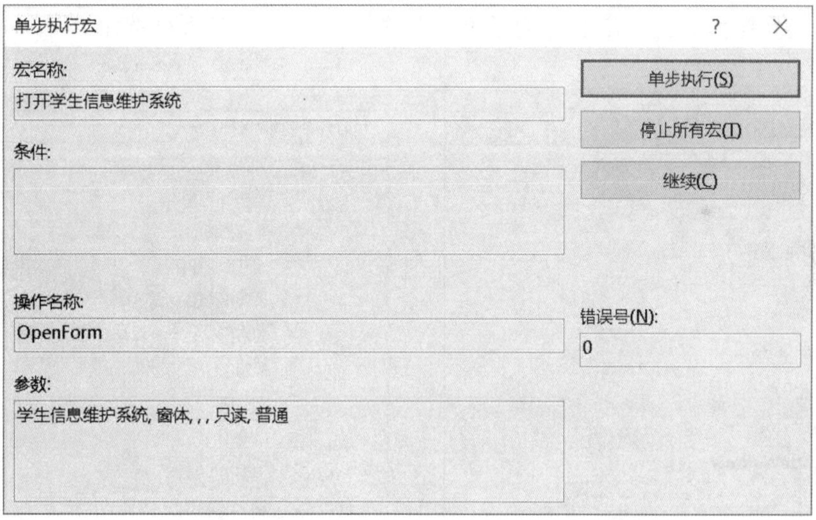

图6-21　"单步执行宏"对话框

在"单步执行宏"对话框中，显示将要执行的下一个宏操作的相关信息，包括"单步执行""停止所有宏""继续"三个按钮。单击"停止所有宏"按钮，将停止当前宏的继续执行；单击"继续"按钮，将结束单步执行的方式，并继续运行当前宏的其余操作。在没有取消"单步"或在单步执行中没有选择"继续"前，只要不关闭Access，"单步"始终起作用。

（4）根据需要，单击"单步执行"、"停止所有宏"、"继续"中的一个按钮，直到完成整个宏的调试。

6.2.3　编辑宏

宏设计完成后，常常有一些不足，这就需要对已设计的宏进行编辑，添加新的操作、移动宏操作、复制宏操作或删除宏操作等。

1. 添加新操作

在完成一个宏的设计后，往往会根据实际需要再向宏中添加一些操作。

下面介绍添加宏操作命令的几种常用方法。

（1）在"添加新操作"框内输入宏操作命令，然后按下 Enter 键即可。

（2）在"添加新操作"下拉列表中选择要添加的宏操作命令。

（3）在"操作目录"窗格中双击要添加的宏操作命令，或直接将其拖动到"宏生成器"窗格中。

2. 移动宏操作

在宏设计完成后，有时需要根据实际需求改变两个宏操作的执行顺序，这就要移动特定的宏操作。

下面介绍添加宏操作命令的几种常用方法。

（1）选择操作后，按住鼠标左键不放，向上或向下将其拖动到适合的位置。

（2）选择操作后，单击器右侧绿色的上移按钮"▲"，或下移按钮"▼"，完成上下移动，如图 6-22 所示。

图 6-22　利用"上移"、"下移"按钮完成移动

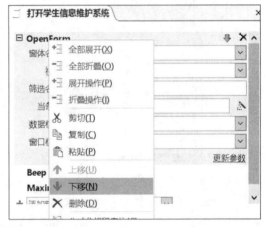

图 6-23　利用快捷菜单完成移动

（3）选择操作后，单击鼠标右键，在其弹出的快捷菜单中选择"上移"或"下移"菜单命令，完成移动，如图 6-23 所示。

说明： 在移动宏操作过程中，Access 将移动该宏操作的所有条件和操作参数。

3. 宏的复制

复制已存在的宏可以为建立一个设计类似的宏节省很多时间，因为不必从头建立新宏，只要对复制过来的宏进行必要的修改即可。在 Access 中，对一个宏的复制可以是对整个宏进行的，也可以是对单个宏中的某个操作进行的。

例如将宏"打开窗体"复制为一个名为"宏 2"的宏，实现的方法为在数据库窗口中选择"宏"对象，选中要复制的源宏"打开窗体"，按 Ctrl + C 组合键，再按 Ctrl + V 组合键，在弹出的"粘贴为"对话框中，输入新宏的名字"宏 2"，最后单击"确定"按钮。

说明： 当将宏从一个数据库复制到另一个数据库时，需关闭当前数据库并打开要将宏复制到的数据库。

4. 宏的删除

在完成一个宏的设计后，有时会根据实际需要删除宏中的一些冗余操作，以实现代码优化。

下面介绍删除宏操作命令的几种常用方法。

（1）选择操作后，按下 Delete 键。

（2）选择操作后，单击右侧的删除按钮"✖"。

（3）选择操作后，单击鼠标右键，在其弹出的快捷菜单中选择"删除"菜单命令。

说明： 若要直接删除某个宏，则在数据库窗口中选中要删除的宏，然后按 Delete 键或执行"编辑"菜单的"删除"命令即可。

6.2.4 运行宏

使用宏的方法有很多，可以直接调用宏，也可以通过窗体、报表上的控件运行宏，还可以通过菜单或工具栏运行宏，以及使用宏调用另一个宏。

1. 直接运行宏

可以使用以下方法之一，直接运行宏。

（1）在"导航"窗格中定位到宏，然后双击宏名。

（2）在"导航"窗格中，右键单击宏，打开其"设计视图"，在"设计"选项卡的"工具"组中，单击"❗"（运行）。

（3）在"数据库工具"选项卡上的"宏"组中，单击"运行宏"按钮，弹出"执行宏"对话框，然后，选择宏名列表中要执行的宏，单击确定，如图 6 -24 所示。

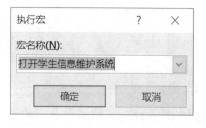

通常情况下，直接运行宏只是为了检测宏的运行情况，在经过检测设计正确后，要将宏附加到窗体、报表、控件或 VBA 程序中，使其对事件做出响应。

图 6 - 24 "执行宏"对话框

2. 运行宏组中的宏

当建立了宏组后，可以使用上面运行宏的 3 种方法之一，直接运行宏组中的宏。但这 3 种方法的执行效果是不同的。前 2 种方法由于只选择了宏组名，并没有指明宏组中的哪一个宏，因此执行的是宏组中的第 1 个宏；最后一种方法可以在图 6 -24 的"宏名称"下拉列表框中选择宏名，因此，可以直接指定要运行的是宏组中具体的哪一个宏。

调用宏组中的某个宏，可以用下面的方法表示：

[宏组名].[宏名]

例如，"[课程成绩信息].[打开成绩表]"是"课程成绩信息"宏组中的"打开成绩表"宏。

3. 在另一个宏中运行宏

在另一个宏中运行宏，是指创建一个含有操作命令 RunMacro 的宏。

【例 6 – 4】 创建一个宏，其中只有一条操作命令 RunMacro，用来运行宏组"宏组示例"中的"打开学生表"宏。

操作过程如下。

（1）打开"宏"设计视图。在"创建"选项卡上的"宏与代码"组中，单击"宏"，即可打开宏的设计视图。

（2）添加"RunMacro"宏操作。单击"添加新操作"右侧的下拉式按钮，在弹出的下拉式列表中选择"RunMacro"宏操作，该宏有 3 个参数。

（3）在操作参数区单击"宏名称"右侧的向下箭头，选择"宏组示例. 打开学生表"，如图 6 – 25 所示。根据需要，还可以设置"重复次数"和"重复表达式"参数。若在"重复表达式"中输入了表达式，那么当该表达式为真时反复运行宏，直到该表达式的值为假或者达到"重复次数"所设定的最大次数时才停止运行。如果两个参数都为空，则宏只运行一次。

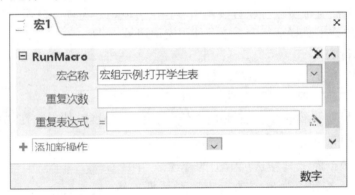

图 6 – 25　在另一个宏中运行宏

（4）保存宏，单击"保存"按钮，在弹出的"另存为"对话框中输入宏名"从其他宏运行宏"，然后单击"确定"按钮，至此，宏建立完毕。

运行新建立的宏，从结果可以看出，就是运行了"宏组示例"中"打开学生表"宏中的 3 条命令。

4. 从窗体和报表运行宏

可以将宏与窗体、报表、控件结合在一起执行，使宏成为某一基本操作中包含的操作，使操作更为集成，能够完成更多的功能，如例 6 – 3 所示。

任务 6.3　创建模块

6.3.1　模块的基本概念

虽然宏很好用，但它运行的速度比较慢，也不能直接运行很多 Windows 的程序，尤其是不能自定义一些函数，这样当我们要对某些数据进行一些特殊的分析时，它就无能为力了。

由于宏具有这些局限性，因此在给数据库设计一些特殊的功能时，需要用到"模块"对象来实现，而这些"模块"都是由 VBA（Visual Basic for Applications）语言来实现的。我们可以使用它编写程序，然后将这些程序编译成拥有特定功能的"模块"，以便在 Access 中调用。

1. **模块的定义**

模块就是将 VBA 声明和过程作为一个单元进行保存的集合。它是由声明和过程组成的，一个模块可能含有一个或多个过程，其中每个过程都是一个函数过程或者子程序。

过程是包含 Visual Basic 代码的单位，包含一系列的语句和方法以执行特定的操作。当被附加在窗体和控件上时，如果发生某个事件，它就可以执行相应的过程对该事件做出响应。若该过程独立出来，形成一个通用的代码段被其他事件所调用，则形成了一个通用的过程。

声明则是由 Option 语句配置模块中的整个编程环境，这部分包括定义变量、常量、用户自定义类型和外部过程。如果用户在声明部分的设定是全局的，则声明部分中的内容就可以被模块中所有的过程调用。

2. **模块的分类**

从与其他对象的关系来看，模块可以分为两种基本类型：类模块和标准模块。

1）类模块

类模块是可以定义新对象的模块。新建一个类模块，也就是创建了一个新对象。模块中定义的过程将变成该对象的属性或方法。

窗体模块和报表模块都属于类模块，它们从属于各自的窗体或报表。在窗体或报表的设计视图环境下可以用两种方法进入相应的模块代码设计区域：一是鼠标点击工具栏"代码"按钮进入；二是为窗体或报表创建事件过程时，系统会自动进入相应代码设计区域。

窗体模块和报表模块通常都含有事件过程，而过程的运行用于响应窗体或报表上的事件。使用事件过程可以控制窗体或报表的行为以及它们对用户操作的响应。

窗体模块和报表模块中的过程可以调用标准模块中已经定义好的过程。

窗体模块和报表模块具有局部特性，其作用范围局限在所属窗体或报表内部，而生命周期则是伴随着窗体或报表的打开而开始、关闭而结束。

2）标准模块

标准模块一般用于存放供其他 Access 数据库对象使用的公共过程。在 Access 系统中可以通过创建新的模块对象而进入其代码设计环境。

标准模块通常安排一些公共变量或过程供类模块里的过程调用。在各个标准模块内部也可以定义私有变量和私有过程仅供本模块内部使用。

标准模块中的公共变量和公共过程具有全局特性，其作用范围覆盖整个应用程序，生命周期则是伴随着应用程序的运行而开始、关闭而结束。

6.3.2 创建模块

1. VBA 开发环境

编写 VBA 程序需要先看 VBA 的开发环境。VBA 的开发环境是开发 VBA 程序相应的"设计器"。

首先打开一个数据库，选定数据库窗口上的"模块"选项，再用鼠标单击数据库窗口上的"新建"按钮，这时就会弹出一个窗口，这就是 VBA 的"开发环境"，如图 6-26 所示。

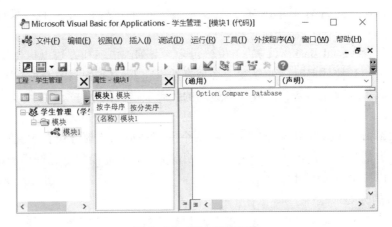

图 6-26　VBA 开发环境

VBA 开发环境分为"主窗口""模块代码""工程资源管理器"和"模块属性"这几部分。"模块代码"窗口用于输入"模块"内部的程序代码。"工程资源管理器"用于显示这个数据库中所有的"模块"。当用鼠标单击一个"模块"选项时，就会在"模块代码"窗口上显示出这个模块的 VBA 程序代码，所有的 VBA 程序都是写在"模块代码"窗口中的。而"模块属性"窗口上就可以显示当前选定的"模块"所具有的各种属性。

所有的 VBA 程序都写在"模块代码"窗口中，程序写完后还要"编译"。只有通过编译器的编译，才能使计算机理解高级计算机语言中语句所要表达的数值运算和逻辑关系。就像我们和外国人交谈一样，如果谈话双方都不会对方的语言，就需要有人进行翻译，这样双方才能明白对方想表达的意思。编译器也同样起的是相互沟通的中介作用。

在 VBA 编写代码的过程中会出现各种各样的问题，所以编写的代码很难一次通过并正确地实现既定功能。这时就需要一个专用的调试工具，帮助我们快速找到程序中的问题，以便消除代码中的错误。VBA 的开发环境中"本地窗口""立即窗口"和"监视窗口"就是专门用来调试 VBA 程序的。

2. 在模块中加入过程

一个模块包含一个声明区域，包含一个或多个子过程（以 Sub 开头）或函数过程（以 Function 开头）。模块的声明区域用于声明模块使用的变量等项目。

（1）Sub 过程

又称为子过程。执行一系列操作，无返回值。定义格式如下：

Sub 过程名

［程序代码］

End Sub

可以引用过程名来调用该子过程。此外，VBA 提供了一个关键字 Call，可显示调用一个子过程。在过程名前加上 Call 是一个很好的程序设计习惯。

（2）Function 过程

Function 过程又称为函数过程。执行一系列操作，有返回值。定义格式如下：

Function 过程名

［程序代码］

End Function

函数过程不能使用 Call 来调用执行，需要直接引用函数过程名，并由接在函数过程名后的括号所辨别。

6.3.3 程序控制语句

1. IF 条件句

If 语句利用应用程序根据测试条件的结果对不同的情况作出反应。If 条件语句有 3 种语句形式，简单地介绍如下。

（1）If…Then

在程序需要作出"或者"的选择时，应该使用该语句。该语句又有两种形式，分别为单行形式和多行形式。

单行形式的语法为：

If 条件 Then 语句

其中，"条件"是一个数值或一个字符串表达式。若"条件"为 TRUE（真），则执行 Then 后面的语句。"语句"可以是多个语句，但多个语句要写在一行。例如：

If 1 > 10 Then B − 2

多行形式的语法为：

If 条件 Then

语句

End If

可以看出，与单行形式相比，要执行的语句是要通过 End If 来标志结束的。对于执行不方便写在同一行的多条语句时，使用这种形式会使代码整齐美观。例如上面的那个条件语句可以写成：

If 1 > 10 Then

B – 2

（2）If…Then…Else

如果程序必须在两种条件中选择一种，则使用 If…Then…Else。语法格式为：

If 条件 Then

语句

Else

语句

End If

若"条件"为 TRUE，则执行 Then 后面的语句；否则，执行 Else 后面的语句。例如下面的代码，判断如果 UpdateFlag 的值为 TRUE，则显示一条消息"Update Successfully"，否则显示一条信息"Failed！"。

If UpdateFlag Then

MsgBox "Update Successfully"

Else

MsgBox "Failed！"

End If

（3）If…Then…ElseIf…Else

如果要从 3 种或 3 种以上的条件中选择 1 种，则要使用 If…Then…ElseIf …Else。语法格式为：

IF 条件 1 Then

语句

ElseIf 条件 2 Then

语句

[ElseIf 条件 3 Then

语句] …

Else

语句

End If

若"条件 1"为 TRUE，则执行 Then 后的语句；否则，再判"条件 2"，为 TRUE 时，执行随后的语句，依次类推。当所有的条件都不满足时，执行 Else 块的语句。例如，下面的语句通过对销售额进行判断，给出雇员的评价和佣金。

If Sales > 15000 Then

    Commission Sales ∗ 0. 08

    Rating = " Excellent"

```
ElseIf Sales > 12000 And Sales < = 15000 Then
    Commission = Sales * 0. 06
    Rating = " Good"
ElseIf Sales > 8000 And Sales < = 12000 Then
    Commission = Sales * 0. 05
    Rating = " Adequate"
Else
    Commission = Sales * 0. 04
    Rating = " Need Improvement"
End If
```

2. Select Case 语句

从上面的例子可以看出，如果条件复杂，分支太多，使用 If 语句就会显得累赘，而且程序变得不易阅读。这时可使用 Select Case 语句来写出结构清晰的程序。Select Case 语句可根据表达式的求值结果，选择执行几个分支中的一个。其语法如下：

```
Select Case 表达式
Case 表达式 1
语句
Case 表达式 2
语句
Case 表达式 3
语句
Case Else
End Select
```

在 Select Case 语句的语法中，Select Case 后的表达式是必要参数，可为任何数值表达式或字符串表达式；在每个 Case 后出现表达式，是多个"比较元素"的列表，其中可包含"表达式""表达式 To 表达式""Is < 比较操作符 > 表达式"等几种形式。每个 Case 后的语句都可包含一条或多条语句。

在程序执行时，如果有一个以上的 Case 子句与"检验表达式"匹配，则 VBA 只执行第 1 个匹配的 Case 后面的"语句"。如果前面的 Case 子句与 < 检验表达式 > 都不匹配，则执行 Case Else 子句中的"语句"。下面改写上文 If 语句的雇员佣金的例子：

```
Select Case Sales
    Case Is > 15000
    Commission = Sales * 0. 08
    Rating = " Excellent"
Case 12000 To 15000
    Commission = Sales * 0. 06
    Rating = " Good"
Case 8000 To 12000
```

```
        Commission = Sales * 0. 05
        Rating = " Adequate"
    Case Else
        Commission = Sales * 0. 04
        Rating = " Need Improvement"
End Select
```

3. Do…Loop 语句

在许多实例中，用户需要重复一个操作直到满足给定条件才终止操作。例如，用户希望检查单词、句子或文档中的每一个字符，或对有许多元素的数组赋值。循环就是用于这种情况下的。一个较为通用的循环结构的形式是 Do…Loop 语句，它的语法如下：

```
Do[ {While | Until} 条件]
[语句]
[Exit Do]
[语句]
Loop
```

或

```
Do
[语句]
[Exit Do]
[语句]
Loop [ {While | Until} 条件]
```

其中，"条件"是可选参数，是数值表达式或字符串表达式，其值为 TRUE 或 FALS。如果条件为 Null（无条件），则被当作 FALSE。While 子句和 Until 子句的作用正好相反，如果指定了前者，则当 < 条件 > 是真时继续执行；如果指定了后者，则当 < 条件 > 为真时循环结束。如果把 While 或 Until 子句放在 Do 子句中，则必须满足条件才执行循环中的语句；如果把 While 或 Until 子句放在 Loop 子句中，则在检测条件前先执行。

循环中的语句在 Do…Loop 中可以在任何位置放置任意个数的 Exit Do 语句，随时跳出 Do…Loop 循环。Exit Do 通常用于条件判断之后，例如 If…Then，在这种情况下，Exit Do 语句将控制权转移到紧接在 Loop 命令之后的语句。如果 Exit Do 使用在嵌套的 Do…Loop 语句中，则 Exit Do 会将控制权转移到 Exit Do 所在位置的外层循环。

例如下面的代码，通过循环为一个数组赋值。

```
Dim MyArray(10) As Integer
Dim i As Integer
i = 0
Do While i <= 10
MyArray (i) = i
i = i + 1
Loop
```

在 VBA 中支持 While…Wend 循环，它与 Do While…Loop 结构相似，但不能在循环的中途退出。它的语法为：

While 条件

语句

Wend

如果条件为 TRUE，则所有的语句都会执行，一直执行到 Wend 语句。然后再回到 While 语句，并再一次检查条件，如果条件还是为 TRUE，则重复执行；如果不为 TRUE，则程序会从 Wend 语句之后的语句继续执行。While…Wend 循环也可以是多层的嵌套结构，每个 Wend 匹配最近的 While 语句。

例如上面的 Do…Loop 的代码，可以用 While…Wend 来实现，语法格式如下：

```
Dim MyArray(10) As Integer
Dim i As Integer
i = 0
While i < = 10
MyArray(i) = i
i = i + 1
Wend
```

在 VBA 中提供 While…Wend 结构是为了与 BASIC 的早期版本兼容，用户应该逐渐抛弃这种使用法，而使用 Do…Loop 语句这种结构化与适应性更强的方法来执行循环。

5. For… Next 语句

For 循环可以将一段程序重复执行指定的次数，循环中使用一个计数器，每执行一次循环，其值都会增加（或减少）。语法格式如下：

```
For 计数器 = 初值 To 末值［步长］
语句
［Exit For］
语句
Next［计数器］
```

其中，"计数器"是一个数值变量。若未指定"步长"，则默认为1。如果"步长"是正数或0，则"初值"应大于等于"末值"；否则，"初值"应小于等于"末值"。VBA 在开始时，将"计数器"的值设为"初值"。在执行到相应的 Next 语句时，就把步长加（减）到计数器上。在循环中可以在任何位置放置任意个 Exit For 语句，随时退出循环。Exit For 经常在条件判断之后使用（例如 If…Then），并将控制权转移到紧接在 Next 之后的语句。可以将一个 For…Next 循环放置在另一个 For…Next 循环中，组成嵌套循环，但在每个循环中的计数器要使用不同的变量名。

下面的代码使用 For…Next 循环为 MyArray 数组赋值。

```
Dim MyArray(10) As Integer
Dim i As Integer
```

```
For i =0 To 10
MyArray(i) = i
Next i
```

6. For Each...Next 语句

For Each...Next 语句针对一个数组或集合中的每个元素，重复执行一组语句。语法格式为：

```
For Each 元素 In 组或集合
语句
[Exit For]
语句
Next 元素
```

For Each...Next 语句中的元素用于遍历集合或数组中所有元素的变量。对于集合来说，这个元素可能是一个 Variant 变量、一个通用对象变量或任何特殊对象变量。对于数组而言，这个元素只能是一个 Variant 变量。组或集合是数组或对象集合的名称。如果集合中至少有一个元素，就会进入 For...Each 块执行。一旦进入循环，便先针对组或集合中第一个元素执行循环中的所有语句，再针对组中其他元素执行循环中的语句，当组中的所有元素都执行完了，便会退出循环，然后从 Next 语句之后的语句继续执行。在循环中的任何位置可以放置任意个 Exit For 语句，以便随时退出循环。Exit For 经常在条件判断之后使用（例如 If...Then），并将控制权转移到紧接在 Next 之后的语句。可以将一个 For Each...Next 循环放在另一个之中来组成嵌套式 For Each...Next 循环，但是每个循环的元素必须是唯一的。下面的代码，定义一个数组并赋值，然后使用 For Each...Next 循环在 Debug 窗口中打印数组中每一项的值。

```
Sub demo()
Dim MyArray (10) As Integer
Dim i As Integer
Dim x As Variant
For i =0 To 10
MyArray(i) = i                      数组赋值
Next i
For Each x In MyArray
Debug. Print x                      打印数组中的每一项
Next x
End Sub
```

7. With...End With 语句

With 语句可以对某个对象执行一系列的语句，而不用重复指出对象的名称。例如，要改变一个对象的多个属性，可以在 With 控制结构中加上属性的赋值语句，这时候只要引用对象一次。语法格式如下：

```
With 对象
```

语句

End with

下面的例子显示了如何使用 With 语句来给同一个对象的几个属性赋值。

With MyLabel

. Height = 2000

. Width = 2000

. Caption = " This is MyLabel "

End With

当程序一旦进入 With 块，对象就不能改变，因此不能用一个 With 语句来设置多个不同的对象。可以将一个 With 块放在另一个之中，而产生嵌套的 With 语句。但是，由于外层 With 块成员会在内层的 With 块中被屏蔽掉，因此必须在内层的 With 块中，使用完整的对象引用来指出在外层的 With 块中的对象成员。

8. Exit 语句

Exit 语句用于退出 Do…Loop、For…Next、Function、Sub 或 Property 代码块。它包含 Exit Do、Exit For、Exit Function、Exit Property 和 Exit Sub 几个语句。

下面的示例使用 Exit 语句退出 For…Next 循环、Do…Loop 循环及子过程。

Sub ExitStatementDemo（）	
Dim i，MyNum	
Do	建立无穷循环
For i = 1 To 1000′	循环 1000 次
MyNum = Int（Rnd ∗1000）	生成一随机数
Select Case MyNum	检查随机数
Case 7: Exit For	如果是7退出 For…Next 循环
Case 29: Exit Do	如果是29，退出 Do…Loop 循环
Case 54: Exit Sub	如果是54，退出子过程
End Select	
Next i	
Loop	
End Sub	

9. GoTo 语句

无条件地转移到过程中指定的行，它的语法为 GoTo 行标签，其中行标签用来指示一行代码。行标签可以是任何字符的组合，以字母开头，以冒号（:）结尾。行标签与大小写无关，必须从第 1 列开始标注行标签。GoTo 语句将用户代码转移到行标签的位置，并从该点继续执行。下面的示例使用 GoTo 语句在整个过程内的不同程序段间作流程控制，不同程序段用不同的行标签来区分。

Sub GotoStatementDemo（）	
Dim Number，MyString	
Number = 1	设置变量初始值

判断 Number 的值以决定要完成哪一个程序区段（以"行标签"来表示）

If Number = 1 Then GoTo Line1 Else GoTo Line2

Line1 :   行标签

MyString = " Number equals 1"

GoTo LastLine   完成最后一行

Line2 :   行标签

下列的语句不会被完成

MyString = " Number equals 2"

LastLine :   行标签

Debug. Print MyString   将""Number equals 1""显示在"立即"窗口。

End Sub

过多 GoTo 语句会使程序代码不易阅读及调试。在 VBA 中使用 GoTo 语句只有一个目的，就是用 On Error GoTo Label 语句处理错误。

6.3.4 宏与模块之间的转换

在 Access 中，通过宏或者用户界面可以完成许多任务。而在其他许多数据库程序中，要完成相同的任务就必须通过编程。是使用宏还是模块编程，主要取决于所需要完成的任务。

如果应用程序需要使用 VBA 模块，则可以将已经存在的宏转换为 VBA 模块的代码。转换的方法取决于代码保存的方式。如果代码可被整个数据库使用，则从数据库窗口的宏选项卡中直接转换。如果需要代码与窗体或报表保存在一起，则从相关的窗体或报表的设计视图中转换。

1. 从设计视图中转换宏

下面以项目为例，将"信息查询"窗体（见图 6 - 27）中的宏转换为 VBA 模块的代码，具体步骤如下：

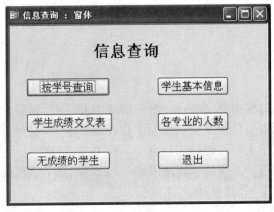

图 6 - 27   待转换窗体中的宏

（1）用设计视图打开该窗体。

（2）选择菜单中"工具/宏/将窗体的宏转换为 Visual Basic 代码"，弹出如图 6 - 28 所示的对话框。

（3）在此对话框中，取消选中"给生成的函数加入错误处理"选项，选中"包含宏注释"复选框，然后单击"转换"按钮。

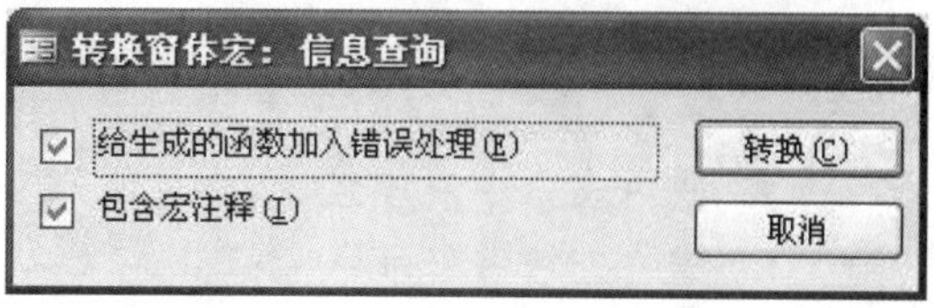

图 6 - 28　转换窗体宏对话框

（4）弹出"将宏转换到 Visual Basic"对话框，显示转换结束。

（5）单击"确定"按钮关闭对话框。当对话框关闭时，用户可以单击工具栏上的代码按钮，查看 Visual Basic 编辑器窗口，窗口中含有由宏转换的 Visual Basic 代码。

2. 从数据库窗口中转换

当从数据库窗口中转换宏时，宏被保存为全局模块中的一个函数并在数据库窗口的模块选项中列为转换的宏。以这种方式转换的宏可被整个数据库使用。宏组中的每个宏不是被转换成子过程，而是转换成语法稍有不同的函数。

下面以项目为例，将"学生成绩管理系统"中的报表管理宏组转换为 VBA 代码，具体步骤如下：

（1）在数据库窗口中选中宏名，在此选择报表管理宏组。

（2）选择菜单中"工具 + 宏 + 将窗体的宏转换为 Visual Basic 代码"。

（3）接下来的步骤和前一个例子是一样的。

【思考题】

一、单选题

1. 下列关于宏的说法中，错误的是（　　）。

　　A. 宏是若干个操作的集合

　　B. 每一个宏操作都有相同的宏操作参数

　　C. 宏操作不能自定义

　　D. 宏通常与窗体、报表中的命令按钮结合使用

2. 关于宏与宏组，说法不正确的是（　　）。

　　A. 宏是若干个操作组成的集合

　　B. 宏组可分为简单宏组和复杂宏组

　　C. 运行复杂宏组时，只运行该宏组中的第 1 个宏

　　D. 不能从一个宏中直接运行另一个宏

3. 在条件宏设计时，对于连续重复的条件，要替代重复条件时可以使用（　　）符号。

　　A. …　　　　　　　B. =　　　　　　　C. ,　　　　　　　D. ;

4. 宏组由（　　　）组成。

    A. 若干个宏操作　　　　　　　　　　　B. 一个宏

    C. 若干个宏　　　　　　　　　　　　　D. 上述都不对

5. 宏命令、宏、宏组的组成关系由小到大为（　　　）。

    A. 宏－宏命令－宏组　　　　　　　　　B. 宏命令－宏－宏组

    C. 宏－宏组－宏命令　　　　　　　　　D. 以上都错

6. 下列关于有条件的宏的说法中，错误的是（　　　）。

    A. 条件为真时，将执行此行中的宏操作

    B. 宏在遇到条件内有省略号时，中止操作

    C. 如果条件为假，将跳过该行操作

    D. 宏的条件内的省略号相当于该行操作的条件与其前一个宏操作的条件相同

7. VBA的自动运行宏，应当命名为（　　　）。

    A. AutoExec　　　　B. Autoexe　　　　C. Auto　　　　D. AutoExec. bat

8. 在"单步执行"对话框中，显示的是（　　　）的相关信息。

    A. 刚运行完的宏操作　　　　　　　　　B. 下一个要运行的宏操作

    C. 以上都对　　　　　　　　　　　　　D. 以上都不对

9. 若一个宏中包含多个操作，则在运行宏时将按（　　　）的顺序来运行这些操作。

    A. 从下到上　　　　B. 从上到下　　　　C. 随机　　　　D. 上述都不对

10. 在宏的操作参数中输入表达式，除 SetValue 操作的"表达式"参数和 RunMacro 操作的"重复表达式"参数之外，一般情况下都在表达式的开头输入（　　　）。

    A. :　　　　　　　　B. =　　　　　　　　C. !　　　　　　　　D. &

11. 若在宏表达式中引用窗体 Form 1 上控件 Txt1 的值，可以使用的引用式是（　　　）。

    A. Txt1　　　　　　　　　　　　　　　B. Form！Txt1

    C. Forms！Form1！Txt1　　　　　　　　D. Forms！Txt1

12. 条件宏的条件项的返回值是（　　　）。

    A. 真　　　　　　　B. 假　　　　　　　C. 真或假　　　　D. 不能确定

13. 在 Access 中，可以通过选择运行宏或（　　　）来响应窗体、报表或控件上发生的事件。

    A. 运行过程　　　　B. 事件　　　　　　C. 过程　　　　　D. 事件过程

14. 直接运行宏时，可以使用（　　　）对象的 RunMacro 方法，从 VBA 代码过程中运行。

    A. Text　　　　　　B. Docmd　　　　　C. Command　　　D. Caption

15. 从"工具"菜单上选择"宏"子菜单的"运行宏"命令，再选择或输入要运行的宏，可以（　　　）。

    A. 直接运行宏

    B. 运行宏或事件过程以响应窗体、报表或控件的事件

    C. 运行宏组里的宏

    D. 以上都不正确

16. Access 系统中提供了（　　）执行的宏调试工具。

　　A. 单步　　　　　B. 多步　　　　　C. 异步　　　　　D. 同步

17. Access 中提供了（　　）个可选的宏操作命令。

　　A. 40 多　　　　 B. 50 多　　　　 C. 60 多　　　　 D. 70 多

18. 在宏窗口中，（　　）列可以隐藏不显示。

　　A. 只有条件　　　B. 操作　　　　　C. 备注　　　　　D. 宏名和条件

19. 宏设计窗口中有"宏名"、"条件"、"操作"和"备注"列，其中，（　　）是不能省略的。

　　A. 宏名　　　　　B. 条件　　　　　C. 操作　　　　　D. 备注

20. 创建宏至少要定义一个"操作"，并设置相应的（　　）。

　　A. 宏操作参数　　B. 条件　　　　　C. 命令按钮　　　D. 备注信息

21. 在宏窗口显示或隐藏"条件"列的操作为（　　）。

　　A. 执行"视图"/"条件"命令

　　B. 执行"视图"/"宏名"命令

　　C. 双击工具栏中的"条件"按钮

　　D. 上述都不对

22. 下列关于运行宏的说法中，错误的是（　　）。

　　A. 运行宏时，对每个宏只能连续运行

　　B. 打开数据库时，可以自动运行名为"Autoexec"的宏

　　C. 可以通过窗体、报表上的控件来运行宏

　　D. 可以在一个宏中运行另一个宏

23. 如果不指定对象，Close 将会（　　）。

　　A. 关闭正在使用的表　　　　　　　B. 关闭当前数据库

　　C. 关闭当前窗体　　　　　　　　　D. 关闭活动窗口

24. 打开表的模式有增加、编辑和（　　）3 种。

　　A. 删除　　　　　B. 只读　　　　　C. 修改　　　　　D. 设计

25. 用于显示消息框的宏命令是（　　）。

　　A. Beep　　　　　B. MsgBox　　　　C. Quit　　　　　D. Restore

26. 关于输入输出宏操作，说法错误的是（　　）。

　　A. TransferDatabase 能够导出数据到 Access、Dbase、Paradox、Microsoft FoxPro 或 SQL 数据库或从中导入数据

　　B. TransferDatabase 不能从其他 Access、Dbase、Paradox、Microsoft FoxPro、SQL 数据库或从文本或电子表格文件中附加表或文件

　　C. Transferspreadsheet 是用来导出数据到 Excel 或 Lotus1 - 2 - 3 电子表格文件或从中导入数据

　　D. TransferText 是用来导出数据给文本文件或从文本文件导入数据

27. （　　）是一系列操作的集合。

　　A. 窗体　　　　　B. 报表　　　　　C. 宏　　　　　　D. 模块

28. 使用（　　）可以决定在某些情况下运行宏时，某个操作是否进行。

　　A. 语句　　　　　B. 条件表达式　　C. 命令　　　　　　D. 以上都不是

29. 宏的命名方法与其数据库对象相同，宏按（　　）调用。

　　A. 名　　　　　　B. 顺序　　　　　C. 目录　　　　　　D. 系统

30. 下列关于宏和 VBA 的叙述中，错误的是（　　）。

　　A. 宏的操作都可以在模块对象中通过编写 VBA 语句来达到相同的功能

　　B. 宏可以实现事务性的或重复性的操作

　　C. VBA 要完成一些复杂的操作或自定义操作

　　D. 选择使用宏还是 VBA，要取决于用户的个人爱好

31. 下列操作中，不是通过宏来实现的是（　　）。

　　A. 打开和关闭窗体　　　　　　　　B. 显示和隐藏工具栏

　　C. 对错误进行处理　　　　　　　　D. 运行报表

32. 一个非条件宏，运行时系统（　　）。

　　A. 执行部分宏操作　　　　　　　　B. 执行设置了参数的宏操作

　　C. 执行全部宏操作　　　　　　　　D. 等待用户选择执行每个宏操作

33. 如果在数据库中包含打开数据库就会自动运行的宏，若想取消自动运行，可以在打开数据库时按住（　　）键。

　　A. Shift　　　　　B. Alt　　　　　C. Ctrl　　　　　　D. 以上都不是

34. 创建宏组时，进入"宏"设计窗口，选择（　　）菜单中的"宏名"命令，会在"宏"设计窗口增加一个"宏名"列。

　　A. 工具　　　　　B. 视图　　　　　C. 插入　　　　　　D. 窗口

35. 在宏中添加条件时，选择"视图"菜单中的（　　）命令，会在"宏"设计窗口增加一个"条件"列。

　　A. 添加　　　　　B. 条件表达式　　C. 条件　　　　　　D. 以上都不是

二、问答题

1. 什么是宏？什么是宏组？

2. 宏组的创建与宏的创建有什么不同？

3. 有哪几种常用的运行宏方法？

4. 简述宏的基本功能。

5. 列举 5 种宏操作及功能。

项目 7 设计与实现学生管理系统

【教学目标】

(1) 掌握"学生管理"数据库系统设计的方法；

(2) 掌握"学生管理"系统界面设计；

(3) 掌握"学生管理"系统报表设计；

(4) 掌握"学生管理"系统主控面板设计；

(5) 掌握"学生管理"系统的维护。

任务 7.1 学生管理系统设计

数据库技术是信息资源管理最有效的手段。数据库设计是指对于一个给定的应用环境，构造最优的数据库模式，建立数据库及其应用系统，有效存储数据，满足用户信息要求和处理要求。

7.1.1 数据库系统设计流程

数据库系统设计流程一般包括需求分析、概念结构设计、逻辑结构设计、物理结构设计、数据库实施、数据库运行与维护 6 个阶段。

1. 需求分析

通过需求收集和分析，可以得到数据字典描述的数据需求（和数据流图描述的处理需求）。

需求分析的重点是调查、收集与分析用户在数据管理中的信息要求、处理要求、安全性与完整性要求。

需求分析的方法有调查组织机构情况、调查各部门的业务活动情况、协助用户明确对新系统的各种要求、确定新系统的边界。

常用的调查方法有跟班作业、开调查会、请专人介绍、询问、设计调查表请用户填写、查阅记录。

分析和表达用户需求的方法主要包括自顶向下和自底向上两类方法。自顶向下的结构化分析方法（Structured Analysis，简称 SA 方法）从最上层的系统组织机构入手，采用逐层分解的方式分析系统，并把每一层用数据流图和数据字典描述。

数据流图表达了数据和处理过程的关系。系统中的数据则借助数据字典（Data Dictionary，简称 DD）来描述。

数据字典是各类数据描述的集合，它是关于数据库中数据的描述，即元数据，而不是数据本身。数据字典通常包括数据项、数据结构、数据流、数据存储和处理过程五个部分（至少应该包含每个字段的数据类型和在每个表内的主外键）。

数据项描述 = ｛数据项名，数据项含义说明，别名，数据类型，长度，
　　　　　　　取值范围，取值含义，与其他数据项的逻辑关系｝

数据结构描述 = ｛数据结构名，含义说明，组成：｛数据项或数据结构｝｝

数据流描述 = ｛数据流名，说明，数据流来源，数据流去向，
　　　　　　组成：｛数据结构｝，平均流量，高峰期流量｝

数据存储描述 = ｛数据存储名，说明，编号，流入的数据流，流出的数据流，
　　　　　　组成：｛数据结构｝，数据量，存取方式｝

处理过程描述 = ｛处理过程名，说明，输入：｛数据流｝，输出：｛数据流｝，
　　　　　　处理：｛简要说明｝｝

2. 概念结构设计

通过对用户需求进行综合、归纳与抽象，形成一个独立于具体 DBMS 的概念模型，可以用 E－R 图表示。

概念模型用于信息世界的建模。概念模型不依赖于某一个 DBMS 支持的数据模型。概念模型可以转换为计算机上某一 DBMS 支持的特定数据模型。

概念模型特点：

（1）具有较强的语义表达能力，能够方便、直接地表达应用中的各种语义知识。

（2）简单、清晰、易于理解，是用户与数据库设计人员之间进行交流的语言。

概念模型设计的一种常用方法为 IDEF1X 方法，它就是把实体－联系方法应用到语义数据模型中的一种语义模型化技术，用于建立系统信息模型。

第零步——初始化工程

这个阶段的任务是从目的描述和范围描述开始，确定建模目标，开发建模计划，组织建模队伍，收集源材料，制定约束和规范。收集源材料是这阶段的重点。通过调查和观察结果，业务流程，原有系统的输入输出，各种报表，收集原始数据，形成了基本数据资料表。

第一步——定义实体

实体集成员都有一个共同的特征和属性集，可以从收集的源材料——基本数据资料表中直接或间接标识出大部分实体。根据源材料名字表中表示物的术语以及具有"代码"结尾的术语，如客户代码、代理商代码、产品代码等将其名词部分代表的实体标识出来，从而初步找出潜在的实体，形成初步实体表。

第二步——定义联系

IDEF1X 模型中只允许二元联系，n 元联系必须定义为 n 个二元联系。根据实际的

业务需求和规则，使用实体联系矩阵来标识实体间的二元关系，然后根据实际情况确定出连接关系的势、关系名和说明，确定关系类型，是标识关系、非标识关系（强制的或可选的）还是非确定关系、分类关系。如果子实体的每个实例都需要通过和父实体的关系来标识，则为标识关系，否则为非标识关系。非标识关系中，如果每个子实体的实例都与而且只与一个父实体关联，则为强制的，否则为非强制的。如果父实体与子实体代表的是同一现实对象，那么它们为分类关系。

第三步——定义码

通过引入交叉实体除去上一阶段产生的非确定关系，然后从非交叉实体和独立实体开始标识候选码属性，以便唯一识别每个实体的实例，再从候选码中确定主码。为了确定主码和关系的有效性，通过非空规则和非多值规则来保证，即一个实体实例的一个属性不能是空值，也不能在同一个时刻有一个以上的值。找出误认的确定关系，将实体进一步分解，最后构造出 IDEF1X 模型的键基视图（KB 图）。

第四步——定义属性

从源数据表中抽取说明性的名词开发出属性表，确定属性的所有者。定义非主码属性，检查属性的非空及非多值规则。此外，还要检查完全依赖函数规则和非传递依赖规则，保证一个非主码属性必须依赖于主码。以此得到了至少符合关系理论第三范式的改进的 IDEF1X 模型的全属性视图。

第五步——定义其他对象和规则

定义属性的数据类型、长度、精度、非空、缺省值、约束规则等。定义触发器、存储过程、视图、角色、同义词、序列等对象信息。

3. 逻辑结构设计阶段

将概念结构转换为某个 DBMS 所支持的数据模型（例如关系模型），并对其进行优化。设计逻辑结构应该选择最适于描述与表达相应概念结构的数据模型，然后选择最合适的 DBMS。

将 E－R 图转换为关系模型实际上就是要将实体、实体的属性和实体之间的联系转化为关系模式，这种转换一般遵循如下原则：

（1）一个实体型转换为一个关系模式。实体的属性就是关系的属性。实体的码就是关系的码。

（2）一个 $m:n$ 联系转换为一个关系模式。与该联系相连的各实体的码以及联系本身的属性均转换为关系的属性。而关系的码为各实体码的组合。

（3）一个 $1:n$ 联系可以转换为一个独立的关系模式，也可以与 n 端对应的关系模式合并。如果转换为一个独立的关系模式，则与该联系相连的各实体的码以及联系本身的属性均转换为关系的属性，而关系的码为 n 端实体的码。

（4）一个 $1:1$ 联系可以转换为一个独立的关系模式，也可以与任意一端对应的关系模式合并。

（5）三个或三个以上实体间的一个多元联系转换为一个关系模式。与该多元联系相连的各实体的码以及联系本身的属性均转换为关系的属性。而关系的码为各实体码的组合。

（6）同一实体集的实体间的联系，即自联系，也可按上述 $1:1$、$1:n$ 和 $m:n$ 三种情况分别处理。

（7）具有相同码的关系模式可合并。

为了进一步提高数据库应用系统的性能，通常以规范化理论为指导，还应该适当地修改、调整数据模型的结构，这就是数据模型的优化。

数据模型的优化方法为：确定数据依赖，消除冗余的联系，确定各关系模式分别属于第几范式，确定是否要对它们进行合并或分解。

一般来说将关系分解为 3NF 的标准，即：

表内的每一个值都只能被表达一次。

表内的每一行都应该被唯一地标识（有唯一键）。

表内不应该存储依赖于其他键的非键信息。

4. 数据库物理设计阶段

为逻辑数据模型选取一个最适合应用环境的物理结构（包括存储结构和存取方法）。根据 DBMS 特点和处理的需要，进行物理存储安排，设计索引，形成数据库内模式。

5. 数据库实施阶段

运用 DBMS 提供的数据语言（例如 SQL）及其宿主语言（例如 C），根据逻辑设计和物理设计的结果建立数据库，编制与调试应用程序，组织数据入库，并进行试运行。数据库实施主要包括以下工作：用 DDL（数据库模式定义语言，Data Definition Language）定义数据库结构、组织数据入库、编制与调试应用程序、数据库试运行。

6. 数据库运行和维护阶段

数据库应用系统经过试运行后即可投入正式运行。在数据库系统运行过程中必须不断地对其进行评价、调整与修改。包括：数据库的转储和恢复，数据库的安全性、完整性控制，数据库性能的监督、分析和改进，数据库的重组织和重构造。

7.1.2 学生管理数据库系统需求分析及模块

1. 需求分析

学生管理数据库系统以计算机为工具，通过对教务管理所需的信息管理，把管理人员从繁琐的数据计算处理中解脱出来，使其有更多的精力从事教务管理政策的研究实施，教学计划的制定执行和教学质量的监督检查，从而全面提高教学质量。

2. 学生管理数据库系统功能模块

学生管理数据库系统的功能设计是以原系统业务流程和数据流程为依据的，分为系统登录、数据查询、数据维护、报表预览四个部分，如图 7-1 所示。

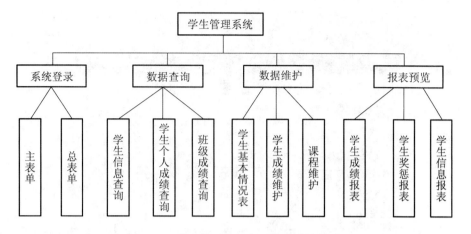

图7-1　学生管理数据库系统的功能设计

3. 学生管理数据库关系图

学生管理数据库关系图如图7-2所示。

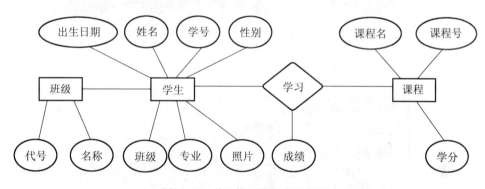

图7-2　学生管理数据库关系图

任务7.2　学生管理系统界面设计

7.2.1　学生管理数据库"数据维护"窗体

学生管理数据库"数据维护"窗体是学生管理数据库原始数据输入的界面，提供数据的增加、修改、删除和保存功能，保证数据输入的准确和快捷。

学生表数据输入窗体如图7-3所示。

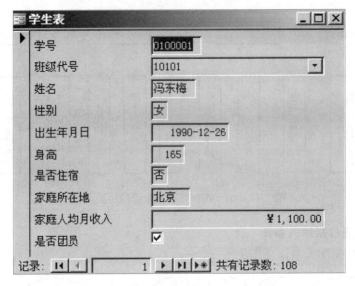

图7-3　学生表数据输入窗体

学生成绩表数据输入窗体如图7-4所示。

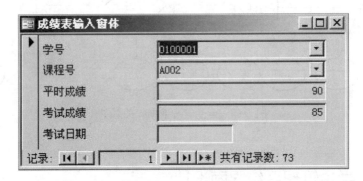

图7-4　学生成绩表数据输入窗体

7.2.2　学生管理数据库"数据浏览"窗体

学生管理数据库"数据浏览"窗体是学生管理数据库数据浏览的界面，提高数据查看的功能。

成绩表数据浏览窗体如图7-5所示。

学号	姓名	课程名称	考试成绩
0100001	冯东梅	邓小平理论	85
0100002	章蕾	邓小平理论	90
0100011	赵丹	邓小平理论	93
0100012	王小刚	邓小平理论	85
0100014	宣涛	邓小平理论	88
0100081	梁富荣	邓小平理论	88
0100082	姜明娟	邓小平理论	87
0100096	张华	邓小平理论	80
0100111	关胜	邓小平理论	89
0100112	凌晓红	邓小平理论	88
0100001	冯东梅	数据库原理与	85
0100002	章蕾	数据库原理与	92
0100011	赵丹	数据库原理与	88
0100081	梁富荣	数据库原理与	98
0100082	姜明娟	数据库原理与	84
0100112	凌晓红	数据库原理与	99

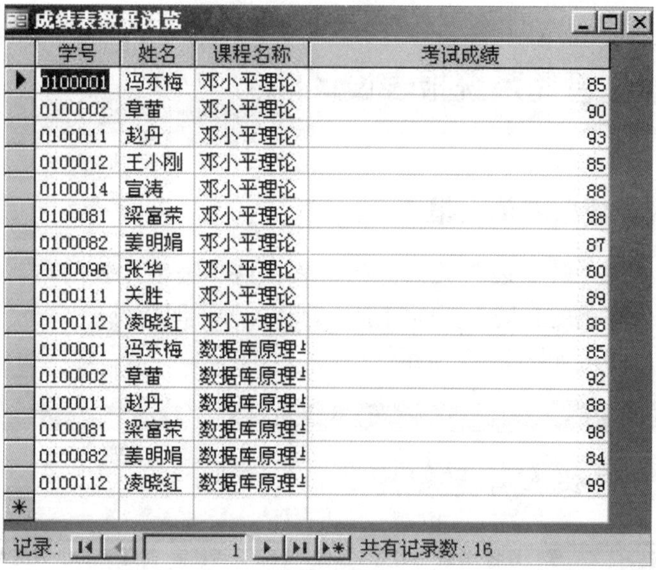

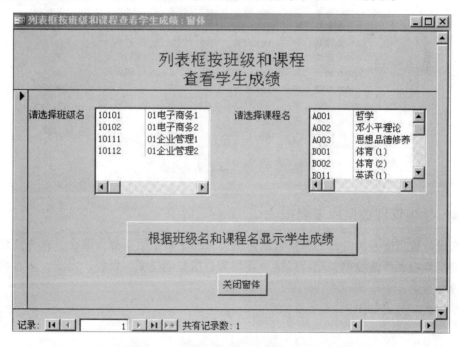

图 7－5　成绩表数据浏览窗体

7.2.3　学生管理数据库“数据查询”窗体

学生管理数据库“数据查询”窗体是学生管理数据库数据检索的界面，“数据查询”提供数据的查找、发布、浏览和信息输出的功能，如图 7－6 所示。

图 7－6　学生管理数据库“数据查询”窗体

任务7.3　学生管理系统报表设计

7.3.1　学生管理数据库单表报表

单表报表是以一个数据表为数据源的报表，这类报表比较简单。在制作这类报表时，要注意设计好报表的布局、页面附加标题和各种说明信息。

学生基本情况报表如图7－7所示。

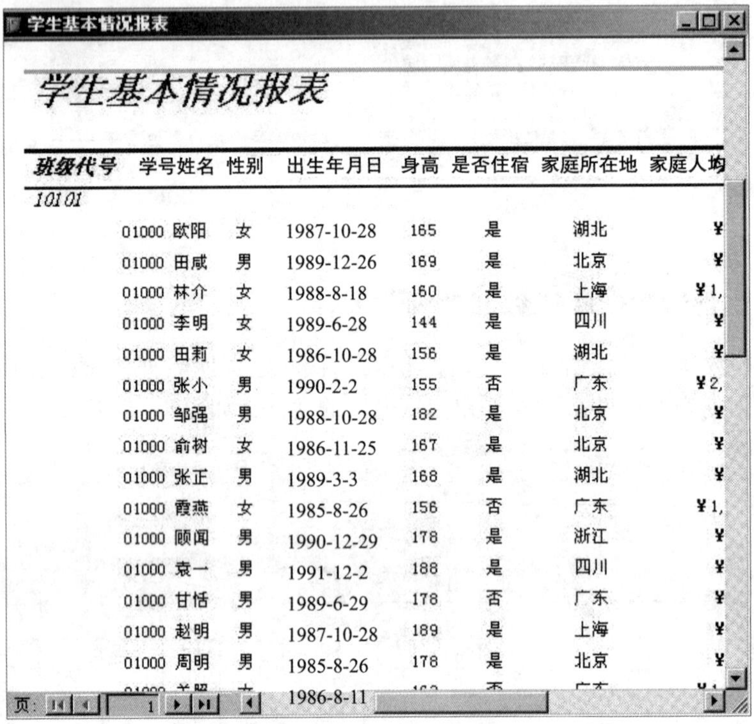
学生基本情况报表

班级代号	学号	姓名	性别	出生年月日	身高	是否住宿	家庭所在地	家庭人均
10101								
	01000	欧阳	女	1987-10-28	165	是	湖北	¥
	01000	田咸	男	1989-12-26	169	是	北京	¥
	01000	林介	女	1988-8-18	160	是	上海	¥1,
	01000	李明	女	1989-6-28	144	是	四川	¥
	01000	田莉	女	1986-10-28	156	是	湖北	¥
	01000	张小	男	1990-2-2	155	否	广东	¥2,
	01000	邹强	男	1988-10-28	182	是	北京	¥
	01000	俞树	女	1986-11-25	167	是	北京	¥
	01000	张正	男	1989-3-3	168	是	湖北	¥
	01000	霞燕	女	1985-8-26	156	否	广东	¥1,
	01000	顾闻	男	1990-12-29	178	是	浙江	¥
	01000	袁一	男	1991-12-2	188	是	四川	¥
	01000	甘恬	男	1989-6-29	178	否	广东	¥
	01000	赵明	男	1987-10-28	189	是	上海	¥
	01000	周明	男	1985-8-26	178	是	北京	¥
				1986-8-11				

图7－7　学生基本情况报表

7.3.2　学生管理数据库多表报表

在设计数据库系统时，如果报表的数据源来源于多个数据源，那么，首先要创建一个查询汇集报表所需数据，然后以这个查询为数据源创建多表报表，因此，多表报表的数据源是查询。

学生成绩报表如图7－8所示。

学生考试成绩

班级名称	姓名	课程名称	考试成绩
电子商务1			
	冯东梅		
		邓小平理论	85
		数据库原理	85
		高等数学(2	78
		经济法基础	78
		体育(1)	92
	雷典		
		体育(1)	65
		高等数学(2	78
		邓小平理论	75
		数据库原理	45
		经济法基础	50
	王小刚		
		数据库原理	65
		高等数学(2	78
		统计原理	82

图 7-8 学生考试成绩报表

7.3.3 学生管理数据库统计汇总报表

统计汇总报表在报表设计时对报表的数据进行统计分析，使报表输出的数据不仅是数据源的内容，还有统计结果，如图 7-9 所示。

学生成绩统计表

班级名称	姓名	课程名称	考试成绩
电子商务1			
	冯东梅		
		邓小平理论	85
		数据库原理	85
		高等数学(2	78
		经济法基础	78
		体育(1)	92
	汇总 '姓名' = 冯东梅 (5 项明细记录)		
	平均值		83.6
	最小值	78	
	最大值	92	
	雷典		
		体育(1)	65
		高等数学(2	78
		邓小平理论	75
		数据库原理	45
		经济法基础	50
	汇总 '姓名' = 雷典 (5 项明细记录)		
	平均值		62.6
	最小值	45	

图 7-9 统计汇总报表

任务 7.4　学生管理系统主控面板设计

　　在 Access 中，"主控面板"是数据库系统的总控制台。在"主控面板"窗体中，可以通过选择"主控面板"窗体的命令按钮或菜单栏命令两种方式来实现学生管理系统中的各项功能。

7.4.1　设计学生管理数据库"系统登录"窗体

　　将各类窗体统一管理操作，通常借助系统的切换面板来实现，而且在打开切换面板之前又会设置一个系统登录窗体。

　　学生管理数据库"系统登录"窗体是系统启动的第一个界面，为了保证数据库系统使用的安全性，在这个界面中，进行登录验证，只有密码正确，才能进入数据库系统。

7.4.2　设计学生管理数据库切换面板窗体

1. 切换面板的作用

切换面板就是可以切换到其他地方的界面。它有以下作用：

　　（1）切换面板就是窗体菜单，它可以把数据库的各种对象有机地集合起来形成一个应用系统，可以让用户通过"点菜单"的方式操作窗体和其他数据库对象。

　　（2）切换面板相当于一个自定义对话框，由多个功能按钮组成，每个功能按钮执行一个专门的操作。

　　（3）对于比较复杂的管理系统，可以用多个切换面板来安排众多的窗体和其他数据库对象。这些切换面板相互嵌套，形成树型结构，其中只有一个是主切换面板。这样的多个切换面板实际上构成了一个多级窗体菜单。

　　（4）可以为同一个系统的不同用户创建不同的切换面板。这样做，不但可以使他们能够更加方便快捷地使用数据库，而且也保证了数据库的安全。

　　（5）Access 还可以通过"启动"设置来指定在运行数据库应用程序时自动启动主切换面板。

2. 设计切换面板

　　由功能结构图写出详细的切换面板页、每一个切换面板页上的项目和每一个项目的操作，如表 7-1 所示。

表 7 – 1　　"学生管理"数据库中创建主切换面板设计

切换面板	切换面板上的项目（按钮）	每一个项目（按钮）的操作
主切换面板	数据查询	转至"切换面板"：数据查询页
	数据维护	转至"切换面板"：数据维护页
	报表预览	转至"切换面板"：报表预览页
	退出本系统	退出应用程序
数据查询	学生信息查询	在"浏览"模式下打开窗体：学生信息查询窗体
	个人成绩查询	在"浏览"模式下打开窗体：个人成绩查询窗体
	班级成绩查询	在"浏览"模式下打开窗体：班级成绩查询窗体
	返回上一级	转至"切换面板"：主切换面板
数据维护	学生基本情况数据维护	在"编辑"模式下打开窗体：学生表维护窗体
	成绩数据维护	在"编辑"模式下打开窗体：成绩表维护窗体
	课程数据维护	在"编辑"模式下打开窗体：课程表维护窗体
	返回上一级	转至"切换面板"：主切换面板
报表预览	学生情况明细报表	打开报表：学生情况表格式
	学生课程成绩明细报表	打开报表：学生课程成绩明细
	学生奖惩报表	打开报表：学生奖惩报表
	返回上一级	转至"切换面板"：主切换面板

在树型功能结构图中，有下级分支的框图称为切换面板页，如主切换面板、数据查询、数据维护、报表预览；没有下级分支的框图称为项目。而有些框图，它可能既是切换面板页，又是项目。例如，数据查询，相对主切换面板而言，它是项目，相对它的下级而言，它是切换面板页。

"学生管理"主切换面板窗体如图 7 – 10 所示。

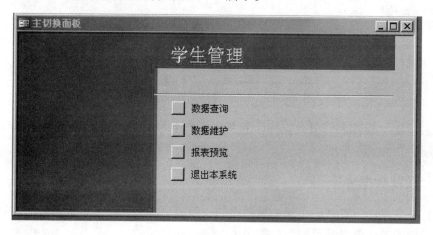

图 7 – 10　　"学生管理"主切换面板窗体

任务7.5　维护学生管理系统

绝大多数数据库是供多人使用的，因此数据库的运行效率和安全就显得特别重要。Access 提供了许多维护、管理数据库的有效方法，提供了多种措施来保护数据库的安全。

7.5.1　压缩和修复数据库

使用数据库就是不断添加、删除、修改数据和各种对象的过程。在此过程中，数据库文件会变得支离破碎，导致磁盘的利用率降低、数据库的访问性能变差。Access 数据库中，压缩和修复是同时进行的。

压缩数据库文件实际上是复制该文件，并重新组织文件在磁盘上的存储方式。因此，文件的存储空间大为减少，读取效率大大提高，从而优化了数据库的性能。

具体步骤如下。

（1）打开"学生管理"数据库。

（2）在"数据库工具"选项卡的"工具"组中选择"压缩和修复数据库"，如图7–11 所示。

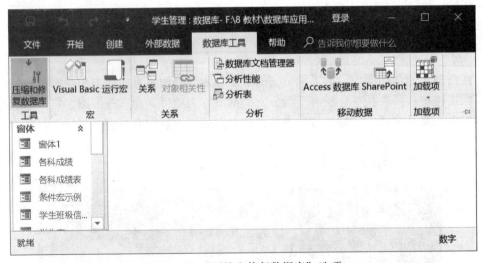

图 7–11　"压缩和修复数据库"选项

（3）单击"压缩和修复数据库"按钮，系统自动将压缩和修复的数据库保存到当前数据库所在的文件夹中。

7.5.2　设置数据库密码

为打开数据库设置密码是保护数据库的一种简单方法。对于单机运行的数据库，采用设置密码的方法就能满足安全的需要了。

设置数据库用户密码后，一旦需要更改密码，可以撤销原密码，再对数据库用户密码进行重新设置。

1. 设置数据库密码

只有以独占方式打开数据库，才能对数据库设置密码。

具体步骤如下。

（1）在 Windows 系统中打开 Access。在 Windows"开始"菜单中单击 Access，打开 Access 软件系统。

（2）在 Access 的"文件"选项卡中单击"打开"，显示"打开"对话框，如图 7 – 12 所示。

图 7 – 12　"打开"对话框

（3）在"这台电脑"中找"学生管理"所在的文件夹，并单击"学生管理"数据库，如图 7 – 13 所示。

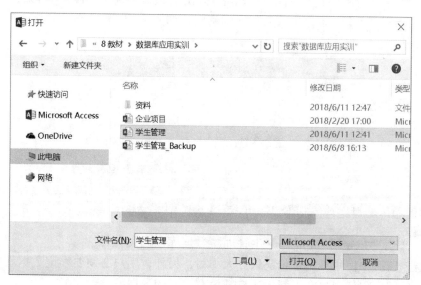

图 7 – 13　选择打开的数据库

（4）单击"打开"右侧的下拉式按钮，打开其下拉式列表，显示打开的方式，如图7-14所示。

（5）单击"以独占方式打开"，完成以独占方式打开"学生管理"数据库。

（6）在"学生管理"数据库中选择"文件"选项卡，进入"信息"界面，如图7-15所示。

图7-14　选择打开方式

图7-15　"信息"界面

（7）单击"用密码进行加密"按钮，弹出"设置数据库密码"对话框，在"密码"和"验证"两个文本框中输入相同的密码，如图7-16所示。

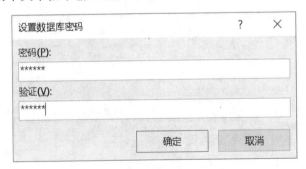

图7-16　"设置数据库密码"对话框

（8）单击"确定"，完成"学生管理"数据库密码设置。

注意，密码中使用英文字母要区分大小写，另外，用户必须要牢记数据库密码，一旦忘记，任何人包括用户本人都无法打开设有密码的数据库。

2. 删除数据库密码

若要删除数据库密码，同样要以独占方式打开数据库，才能进行删除操作。

具体步骤如下。

（1）在 Windows 系统中打开 Access 系统，然后以独占方式打开"学生管理"数据库。

（2）在"学生管理"数据库中选择"文件"选项卡，进入加密后的"信息"界面，如图 7-17 所示。

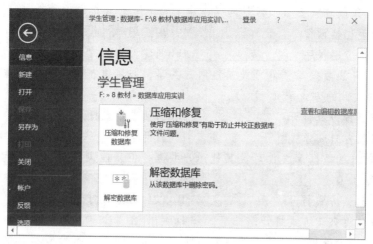

图 7-17 "信息"界面

（3）单击"解密数据库"按钮，弹出"撤销数据库密码"对话框，在"密码"文本框中输入相同的密码，如图 7-18 所示，然后单击"确定"。

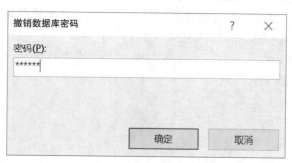

图 7-18 "撤销数据库密码"对话框

（4）单击"确定"，设置的数据库密码被撤销。

【思考题】

一、单选题

1. 以下说法正确的是（　　）。

A. 对于较小型的管理系统，按事务划分菜单比较合适

B. 对于大型的管理系统，按类型划分菜单比较好

C. Access 数据库中，不可以用宏建立菜单

D. 以上说法都不对

2. （　　）是 Access 提供的统一管理数据库各种对象的工具。

    A. 表　　　　　　　B. 查询　　　　　　C. 页　　　　　　　D. 切换面板

3. 不是"编辑切换面板项目"对话框中"命令"组合框选项的是（　　　）。

    A. 转至切换面板　　　　　　　　　B. 在"编辑"模式下打开窗体

    C. 运行应用程序　　　　　　　　　D. 创建查询

4. 若使打开的数据库文件可被其他用户共享，并可维护其中的数据库对象，则选择打开数据库文件的方式是（　　　）。

    A. 以只读方式打开　　　　　　　　B. 以独占方式打开

    C. 以独占只读方式打开　　　　　　D. 打开

5. 若使打开的数据库文件可被其他用户共享，但只能浏览数据，则选择打开数据库文件的方式为（　　　）。

    A. 以只读方式打开　　　　　　　　B. 以独占方式打开

    C. 以独占只读方式打开　　　　　　D. 打开

6. 若使打开的数据库文件不能被其他用户使用，则选择打开数据库文件的方式为（　　　）。

    A. 以只读方式打开　　　　　　　　B. 以独占方式打开

    C. 以独占只读方式打开　　　　　　D. 打开

7. 若使打开的数据库文件只能使用和浏览，但不能对其进行修改，且其他用户不能使用该数据库文件，则选择打开数据库文件的方式为（　　　）。

    A. 以只读方式打开　　　　　　　　B. 以独占方式打开

    C. 以独占只读方式打开　　　　　　D. 打开

二、问答题

1. 数据库系统设计流程包括哪些？

2. 简述概念模型的特点与方法。

3. 逻辑结构设计阶段一般遵循哪些原则？

4. 数据库压缩与维护有哪些作用？

参 考 文 献

［1］ 许国柱. 数据库实用教程［M］. 北京：中国地质出版社，2010.

［2］ 许国柱. 数据库应用［M］. 广州：华南理工大学出版社，2013.

［3］ 刘玉红，李国. Access 2016 数据库应用与开发［M］. 北京：清华大学出版社，2017.

［4］［美］Michael Alexander，Dick Kusleika. 中文版 Access 2016 宝典［M］. 张洪波，译. 北京：清华大学出版社，2016.

［5］ 杨小丽. Access 2016 从入门到精通［M］. 北京：中国铁道出版社，2016.

［6］ 程少丽，李莉莉. 中文版 Access 2016 数据库应用实用教程［M］. 北京：清华大学出版社，2017.

［7］ 王秉宏. Access 2016 数据库应用基础教程［M］. 北京：清华大学出版社，2017.

［8］ 教育部高等学校大学计算机课程教学指导委员会. 大学计算机基础课程教学基本要求［M］. 北京：高等教育出版社，2016.

［9］ 教育部考试中心. 全国计算机等级考试二级教程：Access 数据库程序设计［M］. 北京：高等教育出版社，2015.